普通高等院校土木工程类系列教材

工 程 地 质

（第 2 版）

主　编　赖天文

副主编　梁庆国　刘德仁

西南交通大学出版社
·成　都·

内 容 简 介

全书除绪论外共 8 章，包括矿物与岩石、地质构造、土的工程性质、水的地质作用、地貌、物理地质灾害、几类工程中的工程地质问题、工程地质勘察等内容。全书文字简明、循序渐进、内容丰富、重点突出，有大量的实例图片，便于自学。

本书可作为土木工程类（工民建、城建、道桥、地下工程）、水利水电工程和测绘工程等专业的教材，也可供广大土木工程技术人员参考，亦可作为同专业的成人教育教材和参考书。

图书在版编目（ＣＩＰ）数据

工程地质 / 赖天文主编. —2 版. —成都：西南交通大学出版社，2022.2（2024.1 重印）
ISBN 978-7-5643-8568-2

Ⅰ . ①工… Ⅱ . ①赖… Ⅲ . ①工程地质 – 高等学校 – 教材 Ⅳ . ①P642

中国版本图书馆 CIP 数据核字（2022）第 004510 号

Gongcheng Dizhi

工 程 地 质

（第 2 版）

主编　赖天文

责任编辑　韩洪黎
封面设计　曹天擎

出版发行　西南交通大学出版社
　　　　　（四川省成都市金牛区二环路北一段 111 号
　　　　　　西南交通大学创新大厦 21 楼）
邮政编码　610031
发行部电话　028-87600564　028-87600533
网址　　　http://www.xnjdcbs.com
印刷　　　四川森林印务有限责任公司

成品尺寸　185 mm × 260 mm
印张　　　16
字数　　　419 千
版次　　　2011 年 11 月第 1 版
　　　　　2022 年 2 月第 2 版
印次　　　2024 年 2 月第 5 次
定价　　　39.50 元
书号　　　ISBN 978-7-5643-8568-2

课件咨询电话：028-81435775

第 2 版前言

工程地质不仅是土木工程专业一门重要的技术基础课程,同时又是一门实践性很强的学科,在土木工程专业的人才培养中起着很重要的作用。

本书自 2011 年 11 月第 1 版发行以来,受到了开办土木工程专业院校的欢迎,为土木工程专业、水利水电专业、测绘工程专业学生开出了专业入门的重要一课。

2018 年 1 月,教育部高等学校教学指导委员会公布《普通高等学校本科专业类教学质量国家标准》,该标准是向全国、全世界发布的第一个高等教育教学质量国家标准,该标准涵盖了普通高校本科专业目录中全部 92 个本科专业类、587 个专业,涉及全国高校 56 000 多个专业点,对各专业的教学和人才培养提出了新的要求。

近 10 年来,关于工程地质方面,国家和行业发布了许多新的规范、规程和标准。其中,铁路行业发布了《铁路工程地质勘察规范》(TB 10012—2019)、《铁路工程水文地质勘察规范》(TB 10049—2014)、《铁路工程地质遥感技术规程》(TB 10041—2018)、《铁路工程地质原位测试规程》(TB 10018—2018)、《铁路工程岩土分类标准》(TB 10077—2019)。

本书第 2 版与时俱进,根据新规范、新规程、新标准做了相应修订,补充更新了部分内容,调整了章节顺序。全书除绪论外共分为 8 章,第 1 章为矿物与岩石,第 2 章为地质构造,第 3 章为土的工程性质,第 4 章为水的地质作用,第 5 章为地貌,第 6 章为物理地质灾害,第 7 章为几类工程中的工程地质问题,第 8 章为工程地质勘察。

本书由兰州交通大学赖天文任主编,梁庆国、刘德仁任副主编。具体编写分工为:赖天文编写第 4 章、第 5 章、第 7 章、第 8 章;梁庆国编写绪论、第 1 章、第 6 章;刘德仁编写第 2 章、第 3 章。全书最后由赖天文统稿。由于编者水平有限,书中不足之处在所难免,敬请读者批评指正。

编 者
2021 年 11 月

第 1 版前言

工程地质不仅是土木工程专业一门重要的技术基础课，同时又是一门实践性很强的学科，在土木工程专业的人才培养中起着很重要的作用。

1998 年 7 月教育部颁布了新的普通高等学校专业目录，根据该目录，现行的土木一级学科涵盖了原建筑工程、道桥、市政、铁路、地下建筑、港口、矿井、隧道等多个专业，原相关专业的工程地质教材经历这次学科合并之后普遍存在着专业局限性强、知识面过窄等问题，难以适应新学科发展的需要。

为满足 21 世纪国家建设对专业人才的需求，适应专业面扩大后的土木工程专业的教学需要，根据有关专业教学大纲，在原公路工程、桥梁与隧道工程、建筑工程等专业所使用的工程地质教材的基础上，针对前土木工程专业所涉及的工程地质理论和知识，同时兼顾水利水电专业、测绘专业对工程地质知识的要求，编写了这本教材。

全书除绪论外共 8 章，第 1 章为矿物与岩石，第 2 章为地质构造，第 3 章为土的工程性质，第 4 章为地下水，第 5 章为地貌，第 6 章为常见地质灾害，第 7 章为几类工程中的工程地质问题，第 8 章为工程地质勘察。

本书由兰州交通大学赖天文任主编，梁庆国、刘德仁任副主编。赖天文编写第 4 章、第 5 章、第 7 章、第 8 章；梁庆国编写绪论、第 1 章、第 6 章；刘德仁编写第 2 章、第 3 章。全书最后由赖天文统稿。

本书文字简明、循序渐进、内容丰富、重点突出、图文并茂，便于自学。本书可作为土木工程类(工民建、城建、道桥、地下工程)、水利水电工程和测绘工程等专业的教材，也可供广大土木工程技术人员参考，亦可作为同专业的成人教育教材和参考书。

本书在编写过程中，得到兰州交通大学土木工程学院岩土与地下工程系的众多老师的帮助，在此表示感谢。对于书中所引用文献和研究成果的众多作者也表示诚挚的谢意。

由于编者水平所限，书中不当之处在所难免，敬请读者批评指正。

编　者
2011 年 5 月

目　录

0　绪　论

教学重点：工程地质学的主要任务和研究内容；工程地质条件。
教学难点：工程建筑与地质环境之间的相互作用；工程地质问题分析。

地质学是研究地球的一门自然科学，它主要研究的是固体地球的组成、构造、形成和演化规律等，是地学的重要组成部分。工程地质学又是地质学的一个分支，它是研究与工程建设有关的地质学部分，是从生产实践中发展起来，研究工程建筑物的勘测设计、施工和使用过程中有关地质问题的科学。

0.1　地质学与工程地质学

地质学的研究对象主要是固体地球的上层，即岩石圈部分，包括地壳和上地幔的上部。研究内容主要有以下几个方面：① 研究组成地球的物质。由矿物学、岩石学、地球化学等分支学科承担这方面的研究。② 阐明地壳及地球的构造特征，即研究岩石或岩石组合的空间分布。这方面的分支学科有构造地质学、区域地质学、地球物理学等。③ 研究地球的历史以及栖居在地质时期的生物及其演变。研究这方面问题的分支学科有古生物学、地史学、岩相古地理学等。④ 地质学的研究方法与手段。如同位素地质学、数学地质学及遥感地质学等。⑤ 研究应用地质学。以解决资源探寻、环境地质分析和工程防灾问题。从应用方面来说，主要有两方面：一是以地质学理论和方法指导人们寻找各种矿产资源，承担这方面研究的分支学科有矿床学、煤田地质学、石油地质学、铀矿地质学等；二是运用地质学理论和方法研究地质环境，查明地质灾害的规律和防治对策，以确保工程建设安全、经济和正常运行。后者就是工程地质学研究的主要内容。

工程地质学是地质学的一个分支，是研究与工程建设有关的地质问题的科学。工程地质学是工程科学与地质科学相互渗透、交叉而形成的一门边缘学科，主要从事人类活动与地质环境相互关系的研究，是服务于工程建设的科学。工程地质学的服务对象是人为设计、人为施工的建（构）筑物，这也决定了它具有综合性、边缘线和交叉性的特性，在很大程度上体现了工程地质学的应用性，具有工程技术科学的属性。因此，广义地讲，工程地质学是研究地质环境及其保护和利用的科学；狭义地讲，则是将地质学的原理运用于解决与工程建设有关的地质问题的一门应用性很强的学科。

0.2　工程地质学的研究对象、任务和方法

工程地质学作为地质学的一门相对年轻的独立分支学科，已存在 70 ~ 80 年之久，但只是在第二次世界大战后才逐渐形成比较完善的学科体系。在中国也仅有 50 多年的历史。工程地

质学具有鲜明的自然科学属性，同其他基础地质学各分支学科有着较大的差异。

0.2.1　工程地质学的研究对象

人类工程活动与地质环境间的相互关系，首先表现为地质环境对工程活动的制约作用。地球上现有的工程建筑物，都建造于地壳表层一定的地质环境中。地质环境包括地壳表层及深部的地质条件，它们以一定的作用方式影响着工程建筑物。例如，地球内部构造活动导致的强烈地震，顷刻间可以使较大地域范围内的各种建筑物和人民生命财产遭受毁灭性的损失；地壳表面的软弱土体不适应某些工业与民用建筑荷载的要求，会导致如房屋、桥梁等工程结构物的变形、开裂甚至倒塌，需进行专门的地基处理；地质时期形成的岩溶洞穴因严重渗漏，造成水库和水电站不能正常发挥效益，甚至完全丧失功能；大规模的滑坡、崩塌，因难于治理而使铁路、公路改线等等。地质环境对人类工程活动的各种制约作用，归结起来是从安全、经济和正常使用三个方面影响工程建筑物的。

人类的各种工程活动，又会反馈作用于地质环境，使自然地质条件发生变化，影响建筑物的稳定和正常使用，甚至威胁到人类的生活和生存环境。工程建筑对地质环境的作用，是通过应力变化和地下水动力特征的变化等表现出来的。如建筑物自身重量对地基土体施加的荷载、滨海城市大量抽汲地下水所引起的地面沉降变形、坝体所受库水的水平推力、开挖边坡和基坑造成的卸荷效应、地下洞室开挖对围岩应力的影响、地震和降雨对自然边坡和滑坡的扰动、路基和堤坝填筑作用于地基的附加应力，都会引起岩土体内的应力状况发生变化，造成岩土体变形甚至破坏。还有建筑物的施工和建成会经常引起地下水的变化给工程和环境带来危害，诸如岩土的软化泥化、地基砂土液化、道路冻害、水库浸没、坝基渗透变形、隧道涌水、矿区地面塌陷等。由此，可将人类工程活动（勘测设计、施工和运营维修等）对自然环境的影响概况划分为五种类型：工程荷载、爆破及工程振动、岩土体开挖卸荷、岩土回填和废弃物堆积，还有流体和流域的调节。人类不合理的工程活动不仅会直接地破坏地质环境，而且影响到工程建（构）筑物自身的安全和稳定，造成工程事故。图 0.1 是对上述相互作用的归纳总结。

由此可见，人类的工程活动与地质环境之间处于相互作用、相互制约的矛盾之中。研究地质环境与工程建（构）筑物之间的关系，促使两者之间的矛盾缓和、解决，就是工程地质学的研究对象。

0.2.2　工程地质条件

在工程地质学中，用工程地质条件来综合描述对人类工程活动有影响的地质环境。工程地质条件可定义为：与工程建筑物有关的地质要素之综合，包括：① 岩土类型及其工程地质性质：是最基本的工程地质因素，包括它们的成因、时代、岩性、产状、成岩作用特点、变质程度、风化特征、软弱夹层和接触带以及物理力学性质等。② 地质构造：是工程地质工作研究的基本对象，包括褶皱、断层、节理构造的分布和特征。地质构造，特别是形成时代新、规模大的优势断裂，对地震等灾害具有控制作用，因而对建筑物的安全稳定、沉降变形等具有重要意义。③ 水文地质条件：是重要的工程地质因素，包括地下水的成因、埋藏、分布、动态和化学成分等。④ 物理地质现象：是指对建筑物有影响的自然地质作用与现象，主要包括滑坡、崩塌、岩溶、泥石流、地震等，对评价建筑物的稳定性和预测工程地质条件的变化意义重大。⑤ 地形地貌条件：地形是指地表高低起伏状况、山坡陡缓程度与沟谷宽窄及形态特征等；地貌则说明地

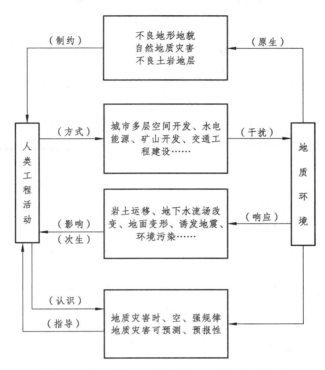

图 0.1 人类工程活动与地质环境的相互作用

形形成的原因、过程和时代。不同的地貌形态特征，对建筑场地和线路的选择都有重要影响。
⑥ 天然建筑材料：是指供建筑用的土料和石料，如修筑土坝、路堤需要用大量土料，修建海堤、石桥、堆石坝需要大量石料，拌和混凝土需要砂、砾石等作为骨料等。从节约运输费用角度，应遵循"就地取材"的原则，用料量大的工程尤其应该如此。工程建设中所需有关建筑材料的分布、类型、品质、开采条件、储量及运输条件等，也是工程地质条件中的一个重要因素。

需要强调的是：工程地质条件是一个综合概念，是上述六个要素的总体，而不是指任何单一要素，单独一两个要素不能称之为工程地质条件。工程地质条件的优劣也在于其中各个要素是否对工程有利，实际工程中要从整体着手，结合建筑物的特点进行综合分析论证。

工程地质条件是长期的自然地质历史的产物，反映了某地区地质发展过程及后生的变化。在不同地区、不同工程类型、不同设计阶段解决不同问题时，上述各方面的重要性并不是等同的，而是有主有次。其中，岩土的类型及工程地质性质和地质构造往往起主导作用，但在某些情况下，地形地貌或水文地质条件也可能是首要因素。工程地质条件所包括的各方面因素是相互联系、相互制约的。因此，在解决工程建设中的地质问题时，应该对各方面因素综合分析论证。

0.2.3 工程地质问题

人类工程建筑和自然地质作用会改变地质环境，影响工程地质条件的变化，反之，工程地质条件的变化对工程建筑也会产生影响。人类工程活动和工程地质条件是相互作用、相互制约的关系。我们把工程建筑与工程地质条件（地质环境）相互作用、相互制约而引起的、对建筑本身的顺利施工和安全运行或对周围环境可能产生影响的地质问题，称之为工程地质问题。工程地质问题与工程建筑的类型和规模有着密切的关系。各类工程建筑，由于其结构类型和工作方式不同，面临着各种各样的工程地质问题。工业与民用建筑常遇到的工程地质问题是地基的变形、强度和稳定等问题；路基工程中常遇见的工程地质问题是软弱地基、边坡稳定性、路基冻胀等问题；地下工程与隧道工程常遇到的工程地质问题是围岩稳定、涌水、突泥、高地应力、岩爆、高地热和有害气体等问题；水利电力工程的工程地质问题则更为复杂多样，除有区域地壳稳定、坝基、边坡和地下洞室岩土体的稳定问题外，还有库坝区渗漏、水库淤积、滨库地区浸没、水库诱发地震等问题；在特殊土地区同样会遇到一些特殊的工程地质问题，如黄土的湿陷性、软土的高压缩低渗透性、膨胀土的胀缩性和强度衰减性、冻土的冻融性等。另外，还有环境工程地质问题，如大量抽取地下水、石油及天然气而造成大范围的地面沉降，采矿产生的废矿渣的不当处理及环境污染等。

分析工程地质问题就是分析工程建筑与工程地质条件之间的相互制约、相互作用的机制与过程、影响因素、边界条件，做出定性评价；并在此基础上进一步进行科学合理的计算、试验、测试等，做出定量评价，明确作用的强度或工程地质问题的严重程度与发生发展的进程，这也就是工程地质预测，预测施工过程中和建成后对工程建筑本身和生态环境会产生何种影响；继而做出评价和结论，提供设计施工参考，共同制定防治措施方案，以保证工程建筑的安全和消除对周围环境的危害。由此可知，工程地质评价和工程地质结论与处理措施方案都要通过工程地质问题分析才能得出。因此，工程地质问题分析是工程地质工作的中心环节，需要"吃透两头"：一头是"工程意图"，即工程设计人员对建筑结构和规模的构思，以了解工程需求；另一头是"工程地质条件"，深刻认识客观情况，分析哪些是有利的、哪些是不利的，为采取相应的勘察、设计和施工方案提供建议。

0.2.4　工程地质学的任务

工程地质学的任务就是为工程建设进行地质研究，提供工程规划、设计、施工所需的地质资料，解决工程上所遇到的各种地质问题，以保证建筑物的安全可靠、经济合理、运行正常，并尽可能减少对地质环境的危害。

工程地质研究的基本任务，可归结为三方面：① 区域稳定性研究与评价：是指由内力地质作用引起的断裂活动，地震对工程建设地区稳定性的影响；② 地基稳定性研究与评价：是指地基的牢固、坚实性；③ 环境影响评价：是指人类工程活动对环境造成的影响。

工程地质学的具体任务是通过工程地质勘察完成的，主要包括：① 评价工程建设地区的工程地质条件，阐明工程建筑兴建和运行的有利和不利因素，选定建筑场地和适宜的建筑形式，保证规划、设计、施工、使用、维修顺利进行；② 从地质条件与工程建筑相互作用的角度出发，预测和分析工程建设过程中及完成后工程地质条件可能产生的变化，即可能出现的工程地质问题及其发生的规模和发展趋势；③ 选择最佳工程场地，提出及建议改善、防治或利用有关工程地质条件的措施，加固岩土体和防治地下水的方案；④ 研究岩体、土体分类和分区及区域性特点；⑤ 研究人类工程活动与地质环境之间的相互作用与影响，进行环境质量评价。⑥ 改造地质环境，进行工程地质处理，提高岩土体稳定性，保护环境质量。

0.2.5　工程地质学的研究方法

工程地质学的研究对象是复杂的地质体，所以其研究方法应是地质分析法与力学分析法、工程类比法与实验法等的密切结合与综合运用，即通常所说的定性分析与定量分析相结合的综合研究方法。要查明建筑区工程地质条件的形成和发展，以及它在工程建筑物作用下的发展变化，首先必须以地质学和自然历史的观点分析研究周围其他自然因素和条件，了解在历史过程中对它的影响和制约程度，这样才有可能认识它形成的原因和预测其发展趋势和变化，这就是地质分析法。地质分析法是工程地质学的基本研究方法，也是进一步定量分析评价的基础。从工程建筑物的设计和运用的要求来说光有定性的论证是不够的，还要求对一些工程地质问题进行定量预测和评价。在阐明主要工程地质问题形成机制的基础上，建立模型进行计算和预测，例如地基稳定性分析、地面沉降量计算、地震液化可能性计算等。当地质条件十分复杂时，还可根据条件类似地区已有资料对研究区的问题进行定量预测，这就是采用类比法进行评价。采用定量分析方法论证地质问题时都需要采用试验测试方法，即通过室内或野外现场试验，取得所需要的岩土的物理性质、水理性质、力学性质数据。通过长期观测来了解地质现象的发展速度也是常用的试验方法。综合应用上述定性分析和定量分析方法，才能取得可靠的结论，对可能发生的工程地质问题制定出合理的防治对策。

要完成工程地质学的具体任务，必须进行详细的工程地质勘察工作，以取得有关建筑场地的工程地质条件的基本资料，并进行工程地质论证。

0.3 工程地质学的主要内容及学习要求

本书着重介绍土木工程专业所涉及的工程地质学基本理论和基本知识，其主要内容包括：矿物与岩石、地质构造、土的工程性质、水的地质作用、地貌、常见地质灾害、工程中常见的地质问题、工程地质勘察等。不同的专业方向可根据需要选择有关章节学习。

工程地质学是土木工程、水利水电工程以及测绘工程等专业的一门专业基础课。课程特点是内容广、概念多、实践性强。学习中要注意弄清概念，掌握分析方法，避免死记硬背，理论联系实际，重在工程运用。尤其要加强地质科学中将今论古、类比分析、综合判断等学科思想和方法论的思考领会，注重对教学内容之间结构性和关联性的比较分析，如对比三种岩石与三种地下水、四种特殊土、三种地质构造、四种常见沉积物和地质灾害等内容之间的异同与相应的研究思路及工程措施等，力争能够做到独立思考，摸索学习方法和规律，不仅要更好地掌握教学内容，还要着力在学术思想、研究方法、学习能力、专业素养的培育和创新能力等方面有所提升，以提高对课程内容的兴趣和学习的主动性。

为了学好这门课程，应结合课堂教学认真完成有关矿物、岩石的实验课程，掌握常见矿物和岩石的肉眼鉴定方法；结合已有的地质图或工程案例进行具体分析，培养学生阅读地质图和分析工程地质条件的能力；安排短期的野外地质实习，以帮助学生了解岩土类别的野外鉴别方法、地质构造、地貌及常见地质灾害的野外识别，提高学生分析工程地质条件、处理工程地质问题的实践能力。积极采用多种教学方法，如标本、模型、图片等，配合有关地质科教片、幻灯片、视频等直观教学手段，增加学生的感性认识，帮助学生尽快建立起地质学的有关概念，提高学生对工程地质学的重视程度和学习兴趣。

作为一名本科生，在学习本课程后，应达到以下基本要求：

（1）能阅读一般地质资料，根据地质资料在野外能辨认常见的岩石和土，了解其主要的工程性质；

（2）能辨认基本的地质构造及明显的不良地质现象，了解其对工程建筑的影响；

（3）重点掌握工程地质的基本理论和方法，根据工程地质勘察资料，在土木工程设计、施工和运营中能对一般的工程地质问题进行综合分析；

（4）了解取得工程地质资料的工作方法、手段及成果要求，能把学到的工程地质学知识和专业知识紧密结合起来，应用于实际的工程设计与施工。

思 考 题

1. 工程地质学的定义是什么？
2. 工程地质学的研究对象是什么？
3. 什么是工程地质条件，有哪些要素？
4. 工程地质学的任务是什么？怎样实现工程地质学的任务？

1 矿物与岩石

教学重点：矿物的形态、性质；三大岩石的形成过程与地质特性；岩石风化作用。

教学难点：地质作用；矿物与岩石的鉴定；岩石风化作用分级。

1.1 地球的基本知识与地质作用

地球是我们人类共同的家园。我们所从事的一切生产活动无不发生于地球；我们赖以生存、发展的各种资源和能源，也绝大部分取自于地球；我们所有的工程建筑也都修筑于地球的浅表层。例如，世界上最深的矿山——南非兰德矿山，深度为 3 600 m；世界上最深的钻井——俄罗斯科拉半岛超深钻井也只有 13 000 m。然而，人类对固体地球，特别是地球表层的认识和所能达到的深度是极其有限的，但对于我们的生存和生产生活却是至关重要的。因此，了解地球的基本物质组成、结构及性质具有十分重要的意义。

1.1.1 地球的形状和大小

地球是宇宙中绕着太阳旋转的椭圆形球体，根据卫星轨道分析发现，地球并不是标准的旋转椭球体，其外形呈梨形（图 1.1），赤道半径约 6 370 km，两极半径为 6 357 km。北极突出约 10 km，南极凹进约 30 km，中纬度在北半球凹进、在南半球凸出。地球表面形态是高低不平的，而且差距较大，大致可以划分为大陆和海洋两部分，海洋占地球表面的 70.8%。大陆平均高出海平面 0.86 km，海底平均低于海平面 3.8 km。其他有关地球的基本参数如表 1.1。

表 1.1　地球基本参数

参数项目	数值	单位	参数项目	数值	单位
地球平均半径	6 371	km	地球的平均密度	5.517	g/cm^3
赤道周长	40 075.24	km	大陆最高山峰（珠穆朗玛峰）	8 848.86	m
子午线周长	40 008.08	km	大陆平均高度	825	m
地球面积	51 000×10^4	km^2	海洋最深海沟（马里亚纳海沟）	− 11 034	m
地球的体积	10 830×10^8	km^3	海洋平均深度	3 800	m
地球的质量	5.976×10^{27}	g	大陆和海洋的平均高度*	− 2 488	m

注：*即全球表面无起伏，将被 2 448 m 厚的海水所覆盖。

1.1.2 地球的圈层结构

地球是一个由不同状态与不同物质的同心圈层所组成的球体，各圈层之间具有明显的物理化学性质和物质运动状态的差异。这些圈层可分成内部圈层与外部圈层，即内三圈与外三圈。

其中外三圈包括大气、水圈和生物圈，内三圈包括地壳、地幔和地核。地球各圈层的质量及其所占地球总质量的比例见表 1.2。

表 1.2　地球各圈层质量及其占地球总质量的比例

圈层名称	质量/t	占地球总质量的比例/%	圈层名称	质量/t	占地球总质量的比例/%
大气圈	5×10^{15}	0.000 09	地壳	5×10^{19}	0.8
水圈	1.41×10^{18}	0.024	地幔	4.05×10^{21}	67.8
生物圈	大气圈质量的1/300	—	地核	1.88×10^{21}	31.5

1.1.2.1　地球的内部圈层

地球并不是均匀的球体，地球物理学家研究大量地震波传播速度和方向的数据后发现，地球内部有两个波速变化最明显的界面（莫霍面与古登堡面）反映了该深度上下的地球物质在成分或形态上有明显改变。根据这两个界面把地球由地表向内依次划分为三个同心圆状的圈层，即地壳、地幔和地核，如图 1.2 所示。地球内部各圈层的物质运动及不同圈层之间的相互作用，是产生各种地质现象的内动力的源泉。

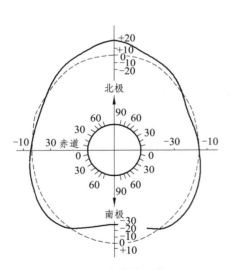

图 1.1　地球的形状

图 1.2　地球的圈层结构

地壳　地壳是固体地球最外面的一层硬壳，由硅酸盐类固体岩石组成，下界是莫霍面。地壳的厚度变化很大，大陆地壳平均厚度约 37 km，其中高山、高原区地壳厚度大，如青藏高原地壳最厚可达 70 km 以上，而海洋平均厚度仅 7 km 多。地壳的主要成分是硅铝层（花岗岩层）和硅镁层（玄武岩层）。

地幔　地幔是莫霍面以下介于地壳和地核之间的过渡层，厚度 2 900 km 以上，占地球体积的 83%。一般以 1 000 km 为界，把地幔分为上地幔和下地幔。其中，上地幔的地震波数值和在橄榄岩中实验所得的数值相似，所以也称橄榄岩层，又称榴辉岩层，呈熔融状态，可能是岩浆的发源地；下地幔由中等密度（密度一般在 5 g/cm³ 以上）的铁、镁的硅酸盐组成，化学成分目前认为仍然相当于镁铁的硅酸盐矿物，与上地幔没有太大的差别。

地核 地核以古登堡面与地幔分界，厚度 3 471 km，体积占地球的 16.2%。主要由占比较大的铁、镍组成，又称铁镍核心。据推测，地核物质非常致密，密度为 9.7 ~ 13 g/cm³，压力可达（3.0 ~ 3.6）× 10¹¹ Pa；温度为 3 000 ℃，最高可能达 5 000 ℃ 或稍高。地核还可进一步划分为外核和内核，外核与内核之间存在一个很薄的过渡层。其中外核厚度为 1 742 km，平均密度为 10.4 g/cm³，为液体圈；内核厚度约 1 200 km，平均密度为 12.9 g/cm³，为固体圈。过渡层厚度只有 515 km，为液态向固体过渡的部分。

岩石圈 在地球内部圈层中，地壳与上地幔顶部的固体圈层称为岩石圈。岩石圈包括整个地壳和莫霍面以下、软流圈以上的固体岩石部分。地球内部圈层的划分如表 1.3 所示。

表 1.3　地球内部圈层划分（据 PREM 资料补充）

分　层		代号	深度 /km	纵波波速 /（km/s）	横波波速 /（km/s）	密度 （g/cm³）	特　征	其　他	
名称									
地壳 A	上地壳	A1	15	5.8	3.2	2.60	横向变化大，固态	岩石圈	构造圈
	下地壳	A2		6.8	3.9	2.90	←莫霍面		
地幔	上地幔 B	盖　层	B1	24 80 220	8.1	4.5	3.37	横向变化大，固态		
		低速层	B2		8.0	4.4	3.36	塑性，速度小	软流圈	
		均匀层	B3	400	8.7	4.7	3.48	速度较均匀		
	过渡层	C		9.1	4.9	3.72	速度梯度大		中间圈
			670	10.3	5.6	3.99	（最深地震 720 km）		
	下地幔 D		D¹	1671	11.7	6.5	4.73	速度梯度变化小		
			D²	2741	13.0	7.0	5.20	速度梯度相等		
			D³	2891	13.7	7.3	5.55	速度梯度从零到剧增 ←古登堡面		
地核	外　核	E	4771	8.0	0	9.90	液态，较均匀		
				10.0	0	11.87			
	过渡层	F	5150	10.2	0	12.06	速度梯度小，无间断面		
	内　核	G		11.0	3.5	12.77	固态		
				11.3	3.7	13.09			

注：深度是全球平均值。

1.1.2.2　地球的外部圈层

地球的外部圈层分别为大气圈、水圈和生物圈。

大气圈 大气圈是包围着地球的气体，主要成分氮占 78.09%，氧占 20.95%，其他是氩（0.93%）、二氧化碳（0.03%）、水汽、稀有气体和尘埃等，约占 1%。大气圈的厚度在几万千米以上，由于受地心引力的吸引，以地球表面的大气圈最稠密，它提供生物需要的 CO_2 和 O_2，对地貌形态变化起着极大的影响，向外逐渐稀薄，过渡为宇宙气体，所以大气圈没有明确的上界。

水圈 水圈主要是呈液态及部分呈固态出现的。它包括海洋、江河、湖泊、冰川、地下水等，形成一个连续而不规则的圈层。其中海水占 97.2%，陆地水（包括江河、湖泊、冰川、地下水）只占 2.8%；而在陆地水中冰川占水圈总质量的 2.2%，所以其他陆地水所占比重是很微小的。

水在运动的过程中与地表岩石相互作用，作为一种最活跃的地质营力促进各种地质现象的发育。

　　生物圈　生物圈是地球表面有生物存在并受生物活动影响的圈层，是地球上生物（包括动植物和微生物）生存和活动的范围，从 3 km 深的地壳深处和深海底至 10 km 的高空均有生物存在，它渗透在水圈、大气圈下层和地壳表层的范围之中。生物通过新陈代谢方式，形成一系列生物地质作用，从而改变地表的物质成分和结构，是改造地表的主要动力之一。

1.1.3　地壳的化学成分

　　地壳是由岩石组成的，岩石是由矿物组成的，矿物则是由各种化合物或化学元素组成的。组成地壳的最主要的元素是氧、硅、铝，其次是铁、钙、钠、钾、镁、钛、氢。这十种元素共占地壳元素总重量的 99%，其中硅、氧、铝三种元素就占了地壳元素重量的 83% 左右。大多数元素以化合物状态存在，少数以单一元素状态存在。不同学者得出的地壳中主要元素的平均质量百分含量如表 1.4 所示。可见，虽然不同化学元素占地壳质量百分比的数值略有差异，但整体分布规律是一致的，即其中的 O、Si、Al 为分布最多的三种元素。

表 1.4　地壳中主要元素的平均质量百分含量　　　　　　单位：%

化学元素	据克拉克和华盛顿（1924）	据菲尔曼斯（1933—1939）	据诺维格拉多夫（1962）	据泰勒（1964）	据夏邦栋（1995）	据 A. Ф.亚库绍娃等（1995）
O	49.52	49.13	47.00	46.40	46.95	46.50
Si	25.75	26.00	29.00	28.15	27.88	25.70
Al	7.51	7.45	8.05	8.23	8.13	7.56
Fe	4.70	4.20	4.65	4.63	5.17	6.24
Ca	3.29	3.25	2.96	4.15	3.65	5.79
Na	2.64	2.40	2.50	2.36	2.78	1.81
K	2.40	2.35	2.50	2.09	2.68	1.34
Mg	1.94	2.25	1.87	2.33	2.06	3.23
H	0.88	1.00	—	—	0.14	0.16
Ti	0.58	0.61	0.45	0.57	0.62	0.52
P	0.12	0.12	0.093	0.105	—	—
C	0.087	0.35	0.023	0.02	—	0.46
Mn	0.08	0.10	0.10	0.095	—	0.12

1.1.4　地质作用

　　地质作用是指由自然动力引起地球（最主要的是地幔和岩石圈）的物质组成、内部结构和地表形态发生变化的作用。主要表现为对地球的矿物、岩石、地质构造和地表形态等进行的破坏和建造作用。地质作用也是促使长期地质力学发展演化的原因，也就是工程地质条件形成的控制因素。

　　按照能源和作用部位不同，地质作用分为内动力地质作用和外动力地质作用。

　　内动力地质作用是由地球内部的能量（简称内能）引起的，主要有地内热能、重力能、地球旋转能、化学能和结晶能等；内动力地质作用主要包括构造运动（地壳运动，2.1 节）、岩浆活动（1.3.1 节）、变质作用（1.3.3 节）和地震作用（6.5 节）等。

　　外动力地质作用是由地球以外的能量（简称外能）引起的，主要有太阳辐射能、潮汐能、生物能等。外动力地质作用按作用的方式主要包括风化作用（1.3.4 节）、剥蚀作用、搬运作用、沉积作用、固结成岩作用等（1.3.2 节）；还可根据地质营力的不同分为：风的地质作用、河流的地质作用、地下水的地质作用、冰川的地质作用、湖泊和沼泽的地质作用以及海洋的地质作用等。

有些地质作用进行得十分迅速，如火山、地震、山崩、泥石流、洪水等，有些地质作用却进行得十分缓慢，往往不为人们感官所察觉，但经过悠久岁月却可产生巨大的地质后果。各种地质作用一方面不断地破坏原有的物质成分、地质构造和地表形态；另一方面又不断地形成新的物质成分、地质构造和地表形态。地质作用就是这样，在破坏、建设、再破坏、再建设中循环反复，促使地壳不断地变化和发展，成为地球不断更新的经久不息的动力。

内动力地质作用和外动力地质作用在地壳表层是永无停息的，其中对工程建筑有影响者称为物理（自然）地质作用，这种作用产生的现象称为物理地质现象。工程建筑与地质环境的相互作用称为工程地质作用，亦可称为人为地质作用，是由人类活动引起的地质效应，工程地质作用引起的现象称之为工程地质现象。例如采矿，特别是露天开采并移动大量岩体引起的地表变形、崩塌、滑坡；开采石油、天然气、地下水对岩土层树干排水造成的地面沉降；兴修水利造成土地淹没、盐渍化或者库岸滑坡、水库诱发地震等。另外，交通工程建设中的隧道、路基、桥梁等建构筑物对地质环境和岩土体的扰动、影响等，也是常见的工程地质作用。物理地质作用和工程地质作用合称为工程动力地质作用，其对工程和人类造成生命财产的损失者，则称之为地质灾害，如第 6 章中的滑坡、崩塌、泥石流、岩溶和地震等，是内、外动力地质作用、有时还包括工程地质作用同向耦合的结果。

1.2 主要造岩矿物

矿物是地质作用形成的，具有一定的化学成分和物理性质的物质，是组成地壳的基本物质单位。有的矿物是由一种元素组成的，如自然金、自然铜、金刚石等；有的矿物是由两种或两种以上的元素组成的，如岩盐、方解石、石膏等。各种矿物都有一定的化学成分和物理性质，例如石英是由硅和氧组成的透明或半透明的矿物，硬度较大，常呈柱状、锥状晶体；食盐是由氯和钠组成的，它是无色透明的四方颗粒。也有些矿物，化学成分相同，由于内部原子排列不相同，形成了性质完全不同的矿物。例如金刚石和石墨，化学成分都是碳，但两者的性质截然相反：金刚石是最硬的透明的矿物，石墨则是非常软的不透明的矿物。因而为了区别不同的矿物，就必须了解矿物的类型、形态及其物理力学性质。

组成地壳的岩石按其成因可分为岩浆岩、沉积岩和变质岩三大类。岩石是矿物的集合体，要认识岩石必须首先认识矿物。自然界中已发现的矿物种类有 3 800 多种（不包括亚种），在岩石中经常见到，明显影响岩石性质，对鉴定和区别岩石种类起重要作用的矿物称为主要造岩矿物。自然界的主要造岩矿物大约有 20 多种。

1.2.1 矿物的分类

固体矿物按其内部构造可分为结晶质矿物和非晶质矿物。

1. 结晶质矿物

结晶质矿物是指不仅具有一定的化学成分，而且组成矿物的质点（原子、分子和离子）在三维空间呈有规律的周期性重复排列，形成稳定的空间结晶格子构造。结晶质矿物在生长过程中，若无外界条件限制，则可以生成被若干天然平面所包围的固定的几何形态，使其表现出规则的几何外形，这就是矿物固有的形态特征。矿物的这种具有规则外形的特征成为鉴定矿物的重要方法。

　　具有一定的结晶构造和一定的几何外形的固体称为晶体。如岩盐，具有由钠离子和氯离子在三维空间作等距离排列的格子构造，其外表形态为立方体（图 1.3）。

　　在结晶质矿物中，还可根据肉眼能否分辨晶体颗粒的边界而分为显晶质和隐晶质两类。若矿物晶粒可通过肉眼或放大镜辨别，则为显晶质矿物；若矿物颗粒非常细小，用肉眼或放大镜都不能分辩，需在显微镜下才能辨别的为隐晶质矿物。

●—Cl⁻　○—Na⁺

图 1.3　岩盐的晶格构造

　　2. 非晶质矿物

　　非晶质矿物的内部质点在三维空间的排列没有一定的规律性，杂乱无章，故其外表就为不规则的几何形态，如蛋白石、褐铁矿等。非晶质矿物又可分为玻璃质和胶体质两类。

　　造岩矿物大多数是结晶质的，有的非晶质矿物随时间增长可转化为结晶质矿物。

1.2.2　矿物的形态

　　矿物的形态主要受本身的内部结构和形成时外在环境的制约，可分为矿物单体形态和矿物集合体形态。

1.2.2.1　矿物的单体形态

　　常见的单晶体矿物形态有：

　　（1）片状、鳞片状，如绿泥石、白云母等，见图 1.4；

　　（2）板状，如斜长石、板状石膏等；

　　（3）柱状，如长柱状的角闪石和短柱状的辉石等；

　　（4）立方体状，如岩盐、方铅矿、黄铁矿等，见图 1.5；

图 1.4　白云母

图 1.5　黄铁矿

　　（5）菱面体状，如方解石等；

　　（6）菱形十二面体状，如石榴子石等。

　　另外，还有多面体状和针状等形态。

1.2.2.2 矿物集合体形态

自然界的矿物很少呈单体形态出现，绝大多数呈集合体形态，常见的集合体形态有：

（1）粒状、块状、土状。矿物晶体在空间三维方向上接近等长的他形集合体。当颗粒边界较明显时称粒状，如橄榄石；若肉眼不易分辨颗粒边界，致密者称为块状，如石英、蛋白石等；疏松的块状可称土状，如高岭石等。

（2）鲕状、豆状、葡萄状、肾状。矿物集合体呈同心构造的球形。像鱼卵大小的称鲕状，如鲕状赤铁矿，见图 1.6（a）；近似黄豆大小的称豆状，如豆状赤铁矿，见图 1.6（b）；不规则的球形体可称为葡萄状或肾状，如肾状赤铁矿，见图 1.6（c）。

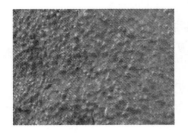  

（a）鲕状赤铁矿　　　　　　（b）豆状赤铁矿　　　　　　（c）肾状赤铁矿

图 1.6　赤铁矿的形态

（3）纤维状和放射状。由针状或柱状矿物集合而成，如红柱石的放射状集合体（图 1.7）。

（4）钟乳状。由溶液失水凝聚而成，往往具有同心层状构造，如方解石的钟乳集合体（图 1.8）。

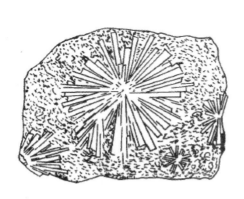 

图 1.7　红柱石的放射状集合体　　　　　　图 1.8　方解石的钟乳状集合体

1.2.3　矿物的光学性质

矿物的光学性质是指矿物对自然光的吸收、反射和折射等所表现出来的各种特征，主要包括颜色、条痕、光泽和透明度等特征。

1. 颜　色

矿物的颜色是由矿物的化学成分和内部结构决定的，矿物五彩缤纷的颜色是其明显的鉴定特征。很多矿物的名称就是因其具有特殊的颜色而得名的，如孔雀石（翠绿色）、黄铜矿（铜黄色）、赤铁矿（红色，又名红铁矿）等。同一矿物可以表现出不同的颜色，其颜色的变化通常是由于矿物中掺杂了对矿物基本特征没有影响的少量的化学杂质而造成的。当纯净矿物为浅色或无色时，颜色变种现象就比较普遍。例如，石英矿物，纯净时无色，当石英中掺有不同的杂质时会呈现出不同的颜色，如粉色、金黄色、烟棕色、紫色和常见的乳白色等。很明显，石英并不能仅依据它自身的颜色来鉴别。

根据矿物颜色产生的原因，可分为自色、他色和假色三种。

（1）自色：矿物自身所固有的颜色。自色产生的原因，主要与矿物成分中某些有色离子的存在有关。如 Fe^{3+} 使赤铁矿呈樱红色，Fe^{2+} 使普通角闪石、绿泥石呈暗绿色等。

（2）他色：矿物因含外来带色杂质而引起的颜色。如石英的异常色彩等。

（3）假色：由某些物理化学因素引起的呈色现象。如黄铁矿表面因氧化引起的锈色（蓝紫混杂的斑驳色彩）。

需要强调的是，矿物颜色的鉴别是指矿物新鲜表面上的颜色。

2. 条　痕

矿物的条痕指矿物在白色粗糙瓷板上刻划时遗留在瓷板的矿物粉末颜色。对某一矿物来说，条痕的颜色是唯一的，如赤铁矿颜色很多，有红色、钢灰色、铁黑色等多种颜色，但条痕总是樱红色，因而条痕成为鉴定矿物的一个很重要的特征。但大多数浅色矿物的条痕是无色或浅色的，条痕对浅色矿物鉴别的意义不大。某些深色矿物的条痕与颜色相同，这些矿物的条痕对鉴别矿物意义也不大。只有矿物的条痕与其颜色不同的某些深色矿物才是有用的鉴别矿物的特征。例如，角闪石呈黑绿色，条痕为淡绿色；辉石为黑色，条痕为浅绿色；黄铁矿为铜黄色，条痕为黑色等。

3. 光　泽

矿物的光泽是指矿物新鲜表面对光的反射能力。根据反射光由强到弱的次序可分为：

（1）金属光泽：反射强烈，类似小刀、金、银的反光，例如自然铜、方铅矿、黄铁矿等。

（2）半金属光泽：反光较强，但较金属光泽稍弱，有点类似没有磨光的金属器皿的反光，如辰砂、黑钨矿、赤铁矿等。

（3）非金属光泽：矿物表面的反光能力较弱，是大多数非金属矿物如石英、滑石等所固有的光泽。

常见的非金属光泽有：

① 金刚光泽：是非金属矿物具有的最强光泽，光彩夺目，像金刚石状光亮，如金刚石、锡石、浅色闪锌矿等。

② 玻璃光泽：反光较弱，像玻璃表面的光泽，自然界多数矿物是玻璃光泽，如水晶、正长石、冰洲石等。

③ 油脂光泽：在不平坦的断口上所呈现的像板油那样的光亮，如石英的断口上的光泽。

④ 珍珠光泽：片状矿物集合体或片状解理发育时所呈现的光泽，像珍珠一样反光，如云母解理面上的光泽。

⑤ 丝绢光泽：纤维状矿物集合体表面像丝绸一样反光，如石膏、绢云母等。

⑥ 土状光泽：矿物表面粗糙，光泽暗淡，像土块一样，如高岭石等。

4. 透明度

矿物的透明度是指矿物能够透光的能力。根据矿物透过光线的能力，可分为三级：透明的、半透明的和不透明的。例如：纯净的石英单晶体和纯净方解石组成的冰洲石为透明矿物；多数造岩矿物为半透明矿物，如一般石英集合体、滑石等；金属矿物则为不透明矿物，如黄铁矿、方铅矿、磁铁矿等。

颜色、条痕、光泽和透明度都是矿物的光学性质，是由于矿物对光线的吸收、折射和反射所引起的，它们之间存在着一定的联系（表 1.5）。例如，颜色和透明度以及光泽和透明度之间都有相互消长的关系。矿物的颜色越深，说明它对光线的吸收能力越强，光线也就越不容易透过矿物，透明度也就越差。同理，矿物的光泽越强，说明投射于矿物表面的光线大部分被反射了，于是通过折射而进入矿物内部的光线也就越少，透明度也就越差。

表 1.5　矿物颜色、条痕、光泽和透明度的关系简表

颜色	无色	浅色	彩色	黑色或金属色（部分硅酸盐矿物除外）
条痕	白色或无色	浅色或无色	浅色或彩色	黑色或金属色
光泽	玻璃	金刚	半金属	金属
透明度	透明	半透明		不透明

1.2.4　矿物的力学性质

矿物的力学性质是指矿物在外力（敲打、刻划、拉压等）作用下表现出来的各种物理性质。包括硬度、解理（劈开）和断口等。其中硬度和解理在矿物鉴定方面最有意义。

1. 硬　度

矿物的硬度是指矿物抵抗外力摩擦和刻划的能力，通常是指矿物的相对软硬的程度。在矿物的肉眼鉴定工作中，通常采用莫氏硬度计，见表 1.6。莫氏硬度是德国矿物学家弗里克·莫斯（Friedrich Mohs）于 1812 年根据 10 种标准矿物的相对软硬程度提出的硬度定性级别。

表 1.6　莫氏硬度计

矿物	滑石	石膏	方解石	萤石	磷灰石
化学分子式	$Mg_3[Si_4O_{10}][OH]_2$	$CaSO_4 \cdot 2H_2O$	$CaCO_3$	CaF_2	$Ca[PO_4]_3[F，Cl]$
硬度/（°）	1	2	3	4	5
矿物	正长石	石英	黄玉	刚玉	金刚石
化学分子式	$K[AlSi_3O_8]$	SiO_2	$Al_2[SiO_4][F，OH]_2$	Al_2O_3	C
硬度/（°）	6	7	8	9	10

测定某矿物的硬度，只需将该矿物同硬度计中的标准矿物相互刻划，进行比较即可。如某矿物能刻划长石，但不能刻划石英，则该矿物的硬度介于 6～7。需要注意的是，莫氏硬度计给出的硬度值表示各种矿物硬度的相对高低，而不能表明硬度的绝对大小。例如，滑石的硬度为 1，石英的硬度为 7，并不代表石英的硬度是滑石的 7 倍。根据力学测定，滑石的硬度仅为石英的 1/3 500，而金刚石的硬度则为石英的 1 150 倍。

在野外调查时，当缺少莫氏标准矿物时，可用其他简便工具进行测试。如指甲（硬度 2～2.5）、铜钥匙（硬度 3）、低碳钢小刀（硬度 5～5.5）、玻璃片（硬度 5.5～6.5）粗测矿物的硬度。在鉴别矿物的硬度时应注意要在矿物的新鲜表面上或解理面上进行。

2. 解理（劈开）

矿物受外力敲击时，能够沿一定方向规则裂开的性能称为矿物的解理性，开裂的平面称为解理面。解理是沿矿物软弱结合面裂开的趋向性，通常沿平行于晶体结构中相邻质点间联结力弱的方向发生。有些矿物具有几个解理面，有些矿物缺乏解理，而另一些矿物完全没有解理。一种矿物表现出解理时，可以裂成与其原样一致的碎块（片）；相比而言，无解理的矿物，在其裂开时，不可能裂成与原晶体一样的形状。

根据矿物受力时是否易于沿解理面破裂，以及解理面的大小和平整光滑程度，一般将解理分为：

（1）极完全解理：晶体可裂成平滑而薄的薄片，解理面大而平整、光滑，如云母沿解理面可剥离成极薄的薄片。

（2）完全解理：晶体常沿解理面裂成小块，解理面平整但不大，如方铅矿、岩盐沿解理面破裂成立方体，见图 1.9。

（3）中等解理：解理面小而不光滑，如角闪石。

（4）不完全解理：晶体上常见断口，偶见解理，如橄榄石。

（5）极不完全解理：矿物无解理，见到的都是断口，如石英、黄铁矿等。

3. 断　口

矿物受外力敲击后，沿任意方向发生不规则断裂，其破裂面称为断口。根据断口形态有参差状断口、平坦状断口、锯齿状断口、土状断口及贝壳状断口（图 1.10）。

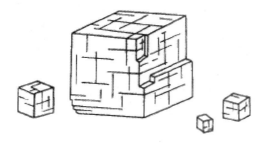 

图 1.9　岩盐的立方体完全解理　　　　图 1.10　石英的贝壳状断口

1.2.5　其他性质

矿物的某些特殊性质，如发光性、磁性、压电性、放射性、特殊的味道等仅存在于少数矿物中。这些性质除了可用于鉴定矿物之外，在工业上也具有相当价值。

1. 发光性

当矿物受到外界因素的作用，如紫外线、阴极射线照射等，能显示多种色彩，叫作荧光。而当光源移走后，被照射的矿物还继续发光，就称为磷光。荧光的命名来源于萤石，萤石就能发射出这种光线。金刚石在 X 射线下则发出天蓝色荧光。而方解石在紫外线的照射后，能发红、紫、蓝色的磷光。

2. 磁　性

矿物的磁性是指矿物能被磁铁吸引或排斥，如磁铁矿、自然铋等。磁性可作为矿物重要的鉴定特征，还可用作磁石，以及冶金业的选矿和找矿。一般用磁铁或磁针进行矿物的磁性试验。

3. 压电性

当不导电的矿物晶体，受到定向压力作用时，能在晶体表面产生电荷的性质，就是压电性。石英手表就是利用了石英的压电性质。

4. 放射性

含铀、钍、镭等放射性元素的矿物，因这些元素的蜕变作用，放出 α、β、γ 射线，这种性质称为放射性。当矿物具有放射性时，可用盖氏计算器测量。

1.2.6　矿物的鉴定方法

矿物的鉴定方法很多，工程地质工作中大量采用的是肉眼鉴定，还配合一些简单的工具，如地质锤、小刀、放大镜、毛瓷板、稀盐酸等。矿物的鉴定主要是运用矿物的形态以及矿物的物理力学性质等特征来鉴定的。

最有用的矿物鉴定特征有：形状、颜色、硬度、解理等。鉴定矿物时，先观察矿物的颜色，确定它是浅色的，还是深色的。然后鉴定矿物的硬度，在颜色相同的矿物中，硬度相同或相近的只有少数几种。通过看颜色、定硬度，可逐步缩小被鉴定矿物的范围。最后，根据矿物的解理、断口及其他特征，确定出矿物的名称。在自然界中也有许多矿物，它们在形态、颜色、光泽等方面有相同之处，但每一种矿物往往具有它自己的独特的特点，鉴别时利用这个特点，即可较准确地鉴别矿物。另外，如云母薄片有弹性、方解石有可溶性、滑石有滑感、高岭石有吸水性（粘舌）等也是有用的鉴定标志。

主要造岩矿物及其鉴定特征等内容详见附录 1。

1.3　岩石的地质成因与特性

经地质作用形成的矿物或岩屑组成的集合体称为岩石。自然界岩石种类繁多，根据其成因可分为岩浆岩、沉积岩、变质岩三大类。

三大岩类构成了地壳和岩石圈，但它们在地壳中的分布是不均匀的。若按质量计算，沉积岩仅占地壳质量的 5%，变质岩占 6%，岩浆岩占 89%。但若按各类岩石在地表的分布面积计算，则沉积岩占陆地面积的 75%，变质岩和岩浆岩合计只占 25%。从分布特点看，岩浆岩主要分布于岩石圈的深处，沉积岩分布于岩石圈最外层且呈厚度不均地不连续分布，而变质岩则主要分布于地下较深处的构造活动带和岩浆活动带的周围。

1.3.1　岩浆岩

通过对古代火山产物和当代火山活动的长期观察和综合研究发现，火山活动时不但有蒸气、石块、晶屑和熔浆团块自火山口喷出，而且还有炽热黏稠的熔融物质自火山口溢流出来，这说明地球的深处确实有高温炽热物质存在并活动。这种产生于地球深处、含挥发成分（CO_2、CO、HCl、SO_2、N_2、HF 等气体）、高温黏稠的硅酸盐物质的熔融体就是岩浆。

岩浆沿着地壳薄弱带向上侵入地壳或喷出地表，逐渐冷凝最后形成的岩石称为岩浆岩。从岩浆的产生、活动到岩浆冷凝固结成岩的全过程称为岩浆作用。按岩浆活动的特点可分为侵入作用和喷出作用。岩浆喷出地表而冷凝成岩浆岩的活动过程称为喷出作用，也叫火山作用，形成的岩浆岩也叫火山岩。岩浆从地球深处向地面上升运移过程中，在地壳岩石内部冷凝成为岩浆岩的活动过程叫侵入作用，形成的岩浆岩称为侵入岩。根据侵入深度的不同，可将侵入岩分为深成侵入岩（深度大于 3 km）和浅成侵入岩（深度小于 3 km）。

1.3.1.1　岩浆岩的矿物成分

地壳中已知的矿物有 3 800 多种，但组成岩浆岩的最主要的矿物却不过 20～30 多种，以硅酸盐矿物为主，其中最多的是长石、石英、黑云母、角闪石、辉石、橄榄石等（以上矿物中仅石英属于氧化物），占岩浆岩矿物总含量的 99%，是主要的造岩矿物。根据统计资料表明，地壳中已发现的元素在岩浆岩中几乎都能找到，它们主要以 SiO_2、Al_2O_3、Fe_2O_3、FeO、MgO 等氧化物组成，占氧化物总重量的 99% 以上，称为主要造岩氧化物，其中又以 SiO_2 含量最高，达 59% 以上，所以 SiO_2 是岩浆岩的最主要化学成分。一般情况下，当岩石中 SiO_2 含量多时，岩石的颜色浅；SiO_2 含量少时，岩石的颜色则深。所以用 SiO_2 量的多少作为划分岩浆岩类型的依据，见表 1.7。

表 1.7　岩浆岩按 SiO_2 含量分类

岩浆类型	SiO_2 含量/%	颜色	稀稠	密度
酸性的	＞65	浅	稠	小
中性的	65～52	↕	↕	↕
基性的	52～45			
超基性的	＜45	深	稀	大

1.3.1.2　岩浆岩的产状

岩浆岩的产状是指岩浆冷凝后岩体的形态、岩体所占据的空间以及它与围岩的相互关系，如图 1.11 所示。侵入岩一般位于地下无法直接看到，只有当侵入岩隆起或遭受侵蚀后才能看到并研究它们。

1. 侵入岩的产状

按侵入岩体与围岩关系分为以下几类：

（1）岩基。岩基是规模最大的深成侵入岩体，其出露地表面积一般大于 $100~km^2$，岩体范围大，与围岩的接触面不规则。如海南岛琼中花岗岩体为一巨大岩基，出露面积达 $5~000~km^2$。我国秦岭、祁连山及南岭等地，主要为花岗岩的岩基。由于岩基在形成过程中埋藏较深，岩浆冷凝的速度慢，结晶程度好，质地均匀，强度较高，因而常被选作适宜的建筑物地基。

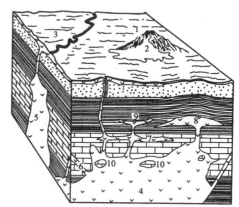

1—火山锥；2—熔岩流；3—熔岩被；4—岩基；5—岩株；
6—岩墙；7—岩床；8—岩盘；9—岩盆；10—捕房体。

图 1.11　岩浆岩的产状

（2）岩株。面积小于 $100~km^2$ 的侵入体，规模较岩基小，平面常呈圆形或不规则形状，与围岩接触较陡直，有时是岩基的一部分，其特点与岩基相近。如北京周口店花岗闪长岩体的产状为岩株，平面近圆形，出露面积约 $56~km^2$。

（3）岩盘。当岩浆侵入上部岩层后，使上覆岩层隆起，岩浆冷凝形成的面包状岩体，称为岩盘。如山东济南辉长岩体，底部平坦，顶部拱起，中间厚度大而边缘薄。

（4）岩床。岩床为板状侵入体，产状和围岩的层面一致，以厚度稳定为特征。

（5）岩墙和岩脉。岩浆沿近垂直的围岩裂隙侵入形成的岩体叫岩墙，长几十米至几千米，宽几米至几十米；岩浆侵入围岩的各种断层和裂隙中，形成的脉状岩体，称岩脉，长几厘米至几米，宽几毫米至几米。

2. 喷出岩的产状

（1）火山颈。火山喷发时，岩浆在火山口通道里冷凝形成的岩体，呈直立的不规则圆柱形岩体。

（2）火山锥。岩浆沿着火山颈喷出地表，形成圆锥状的岩体称为火山锥，其物质由火山喷发的碎屑及熔岩组成。如我国黑龙江五大连池的火山群、山西大同的火山群都属于火山锥。

（3）熔岩流（岩被）。岩浆喷出地表后，沿着地表流动冷凝固结而形成熔岩流。

1.3.1.3 岩浆岩的结构与构造

1. 岩浆岩的结构

岩浆岩的结构是指岩石中矿物的结晶程度、晶（颗）粒大小、晶（颗）粒形态及晶（颗）粒之间的相互关系。结构决定了岩石内部连接的情况，直接影响着岩石的工程性质。岩浆岩的结构是划分与鉴定岩浆岩的主要依据之一。

（1）按结晶程度可分为：

① 全晶质结构。岩石全部由结晶质矿物组成，如图1.12（a）所示，多见于深成岩和浅成岩中，如花岗岩、花岗斑岩等。

② 半晶质结构。结晶质、非晶质矿物各半组成的岩石，如图1.12（b）所示。

③ 玻璃质结构。岩石全部由非晶质或玻璃质矿物组成，均匀致密似玻璃，是由于岩浆快速喷出地表，骤然冷凝，所有矿物来不及结晶就凝固而成，如图1.12（c）所示，为喷出岩所特有的结构。

a—全晶质结构；b—半晶质结构；c—玻璃质结构。

图1.12　按结晶程度划分的三种结构

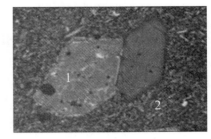

1—斑晶；2—基质。

图1.13　斑状结构

（2）按矿物颗粒大小可分为：

① 等粒结构。指岩石中的矿物颗粒全部是显晶质（肉眼或放大镜可辨别的）颗粒，主要矿物大小大致相等的结构。按矿物颗粒大小可进一步划分为：伟晶结构，粒径 > 10 mm；粗粒结构，粒径 5 ~ 10 mm；中粒结构，粒径 2 ~ 5 mm；细粒结构，粒径 0.2 ~ 2 mm；微粒结构，粒径 < 0.2 mm。

② 不等粒结构。指岩石中同种主要矿物颗粒大小不等，这种结构多见于深成侵入岩周边部位或浅成侵入岩中。

③ 隐晶质结构。矿物颗粒非常细小，用肉眼或放大镜都不能分辨，需在较高倍显微镜下才能辨认出结晶颗粒的结构。这种结构很致密，一般无玻璃光泽和贝壳状断口，不像玻璃那样脆，常有瓷状断面。多见于浅成岩和一些喷出岩中，抗风化能力较强。

④ 斑状结构。指岩石中较大的矿物晶体被细小的晶粒或隐晶质、玻璃质矿物所包围的一种结构。较大的晶体矿物称为斑晶，如图 1.13 所示；细小的晶粒或隐晶质、玻璃质矿物称为基质。如果基质为显晶质时称似斑状结构，基质为隐晶质或玻璃质时称为斑状结构。斑状结构为浅成岩及部分喷出岩所特有的结构，典型的岩石如花岗斑岩，其形成是由于岩浆侵入地壳浅部，冷凝很快，在不利于结晶的条件下形成的。具有斑状结构的岩石，结构不均一，一般抗风化能力较差，易于剥落。

2. 岩浆岩的构造

岩石的构造是指岩石中不同矿物与其他组成部分之间在空间的排列与充填方式上所反映出来的岩石外貌特征。常见的岩浆岩的构造有下列几种：

（1）块状构造。矿物在整个岩石中分布是均匀的，其排列无一定次序，无一定方向，不显层次，呈致密块状。它是岩浆岩中最常见的一种构造。

（2）流纹状构造。由于熔岩的流动，岩石中不同颜色的条纹、拉长的气孔和长条形矿物，按一定方向排列形成的一种流动状构造。它反映岩浆喷出地表后流动的痕迹，这种构造仅出现于喷出岩中，如流纹岩，是酸性熔岩中最常见的构造。

图 1.14　气孔构造

（3）气孔状构造。岩浆喷出地表后由于压力急剧降低，岩浆凝固时，挥发性的气体未能及时逸出，在岩石中留下许多圆形、椭圆形或长管形的孔洞，是喷出岩所具有的构造。如浮岩，见图 1.14。

（4）杏仁状构造。喷出岩的气孔被某些次生矿物（如方解石）填充，像杏仁一样，故称杏仁状构造。杏仁状构造多见于喷出岩中，如北京三家店一带的辉绿岩就具有典型的杏仁状构造。

1.3.1.4　岩浆岩分类及常见岩浆岩的鉴定特征

1. 岩浆岩分类

根据岩浆岩的产状、结构、构造、矿物成分及其共生规律等特征进行分类，如表 1.8 所示。

2. 常见岩浆岩的鉴定特征

根据岩浆岩所含的 SiO_2 含量及形成特点，可将常见的岩浆岩分别简述如下。

（1）超基性岩类。

橄榄岩：属于深成侵入岩，黑色或暗绿色，组成矿物以橄榄石（40%～90%）、辉石（5%～50%）为主，其次为角闪石、斜长石、云母等，很少或无长石。中粒等粒结构，块状或条带状构造。在地表条件下橄榄石极易风化变成蛇纹石，使颜色变浅。

（2）基性岩类。

① 辉长岩。一种深成侵入岩，灰黑、暗绿色，主要矿物为辉石和斜长石，有少量的角闪石和橄榄石。中粒等粒结构，块状构造。暗色和浅色矿物含量大致相等。

② 辉绿岩。属于浅成侵入岩，矿物成分、颜色与辉长岩相同，但粒度很细。辉石与斜长石颗粒大致相近，常呈岩墙、岩床或岩盘产出。结晶质细粒结构，块状构造。

③ 玄武岩。属于典型的喷出岩，分布最广，是地球洋壳和月球月海的最主要组成物质，也

是地球陆壳和月球月陆的重要组成物质。黑色、灰绿色、灰黑色至暗紫色，主要矿物成分为基性斜长石、辉石，其次为橄榄石等。具隐晶、细晶或斑状结构，杏仁构造或气孔构造。玄武岩因其岩浆黏度较小，易于流动，通常以大面积的熔岩流产出，我国云、贵、川等地有大面积的玄武岩分布，且常具柱状节理。

表 1.8　岩浆岩分类

岩石类型				超基性岩	基性岩	中性岩		酸性岩
物质成分	SiO$_2$平均含量/%			<45	45~52	52~65		>65
	石英含量/%			无或罕见	少见	0~20		>20
	长石含量/%			无或罕见	斜长石为主		钾长石为主	
	暗色矿物含量/%			95（橄榄石、辉石、角闪石）	45~50（辉石、角闪石、橄榄石）	30~45（角闪石、黑云母、辉石）	20（角闪石、黑云母）	10（角闪石、黑云母）
	岩石颜色			深色 ◄———————► 浅色				
	岩石密度			大 ◄———————► 小				
产状	喷出岩	玻璃隐晶斑状	气孔杏仁流纹	金伯利岩	黑曜岩　浮岩　珍珠岩　松枝岩			
					玄武岩	安山岩	粗面岩	流纹岩
					玄武玢岩	安山玢岩	纳长玢岩	石英斑岩
	浅成岩	伟晶细晶斑状	块状		煌斑岩　细晶岩　伟晶岩			
					辉绿岩 辉长玢岩	闪长玢岩	正长斑岩	花岗斑岩
	深成岩	粒状	块状	橄榄岩 辉岩	辉长岩（斜长岩）	闪长岩	正长岩	花岗岩

（3）中性岩类。

① 闪长岩。属深成侵入岩。浅灰、灰绿等色，组成矿物以角闪石和斜长石为主，正长石、云母、辉石为次要矿物，很少或没有石英。中、细粒粒状结构，块状或斑杂构造。大部分和花岗岩或辉长岩呈过渡关系。

② 闪长玢岩。为浅成侵入岩。灰或灰绿色，矿物成分与闪长岩相同，斑晶由斜长石或角闪石组成。基质有微晶—隐晶斜长石、角闪石组成，斑状或似斑状结构，中细粒或微粒结构，块状构造。

③ 安山岩。属喷出岩。灰色，风化后为灰褐色、灰绿色、红褐色。主要矿物成分为斜长石、角闪石，无石英或极少，一般为斑状结构，斑晶多为斜长石及角闪石。少量为隐晶质结构或玻璃质结构。常见块状构造、杏仁或气孔构造，气孔中常为方解石所充填。安山岩常以块状熔岩流等产出。

④ 正长岩。属深成侵入岩。一般为肉红色、灰黄色或灰白色，主要矿物以正长石为主，有时也含少量斜长石。暗色矿物有黑云母、角闪石等，无石英。中粒等粒结构，块状构造。

（4）酸性岩类。

① 花岗岩。是分布最广的深成岩类，其分布面积占所有侵入岩面积的 80% 以上。肉红、浅灰、灰白等色，主要由正长石（40%）、石英（30%）和斜长石（20%）组成，黑云母、角闪石等为次要矿物。通常钾长石多于斜长石，石英可达 20% 以上。中、粗等粒结构，块状构造。花岗岩质地均匀、坚固、颜色美观，广泛用作地基、桥梁、纪念碑等的建筑石材。

② 花岗斑岩。属浅成侵入岩。主要矿物成分同花岗岩，斑状结构，斑晶为石英和钾长石，基质由细小的长石、石英及其他矿物组成，颜色与构造同花岗岩。

③ 流纹岩。属喷出岩。浅灰、灰红等色，矿物成分同花岗岩。隐晶质斑状结构，斑晶主要为钾长石、石英等，基质为隐晶质或部分玻璃质；有时为隐晶无斑结构，常有流纹构造。

（5）脉岩类。

在岩体边缘或围岩裂隙中，常见有与深成岩体有一定成分和成因联系的岩脉、岩墙等，其构成岩石通称为脉岩类。

伟晶岩：具有伟晶结构的浅色脉岩，主要由巨粒（颗粒一般大于 10 mm）的石英、长石、白云母等浅色矿物组成。其主要矿物成分与花岗岩相似，不同之点是暗色矿物含量较少（有时出现黑云母）。伟晶岩多以脉体或透镜体产于母岩及其围岩中，并常富集成长石、石英、云母、宝石及各种稀有元素矿床。

（6）火山玻璃类。

由火山喷发出来的熔岩，迅速冷却来不及结晶而形成的一种玻璃质结构岩石。因酸性熔浆黏度大、温度低，在迅速冷却条件下更容易形成玻璃质，所以火山玻璃岩以酸性为主。

① 黑曜岩。一种酸性火山玻璃岩。呈褐、黑、红等色，致密块状和熔渣状玻璃质岩石，玻璃光泽，具光滑的及标准的贝壳状断口，边缘微透明。常含磁铁矿、辉石微粒。

② 浮岩。一种多气孔的玻璃质岩石，典型的浮岩多产于酸性熔岩的上部或火山碎屑中。通常为白色或浅灰色，状似炉渣，颜色浅淡，多为白色、灰白色。成分接近流纹岩。玻璃质结构，气孔构造。其气孔体积大大超过玻璃质体积，故相对密度较小（相对密度 0.3 ~ 0.4），可浮于水而得名。

1.3.2　沉积岩

沉积岩是在地表或接近地表的条件下，由母岩（岩浆岩、变质岩和早期的沉积岩）风化、剥蚀的产物和某些火山作用形成的物质经搬运、沉积，而后硬结形成的岩石。沉积岩呈层状广泛分布于地壳表层，是区别于其他类型岩石的重要标志之一。由于沉积岩形成的地表环境十分复杂（如海陆分布、气候条件、生物状况等），同一时代不同地区或同一地区不同时代，其地理环境往往不同，从而所形成的沉积岩也互有差异，各种沉积岩都毫无例外地记录下了沉积时的地理环境信息。因此，沉积岩是重塑地球历史和恢复古地理环境的重要依据。同时，沉积岩中还蕴藏着大量的沉积矿产，如煤、石油、天然气、盐类等。据统计，沉积岩中的矿产占世界全部总矿产值的 70% ~ 75%。

1.3.2.1　沉积岩的物质成分

组成沉积岩的矿物有 160 余种，但较重要的有 20 余种，如石英、长石、云母、黏土矿物、碳酸盐矿物、卤化物及含水的氧化铁、锰、铝等矿物。一种沉积岩中含有的主要矿物一般不超过 3 ~ 5 种。与岩浆岩的矿物成分相比，沉积岩的矿物成分有如下特点：① 在岩浆岩中大量存在的橄榄石、辉石、角闪石和黑云母等铁镁质矿物在沉积岩中少见；② 长石、石英、白云母在岩浆岩和沉积岩中都比较多，但钾长石和石英在沉积岩中更多；③ 盐类矿物、碳酸盐类矿物和黏土矿物则是沉积岩中所特有的矿物；④ 生物组分是沉积岩所特有的。

1.3.2.2　沉积岩的形成过程

沉积岩的形成可概括为以下几个过程。

1. 母岩的风化和剥蚀作用

暴露于地表或接近地表的各种岩石，在温度变化、水及水溶液的作用、大气及生物作用下在原地发生的破坏作用，称为风化作用。风化作用是一切外力作用的开端，使得地壳表层岩石逐渐崩裂、破碎、分解，同时也形成新环境条件下的新稳定矿物。风化作用是破坏地表和改造地表的先行者，是使地表形态和成分不断发生变化的重要力量，是沉积物质的重要来源之一。有关风化作用更为详细的论述详见本章 1.3.4 节。

岩石遭受风化之后，为风、流水、地下水、冰川、湖泊、海洋等外动力对岩石的破坏提供了物质条件。各种外力在运动状态下对地面岩石及风化产物的破坏作用，总称为剥蚀作用。剥蚀作用不仅破坏地壳的组成物质，还不断改变着地球表面的形态。剥蚀作用可分为风的吹蚀作用、流水的侵蚀作用、地下水的潜蚀作用、海水的海蚀作用和冰川的冰蚀作用等。例如：风的吹蚀作用体现在，一方面吹起地表风化碎屑和松散岩屑（称吹飏作用），另一方面还挟带着岩屑对岩石产生磨蚀（称磨蚀作用）。流水也和风一样，其动能不仅冲击着地表风化的或松散的岩矿碎屑（称冲蚀作用），而且水流还挟带着碎屑作为工具进一步磨蚀着岩石（称磨蚀作用）。占大陆面积约 10% 的冰川，其冰蚀作用也是很强大的，100 m 厚的冰川，底部就要承受 90 000 ~ 96 000 kg/m^2 的压力；运动着的冰川，特别是挟带着大量岩屑石块（称冰碛）的冰川，就像耕地的犁耙一样破坏着冰川谷壁或谷底的岩石（称刨蚀作用）。海水的海蚀作用也极为显著，海浪拍打海岸岩石，其压力强度能达 38 t/m^2。所以，在海浪直接冲击之下，再加上以所挟带的岩屑碎块为磨蚀工具，海岸岩石破坏速度是相当迅速的。

从剥蚀作用的性质来看，可分为机械的剥蚀作用和化学的剥蚀作用两种方式。前者是指风、流水、冰川、海洋等对地表物质的机械破坏作用；后者是指流水、地下水、湖泊、海洋等对岩石以溶解等方式进行的破坏作用，又可称之为溶蚀作用。特别是在石灰岩、白云岩地区，这种作用更为显著，通称喀斯特作用（亦称岩溶作用）。

剥蚀作用和风化作用都是引起地表岩石破坏的基本作用方式。两者不同之处主要在于前者是流动着的物质对地表岩石起着破坏作用，而后者是相对静止地对岩石起着破坏作用。但两者互相依赖，互相促进，岩石风化有利于剥蚀，而风化产物被剥蚀后又便于继续风化，从而加剧了地表岩石的破坏作用，并源源不断地为沉积岩的形成提供着充足的物质来源。

岩石经风化剥蚀后形成的产物按其性质可分为：

（1）碎屑物质：这类物质是母岩机械破碎的产物，如石英砂粒、云母碎片等，这类物质除未遭分解的矿物碎屑外，还有母岩直接机械破碎而成的岩石碎屑。

（2）黏土物质：这是母岩在分解过程中残余的或新生成的黏土物质。它们常是化学风化过程中呈胶体状态的不活泼的物质，如 Al_2O_3、SiO_2 等，在适合的条件下就形成黏土矿物，也有部分黏土物质是机械磨蚀的碎屑物质。

（3）溶解物质：主要是活动性较大的金属元素，如 K、Na、Ca、Mg 等以离子状态形成的真溶液，而 Al、Fe、Si 等的氧化物呈胶体状态形成胶体溶液，它们在适当的条件下就形成化学沉积物质。

这三类风化产物当其分别沉积时，就构成了三大类沉积岩的基本物质：碎屑物质构成碎屑岩的主要成分；黏土物质组成黏土岩；溶解物质则组成化学岩和生物化学岩。此外，还有火山作用形成的沉积物质，生物作用形成的沉积物质等。

2. 沉积物的搬运作用和沉积作用

母岩的风化产物除了少部分残留原地组成堆积风化壳外，大部分被搬运走，并在新的环境中沉积下来。由于三种风化产物的性质不同，它们的搬运、沉积方式也不同。按其搬运的方式可分为：机械搬运、化学搬运和生物搬运。

（1）机械搬运。

碎屑物质和黏土物质多以机械方式在流水、海水、湖水、冰川、风力和重力等营力下被搬运。以风力或流水搬运为例，在运动过程中有三种不同的运动方式：悬浮、跳跃和滚动，取决于沉积物的大小、重量与搬运力的大小。沉积物在搬运过程中，由于相互碰撞和磨蚀，使沉积物原有的棱角逐渐消失，成为卵圆或滚圆形，碎块、颗粒圆滑的程度称磨圆度。碎屑物质搬运的距离越长，磨圆度越高。当搬运力逐渐减小时，被搬运的沉积物质先后沉积下来，大的比小的先沉积，球状比片状的先沉积，重的比轻的先沉积。

（2）化学搬运。

母岩风化产物中的溶解物质有的呈胶体状态，有的呈真溶液搬运状态，这主要是与物质的溶解度有关。化学搬运物质组分溶解度按由小到大顺序排列为：$Al_2O_3 \rightarrow Fe_2O_3 \rightarrow MnO \rightarrow SiO_2 \rightarrow P_2O_5 \rightarrow CaCO_3 \rightarrow CaSO_4 \rightarrow NaCl \rightarrow MgCl_2$。其中 Al、Mn、Si 等的氧化物难溶于水，一般呈胶体溶液被搬运，而 Ca、Mg、Na 等物质由于溶解度大，故成真溶液被搬运。带不同电荷的胶体相互混合，电解质的加入及胶体溶液的浓缩等原因，都可以引起胶体物质的凝聚和沉淀。

（3）生物搬运。

随着地质历史的发展，生物在沉积岩形成过程中的意义越来越大，它通过自己的生命活动，直接或间接地对化学元素、有机或无机的各种成矿物质进行分解与化合、分散与聚集以及迁移等作用，并在多种适宜的水体中沉淀，形成岩石和矿床。

3. 成岩作用

沉积物被埋置以后，直至固结为岩石以前所发生的作用称为沉积物的成岩作用。归纳起来，沉积物在成岩阶段的变化有以下几个方面：

（1）压固脱水作用。沉积物不断沉积，厚度逐渐加大。先沉积在下面的沉积物，承受着上覆越来越厚的新沉积物及水体的巨大压力，使下部沉积物孔隙减小、水分排出、密度增大，最后形成致密坚硬的岩石，称为压固脱水作用。

（2）胶结作用。各种松散的碎屑沉积物被不同的胶结物胶结，形成坚固完整岩石的作用称为胶结作用。最常见的胶结物有硅质、钙质、铁质和泥质。

（3）重新结晶作用。非晶质胶体溶液脱水转化为结晶物质，微小晶体在一定条件下能长成粗大晶体。这两种现象都可称为重新结晶作用，从而形成隐晶或细晶的沉积岩。

（4）新矿物的生成。沉积物在向沉积岩的转化过程中，除了体积、密度上的变化外，同时还生成与环境相适应的稳定矿物，例如方解石、燧石、白云石、黏土矿物等新的沉积岩矿物。

1.3.2.3　沉积岩的结构与构造

1. 沉积岩的结构

沉积岩的结构是指沉积岩各个组成部分的颗粒形态、大小和联结形式。按照组成物质、颗粒大小及形态特征，沉积岩的结构分为以下四种：

（1）碎屑结构：是指岩石中有 50% 以上的碎屑颗粒被胶结物所胶结的结构，具此种结构的岩石属于碎屑岩。碎屑岩主要由碎屑颗粒和胶结物两部分组成，是沉积岩所特有的结构。按照主要碎屑颗粒的大小，碎屑结构可分为：砾状结构（> 2.0 mm）、砂状结构（2.0 ~ 0.05 mm）和粉砂状结构（0.05~0.005 mm）。

（2）泥质结构：是黏土岩特有的结构，一般由颗粒粒径小于 0.005 mm 的黏土矿物颗粒组成，其特点是岩石中黏土物质占 50% 以上，由于混有不同含量的粉细砂，故存在一系列过渡型结构。

（3）化学结构：是化学岩特有的结构。由化学沉淀和胶体重结晶所形成的结构，又可分为鲕状、结核状、纤维状、致密块状和粒状结构等，其特点是岩石中溶解物质占 50% 以上，由于混有不同含量的泥质等，故也存在一系列过渡型结构。

（4）生物化学结构：岩石中含有生物遗体或碎片所组成的结构，如珊瑚结构、介壳结构等，常见于石灰岩、硅质岩和磷质岩中。

2. 沉积岩的构造

沉积岩的构造是指沉积岩各个组成部分的空间分布及其相互排列的方式，它是沉积岩的重要宏观特征之一。常见的沉积岩构造特征有：

（1）层理构造。

当沉积物在一个较大区域内、地质环境条件基本一致的情况下，连续不断沉积形成的单元岩层称为层。把分隔不同性质岩层的分界面叫层面（可以是平面，但大多是曲面）。上下岩层面之间的垂直距离，称为岩层的厚度。层面的形成标志着沉积作用的短暂停顿或间断，层面上往往分布有少量的黏土物质或白云母等碎片，构成岩体在强度上的软弱面，因而岩体容易沿层面劈开。单元岩层按照其厚度可分为巨厚层（>1 m）、厚层（1~0.5 m）、中厚层（0.5~0.1 m）、薄层（<0.1 m）等。

层理是沉积岩在形成过程中，由于沉积环境的改变所引起的沉积物质的成分、颗粒大小、形状或颜色在垂直岩层方向上发生变化而显示出的成层现象。层理构造是沉积岩独有的构造类型，是沉积岩区别于岩浆岩和变质岩的最主要的标志。

层理的形态有以下几种类型：

① 水平层理。呈细层状、平直且彼此平行，在静水中形成，主要见于颗粒比较细小的岩石中，见图 1.15（a）。

② 斜交层理。层理面向一个方向与层面斜交，这种斜交层理在河流及滨海三角洲沉积物中均可见到，主要是由单向水流所造成的，见图 1.15（b）。

③ 波状层理。层理面波状起伏，其总方向与层面大致平行，见图 1.15（c）。

有些岩层一端厚、另一端逐渐变薄以至消失，这种现象称为层的尖灭。若中间厚，向两端逐渐尖灭，则称为透镜体，见图 1.15（d）。

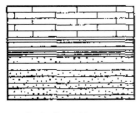 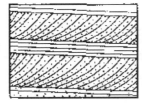  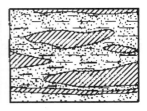

（a）水平层理   （b）斜交层理   （c）波状层理   （d）透镜体及尖灭层

图 1.15 沉积岩层理形态示意图

（2）层面构造。

在沉积岩岩层层面（顶、底面）上往往保留有反映沉积岩形成时流体运动、自然条件变化遗留下来的痕迹，称为层面构造。

　　① 顶面构造。在沉积岩的顶面发育的层面构造有：波痕、雨痕、泥裂、雹痕、晶体印痕、虫痕、动物足迹等构造，它们可以帮助判断岩层层序。

　　② 底面构造。主要发育有：底冲刷、槽模、沟模等。

　　（3）结核和化石。

　　① 结核：指包裹在沉积岩中某些矿物集合体的团块，是一种化学成因的构造，其成分、结构、颜色等一般与围岩不同。如石灰岩中的燧石结核，黏土岩中的石膏结核及黄土中的钙质结核等。

　　② 化石：指埋置在沉积岩中的各地质时期古生物的遗体和遗迹。它们虽保持着古生物的体态和构造，但它的有机质已被矿物质所替代。古生物化石是沉积岩独有的构造特征，是研究地史、生物进化的重要依据。

1.3.2.4　沉积岩分类及常见沉积岩的鉴定特征

　　1. 沉积岩的分类

　　根据沉积岩的成因，物质成分和结构等特征，可将沉积岩分为三大类：碎屑岩类、黏土岩类、化学及生物化学岩类（表 1.9）。

表 1.9　沉积岩分类

岩　类		结　　构	岩石分类名称	主要亚类及其物质组成
碎屑岩类	火山碎屑岩	碎屑结构	粒径>100 mm	火山集块岩	主要由>100 mm 熔岩碎块、火山灰等经压密胶结而成
			粒径 100～2 mm	火山角砾岩	主要由 2～100 mm 熔岩碎屑、晶屑、玻屑及其他碎屑混入物
			粒径<2 mm	火山凝灰岩	50% 以上粒径<2 mm 的火山灰组成，其中由岩屑、晶屑、玻屑等细粒碎屑物
	沉积碎屑岩		砾状结构 粒径>2 mm	砾岩	角砾岩：由带棱角的角砾经胶结而成 砾岩：由浑圆的砾石胶结而成
			砂质结构 粒径 2～0.05 mm	砂岩	石英砂岩：石英含量>90%，长石和岩屑<10% 长石砂岩：石英含量<75%，长石>25%，岩屑<10% 岩屑砂岩：石英含量<75%，长石<10%，岩屑>25%
			粉砂质结构 粒径 0.05～0.005 mm	粉砂岩	主要由石英、长石及黏土矿物组成
黏土岩类		泥质结构 粒径<0.005 mm		泥岩	主要由黏土矿物组成
				页岩	黏土质页岩：由黏土矿物组成 炭质页岩：由黏土矿物及有机质组成
化学及生物化学岩类		结晶结构及生物结构		石灰岩	石灰岩：方解石（>90%）、黏土矿物（<10%） 泥灰岩：方解石（50%～70%）、黏土矿物（25%～50%）
				白云岩	白云石：（90%～100%），方解石（<10%） 灰质白云石：方解石（50%～75%），方解石（25%～50%）

（1）碎屑岩类。

碎屑岩按照成因又分为火山碎屑岩和沉积碎屑岩两大类。

① 火山碎屑岩。

由火山喷发的碎屑物质在地表经过短距离的搬运、沉积形成。依据火山碎屑岩中碎屑颗粒的大小又可分为火山集块岩（由粒径 > 100 mm 的粗火山碎屑物质组成）、火山角砾岩（由粒径为 100~2 mm 的熔岩角砾组成）和火山凝灰岩（由粒径 < 2 mm 火山灰及细碎屑组成）。其中凝灰岩是很好的建筑材料，还可作为水泥的原料。

② 沉积碎屑岩。

沉积碎屑岩是由先前形成的岩石风化碎屑产物经过搬运、沉积、固结所形成的岩石。碎屑岩由碎屑、杂质和胶结物三部分组成。碎屑是指碎屑岩中的岩石碎屑；杂质是指充填在碎屑颗粒之间细小的粒状物质，其粒径一般小于 0.03 mm；胶结物是指碎屑岩中黏结碎屑颗粒的物质。沉积碎屑岩按照碎屑颗粒的大小可分为砾岩（角砾岩）、砂岩和粉砂岩。碎屑岩的名称一般前面为胶结物成分，后面是碎屑的大小和形状，如硅质粗砂岩、铁质细砂岩。

碎屑岩类中的胶结物的胶结方式和成分，对其工程性质有重要影响，其中胶结方式有基底式胶结、孔隙式胶结和接触式胶结三种，见图 1.16。

基底式胶结 胶结物含量较多，碎屑彼此不相连。这种胶结方式胶结紧密，岩石强度由胶结物成分控制，硅质最强，铁质、钙质次之，碳质较弱，泥质最差。

孔隙式胶结 碎屑颗粒紧密相接，胶结物充填于粒间孔隙中。

接触式胶结 只在碎屑颗粒的彼此接触处才有胶结物，故胶结物数量很少。这种胶结方式孔隙度大、强度低、透水性强。

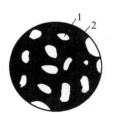 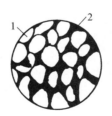 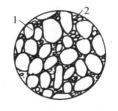

（a）基底式胶结　　　（b）孔隙式胶结　　　（c）接触式胶结

1—碎屑颗粒；2—胶结物质。

图 1.16　碎屑岩的胶结类型

（2）黏土岩类。

黏土岩主要是由粒径小于 0.005 mm 颗粒组成、并含有大量黏土矿物的岩石。一般黏土岩吸水性强，浸水后强度显著降低，抗滑稳定性差，具有可塑性、吸水性和膨胀性。主要的黏土岩有两种，即页岩和泥岩。

（3）化学岩和生物化学岩。

化学岩和生物化学岩是各种母岩经过强烈的化学风化所形成的真溶液或胶体溶液，搬运至静水盆地中沉淀而成的，主要由碳酸盐类组成，肉眼鉴定时主要是利用其化学成分的特殊性，如方解石遇稀盐酸剧烈起泡。

常见的化学岩和生物化学岩的结构有：致密结构、结晶结构、鲕状结构、生物结构等。致密结构用肉眼难以辨认矿物颗粒的粗细；结晶结构多在岩石表面有闪闪发亮的矿物颗粒；鲕状结构是在岩石表面上有直径小于 2 mm 的似鱼子一样的结构，如鲕状灰岩；生物结构岩石中有大量的生物化石，如珊瑚灰岩、介壳灰岩等。

2. 常见沉积岩的鉴定特征

（1）角砾岩和砾岩。由 50% 以上大于 2 mm 的粗大碎屑颗粒胶结而成的岩石称为砾岩或角砾岩。碎屑颗粒为圆状和次圆状称为砾岩；若砾石为棱角状或次棱角状，则称为角砾岩。两者主要由岩屑组成，矿物成分多为石英、燧石，胶结物有硅质(成分为 SiO_2)、泥质(成分为黏土矿物)、钙质（成分为 Ca、Mg 的碳酸盐）或其他化学沉淀物。胶结物的成分对砾岩的物理力学性质影响很大。如胶结物为硅质或铁质的基底式胶结的砾岩，抗压强度很高，是良好的建筑物地基。因此鉴定时要对碎屑的大小、形状、成分、数量、胶结物的性质及胶结方式进行研究。

（2）砂岩。按粒径大小，砂岩可分为粗（砂粒直径在 2～0.5 mm）、中（砂粒直径在 0.5～0.1 mm）、细（砂粒直径在 0.1～0.05 mm）、粉（砂粒直径在 0.05～0.005 mm）四种。由于天然沉积的砂粒，其粒径虽有一定的分选性，但仍然难免大小粒径混杂在一起。例如，中砂粒径范围是 0.5～0.25 mm，但只要在该砂岩中，中砂含量超过全部砂粒的 50% 以上者即可定为中砂岩。

（3）黏土岩类。又称泥质岩类，包括黏土、页岩和泥岩三种主要类型。

黏土为松散的土状岩石，其黏土颗粒含量在 50% 以上。可根据其黏粒含量不同分为亚黏土（黏粒含量 10%～30%）、亚砂土（黏粒含量 3%～10%）及砂土（黏粒含量小于 3%）等。黏土根据其中所含主要矿物成分的不同可分为高岭石黏土、蒙脱石黏土和伊利石黏土。

页岩是由松散黏土经硬结成岩作用而成。为黏土岩的一种构造变种，成分复杂，除了各种黏土矿物外，还有少量石英、绢云母、绿泥石、长石等。页岩的颜色有多种，一般呈灰色、棕色、红色、绿色和黑色等。页岩层理清晰，其层理构造又称为页理构造。页岩能沿层理分成薄片，其结构较泥岩紧密，风化后多呈碎片状。

泥岩的成分与页岩相似，但层理不发育，具块状构造。泥岩则层理不清晰，结构疏松，风化后多呈碎块状。

（4）石灰岩。简称灰岩，主要化学成分为碳酸钙，主要矿物组成为方解石，其次含少量的白云石等矿物，石灰岩一般遇稀盐酸剧烈起泡。含硅质、白云质和纯灰岩的岩石强度高，含泥质、炭质和贝壳的灰岩强度低。石灰岩具有可溶性，易被地下水溶蚀，形成宽大的裂隙和溶洞，是地下水的良好通道，对工程建筑物地基渗漏和稳定性影响较大。

（5）白云岩。主要矿物为白云石，含少量方解石、石膏、菱镁矿及黏土等。白云岩一般比石灰岩颜色稍浅，多为灰白色，白云岩与石灰岩在外貌上很相似，难以区分，但滴稀盐酸不起泡或微弱起泡，滴镁试剂颜色由紫变蓝，在野外露头上常以许多纵横交叉似刀砍状溶沟为其特征。

（6）泥灰岩。主要矿物有方解石和黏土矿物两种。泥灰岩是碳酸盐与黏土岩之间的过渡类型，其中黏土含量为 25%～50%。若黏土含量为 5%～25%，则称之为泥质灰岩。颜色有浅灰、浅黄、浅红等；滴稀盐酸起泡后，表面残留下黏土物质。

1.3.3 变质岩

原岩（岩浆岩、沉积岩、早期的变质岩）在地壳中受到高温、高压及化学成分加入的影响，在固体状态下发生矿物成分及结构、构造变化后形成的新的岩石称为变质岩。由岩浆岩形成的变质岩为正变质岩，由沉积岩形成的变质岩为副变质岩。

变质岩分布广泛，从时代上看，差不多各个时代都有，尤其是前寒武纪以前的太古代和元古代岩石，绝大多数为变质岩，因此在地质工作中经常遇到。变质岩中含有丰富的金属矿和非金属矿，例如全世界铁矿储量中 70% 储藏于前寒武纪古老变质岩中。在工程上，变质岩分布地区往往是工程地质条件恶劣的地段，需要认真研究与变质岩有关的工程地质问题。

1.3.3.1　变质作用的影响因素及类型

1. 影响变质作用的因素

影响变质作用的主要因素有温度、压力及化学活泼性流体。

（1）温度。温度的变化是引起质变的最主要、最积极的因素，大多数变质作用是在温度升高的情况下进行的，其原因主要体现在以下几个方面：首先，温度升高引起岩石重结晶作用的发生和矿物多型变体的形成。在高温时岩石内部的质点活动能力增强，导致质点重新排列组合，使非晶质转变为结晶质，晶粒由小变大，由细变粗。例如，高岭石在热力（温度）作用下，形成红柱石和石英的矿物组合，其化学反应式为：

$$Al_4[Si_4O_{10}](OH)_8 \underset{\text{放热}}{\overset{\text{吸热}}{\rightleftharpoons}} 2Al_2[SiO_4]O + 2SiO_2 + 4H_2O$$

高岭石　　　　　　　　红柱石　　　石英

其次，温度变化会使岩石中的矿物发生变质反应，各种组分重新组合形成新矿物；再次，温度的升高为变质反应提供了能量；最后，温度的升高促进了扩散作用的进行，形成变质岩中的许多大的变晶。

（2）压力。包括由上覆岩层的负荷重量产生的静压力、侵入于岩体空隙中的流体所形成的压力以及地壳运动或岩浆活动产生的定向压力。引起变质作用的压力最大可达 1×10^9 Pa。

在静压力的长期作用下，岩石的孔隙减小，使岩石变得更加致密坚硬，塑性增强，密度增大，形成石榴子石等密度较大的变质矿物。静压力还导致化学反应速度的加快或减缓，引起岩石结构的改变。在构造运动或岩浆活动所引起的侧向挤压力等定向压力的作用下，使岩石产生节理、裂隙或形成劈理构造及各种破碎构造，有利于片状、柱状矿物定向生长，促进新的矿物组合和发生重结晶作用。

（3）化学活泼性流体。通常是指气态或液态的水溶液。在水溶液中经常会含有不同数量的 CO_2、硼酸、盐酸、氢氟酸和其他挥发成分，这些物质大大增强了水溶液的化学活泼性。它们与周围原岩中的矿物接触，发生化学反应或分解作用，形成新矿物，从而改变了原岩中的矿物组分。

2. 变质作用的类型

在变质过程中，上述各因素不是孤立的，通常都是同时存在、互相配合、互相制约并随着时间的推移而发生变化的。根据变质作用的主要因素，变质作用可划分为以下几种类型。

（1）区域变质作用。在广大面积内所发生的、作用因素复杂的一种变质作用。由温度、均向压力、定向压力和化学活动性的流体的综合作用所造成。其变质范围可达数万平方千米，前寒武纪的古老地块几乎都是由变质岩构成的；有时呈狭长带状分布，长可达数百、数千千米，宽可达数十、数百千米，如许多褶皱山脉（天山、祁连山、昆仑山、秦岭等）均有和其走向一致的变质岩带分布。

（2）热力变质作用。围岩受岩浆侵入体的高温影响产生的变质作用称为热力变质作用，又称为接触变质作用，主要表现为原岩成分的重结晶。接触变质的主要作用是岩石受热后发生矿物的重结晶、脱水、脱碳以及物质的重新组合，形成新的矿物与变晶结构，从而改变了岩石的结构和性质。如纯质的石灰岩经过接触变质后形成大理岩；硅质灰岩变成硅质石灰岩、含镁质灰岩变成蛇纹石大理岩等。但由于没有明显的交代作用，岩石变质前后的化学成分基本没有变化。

（3）交代变质作用。化学性质活泼并含有挥发组分的高热流体与围岩进行交代而使岩石发生变质的一种作用，称为交代变质作用。交代过程是在有气液参与的固体状态下进行的，新矿物与原有矿物是等体积交换的。这种变质作用，不仅导致岩石矿物成分和结构的变化，而且还引起化学成分的变化。特别是富含挥发组分的中酸性侵入体与碳酸盐岩接触，常引起强烈的交代作用，形成矽卡岩。

（4）动力变质作用。在地壳构造运动所产生的定向压力作用下，岩石所发生的变质作用称为动力变质作用，其变质因素以机械能及其转变的热能为主。其主要特征是使原岩结构和构造特征发生改变，原岩被挤压破碎，变形并有重结晶现象，常沿断裂带呈条带分布，可形成断层角砾岩、糜棱岩、压碎岩，伴有叶蜡石、蛇纹石、绿泥石等矿物。而这些岩石和矿物又是判断断裂带的重要标志。

1.3.3.2　变质岩的矿物成分

变质岩的形成过程决定了其化学成分与原岩之间，既有继承性，又具有多样性。变质岩的矿物成分既决定于原岩的化学成分，也和形成时的物理化学条件密切相关。原岩的化学成分是形成变质岩矿物的物质基础，而物理化学条件则是变质岩出现什么矿物或矿物组合的决定条件。在一般情况下，变质岩的矿物成分较岩浆岩和沉积岩更为复杂多样。

变质岩的特征矿物有红柱石、蓝晶石、矽线石、十字石、阳起石、透闪石、滑石、叶蜡石、蛇纹石、绿泥石、方柱石、硅灰石、符山石、石榴子石、石墨等，这些矿物只在变质岩中有分布，如果这些矿物在岩石中较多出现，反映了原岩已经变质，应归属变质岩类。

变质岩中广泛发育纤维状、鳞片状、长柱状、针状的矿物，常呈有规律地定向排列。变质岩中含 OH^- 的矿物与岩浆岩相比更为发育；变质岩中的石英、长石等矿物常具波状及带状消光，裂纹也较为发育。

1.3.3.3　变质岩的结构与构造

1. 变质岩的结构

变质岩的结构是指岩石组分的形状、大小和相互关系等所反映的岩石构成方式。它着重于矿物个体的性质和特征。根据成因，可将变质岩结构分为三大类：

（1）压碎结构。当压力超过岩石或矿物的弹性和强度极限时，矿物发生弯曲、破裂粒化和泥化的作用，甚至产生韧性变形，形成各种碎裂结构。根据破碎程度由低到高又可分为碎裂结构、碎斑结构和糜棱结构等三种亚类。

（2）变晶结构。岩石在固体状态下，原来的物质发生重结晶作用而形成的结构。这种结构的变质岩变质程度较深，岩石中矿物重新结晶的程度较高，基本上为显晶质，是多数变质岩的结构特征，见图 1.17。

（3）变余结构。原岩在变质作用过程中由于重结晶作用和变质反应进行得不彻底，原岩中的一些结构特征被部分地保留下来，这样形成的结构就称为变余结构。变余结构的变质岩变质程度较浅，岩石变质轻微，仍保留原岩中的某些结构特征。如变余花岗结构、变余斑状结构等。

2. 变质岩的构造

变质岩的构造是指由岩石组分在空间上的排列和分布所反映的岩石构成方式，着重于矿物集合体的空间分布特征。常见的变质岩的构造有以下几种类型。

（1）片理构造。岩石中片状、板状和柱状的矿物在定向压力作用下重结晶，垂直于压力方向成平行排列形成的。顺着平行排列的面，可以把岩石劈成一片一片和小型构造形态，叫作片理。片理构造是变质岩所特有的构造，也是区别于岩浆岩与沉积岩的重要构造特征。根据形态的不同片理构造又可分为以下几种：

① 板状构造。片理厚，片理面平直，重结晶作用不明显，颗粒细密，光泽微弱，沿片理面裂开则呈厚度一致的板状，如板岩。

② 千枚状构造。片理薄，片理面较平直，颗粒细密，沿片理面有绢云母出现，容易裂开呈千枚状，表面呈丝绢光泽，如千枚岩。

③ 片状构造。重结晶作用明显，片状、板状或柱状矿物沿片理面富集，平行排列，片理很薄，沿片理面很容易剥开呈不规则的薄片，光泽很强，如云母片岩等。

④ 片麻状构造。岩石中深色矿物（黑云母、角闪石等）和浅色矿物（长石、石英等）相间断续平行排列呈条带状分布。片理很不规则，沿片理面不易裂开，如片麻岩，见图1.18。

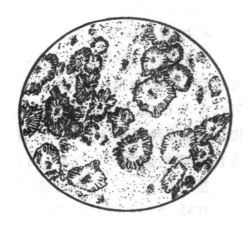

（红柱石角岩中红柱石集合体变质后形成菊花状）

图 1.17 变质岩中的变晶结构

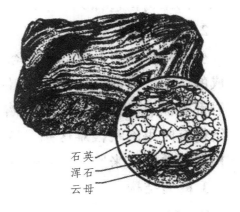

石英
浑石
云母

（上图为手标本，下图为显微镜素描图）

图 1.18 片麻岩中的片麻状构造

⑤ 眼球状构造。眼球状构造是指在定向排列的片状及长柱状矿物中，局部夹有刚性较大的矿物（如石英、长石等）块体呈凸镜状或扁豆状，形似眼球，故名眼球状构造。

（2）条带状构造。条带状构造是指岩石中的矿物成分、颜色、颗粒或其他特征不同的组分，形成彼此相间、近于平行排列的条带，故称条带状构造。

条带状和眼球状构造，是在变质程度很深的变质岩中，或在混合岩化作用下形成的混合岩中常见的一种构造形态。

（3）块状构造。矿物在岩石中均匀分布，无定向排列现象或定向排列现象不明显，这种较均匀的块体称为块状构造。

1.3.3.4 变质岩分类及常见变质岩的鉴定特征

1. 变质岩分类

变质岩与其他岩石（岩浆岩、沉积岩）最明显的区别是构造特征及特有的矿物成分。因此变质岩的分类主要考虑构造特征来划分类型。根据变质岩的结构、构造和矿物成分，常见变质岩的分类如表1.10所示。

表 1.10　变质岩分类

变质作用	岩石名称	结构	构造		主要矿物成分
区域变质作用 （由板岩至片麻岩变质程度逐渐加深）	板岩	变余	片理构造	板状	黏土矿物、云母、绿泥石、石英、长石等
	千枚岩	变晶		千枚状	绢云母、石英、长石、绿泥石、方解石等
	片岩	变晶		片状	云母、角闪石、绿泥石、石墨、滑石等
	片麻岩	变晶		片麻状	石英、长石、云母、角闪石、辉石等
热力变质或区域变质	大理岩	变晶	非片理构造	块状	方解石、白云石
	石英岩	变晶		块状	石英
交代变质	云英岩	变晶		块状	白云母、石英
	蛇纹岩	隐晶		块状	蛇纹石
动力变质	断层角砾岩	压碎		块状	岩石、矿物碎屑
	糜棱岩	糜棱		块状	石英、长石、绿泥石、绢云母

2. 常见变质岩的鉴定特征

（1）板岩。由黏土岩、粉砂岩或中酸性凝灰岩经轻微变质而成的浅变质岩。板岩的变质程度很低，原岩矿物基本上没有重结晶，故其变余结构明显，有时部分有重结晶现象而呈显微鳞片状变晶结构，具明显板状构造。板岩外表呈致密隐晶质状。板面上有时能看到微细的云母及绿泥石等新生矿物。板岩可沿板理剥成薄板，作为房瓦、地面板等建筑材料。

（2）千枚岩。大多由黏土岩变质而成。矿物成分主要为石英、绢云母、绿泥石等。结晶程度比片岩差，晶粒极细，肉眼不能直接辨别，外表常呈黄绿、褐红、灰黑等色。由于含有较多的绢云母，片理面常有微弱的丝绢光泽。千枚岩的质地松软，强度低，抗风化能力差，容易风化剥落，沿片理倾向容易产生塌落。

（3）片岩。具变晶结构，片状构造。矿物成分主要是一些片状矿物，如云母、绿泥石、滑石等，此外尚含有少许石榴子石等变质矿物。片岩的进一步分类和命名是根据矿物成分划分的，如云母片岩、绿泥石片岩、滑石片岩等。片岩的片理一般比较发育，片状矿物含量高，强度低，抗风化能力差，极易风化剥落，岩体也易沿片理倾向塌落。

（4）片麻岩类。具变晶或变余结构，典型的片麻状构造，因发生重结晶，一般晶粒粗大，肉眼可以分辨。片麻岩可以由岩浆岩变质而成，也可由沉积岩变质形成。主要矿物为石英和长石，其次为云母、角闪石、辉石等，此外有时含有少许石榴子石等变质矿物。根据矿物成分，片麻岩可进一步分类和命名，如角闪石片麻岩、斜长石片麻岩等。片麻岩强度较高，如果云母含量增多，强度相应降低。因具片麻状构造，故较易风化。

（5）大理岩。由石灰岩或白云岩经重结晶变质作用形成，等粒变晶结构，块状构造。主要矿物成分为方解石，遇稀盐酸剧烈起泡。大理岩常呈白色、浅红色、淡绿色、深灰色以及其他各种颜色，常因含有其他带色杂质而呈现出美丽的花纹。大理岩强度中等，易于开采加工，色泽美丽，是一种很好的建筑装饰石料。

（6）石英岩。石英含量大于85%的变质岩石，由石英砂岩或硅质岩经热变质作用而形成。结构和构造与大理岩相似。一般由较纯的石英砂岩变质而成，常呈白色，因含杂质，可出现灰白色、灰色、黄褐色或浅紫红色。石英岩强度很高，抵抗风化的能力很强，是良好的建筑石料，但硬度很高，开采加工相当困难。

（7）构造角砾岩。构造角砾岩常是断层破碎带的产物，主要由地壳构造运动（或动力变质作用）中被挤碾成角砾状的碎块，经过胶结以后形成的。胶结物一般为细颗粒岩屑，有时由溶液中的沉淀物胶结而成，具有角砾状或碎裂结构，块状构造。

（8）糜棱岩。糜棱岩也是断层破碎带中的产物，在持久、强大的定向压扭应力作用下，被研磨成粉状岩屑（一般小于0.5 mm），经高压结合而成，具有典型的糜棱结构。糜棱岩中常见的矿物除石英、长石外，还有绢云母、绿泥石、滑石等新生变质矿物。

构造角砾岩和糜棱岩一般分布在区域地质构造复杂的断裂带中，例如云南哀牢山红河断裂带中，糜棱岩宽度达1 km以上。由于其工程地质条件恶劣，往往给建筑物的施工带来困难。

1.3.4 三大岩石的比较及相互转化

综上所述，上述三大岩类的主要特征及对比如表1.11所示。

表1.11 三大岩石区分

地质特征	岩浆岩	沉积岩	变质岩
矿物成分	均为原生矿物，成分复杂但较为稳定，常见的有：石英、长石、角闪石、辉石、橄榄石和云母等	次生矿物占相当数量，矿物成分简单但多不固定，常见的有：石英、正长石、白云母、方解石、白云石、高岭石、绿泥石和海绿石等	除具有原岩的矿物成分外，尚有典型的变质矿物，如石榴子石、透辉石、矽线石、蓝晶石、十字石、红柱石、阳起石、符山石等
结构	以粒状、板状结构为特征	以碎屑、泥质及生物碎屑结构为特征	以变晶、变余、压碎结构为特征
构造	具流纹、气孔及块状构造	多具层理构造	多具片理构造
产状	多具侵入体出现，少数喷出呈不规则形状	层状或大透镜状	随原岩的产状而定
分布	以花岗岩、玄武岩分布最广	黏土岩分布最广，次为砂岩、石灰岩	以区域变质岩分布最广

三大类岩石都是在特定的地质条件下形成的，但是它们在成因上又是紧密联系的，在一定的条件下又可相互转化。如图1.19所示，出露于地表的任何岩石（岩浆岩、沉积岩、变质岩），在大气圈、水圈和生物圈的共同作用下，经风化、剥蚀、搬运、沉积、固结形成新的沉积岩。任何岩石在构造作用下进入地壳深处，在温度不太高的情况下（一般小于800 ℃），岩石将发生局部熔融，形成新的变质岩。当地壳深处温度升高到一定程度（一般大于800 ℃），岩石将发生局部熔融，形成岩浆。岩浆的侵入和喷出活动，形成各种岩浆岩。这些转化是复杂多变的，从而形成了千姿百态的岩石和丰富多样的地质现象。

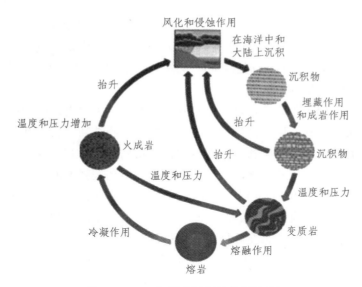

图 1.19 三大岩石相互转化示意图

1.3.5 风化作用

1.3.5.1 风化作用类型

地壳表层的岩石在太阳能、空气、水溶液及生物的作用和影响下，发生机械破碎和化学变化的作用，称为风化作用。根据不同的自然因素对岩石作用方式的不同，可以将风化作用进一步分为物理风化作用、化学风化作用和生物风化作用。

1. 物理风化作用

物理风化作用是指地表岩石在自然因素以及盐类的结晶作用下产生机械破碎，岩石的化学及矿物成分无明显改变的风化作用。它使岩石变得松散破碎、孔隙比和表面积增大，如图 1.20 所示。引起岩石物理风化作用的因素主要是温度变化和岩石裂隙中水分的冻结。

（1）温度变化。温度变化是引起岩石物理风化作用最主要的因素。在大陆内部尤其是沙漠地区，昼夜或季节之间温度变化很大，白天地表温度可高达 60 ~ 70 ℃，而夜晚可降至 0 ℃ 以下，从而使矿物、岩石产生显著的热胀冷缩现象，如图 1.21 所示。一方面，当白

图 1.20 风化岩石

天阳光照射时，岩石表层温度快速升高而发生膨胀，由于岩石的导热性很差，传热缓慢，这时其内部尚未受热，并不能相应膨胀，结果在内外层之间产生与表面方向垂直的张力；夜间岩石表面因快速散热变冷，体积收缩，而岩石内部这时刚受到由岩石表面传来的热的影响，体积正在膨胀，结果使岩石的外层受到张力。在上述张力的反复作用下，便产生平行于岩石表面的裂缝及垂直于岩石表面的裂缝，久而久之使岩石碎裂开来。另一方面，岩石由多种矿物组成，各个矿物的膨胀系数不同，当温度变化时就发生差异性膨胀和收缩，从而破坏矿物之间的结合能

力，促使岩石的碎裂；此外，岩石因反复增温，其组成质点的热运动增强，也会削弱它们之间的联系能力，有助于岩石的碎裂。

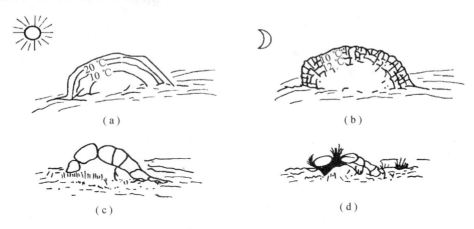

图 1.21　气温变化引起岩石膨胀收缩的崩解过程示意图

（2）冰劈作用。水的冻结在严寒地区和高山接近雪线的地区经常发生。当气温到 0 ℃ 或以下时，在岩石裂隙中的水，就产生冰冻现象。水由液态变成固态时，体积膨胀约 9%，对围岩裂隙两壁产生很大的膨胀压力，起到"楔子"的作用，称为"冰劈"。当冰融化后，水沿着扩大了的裂隙向深部渗入，软化或溶蚀岩体，如果冻融反复进行就必然使岩石的空隙逐步增多、扩大，以致岩石崩裂，这种过程称为冰劈作用，如图 1.22 所示。

（3）盐类结晶的撑裂作用。岩石中含有的潮解性盐类，在夜间因吸收大气中的水分而潮解，变成溶液渗入岩石内部，并将沿途所遇到的盐类溶解；白天在烈日照晒下，水分蒸发，盐类又结晶出来，结晶时对周围岩石产生压力。这种作用反复进行，就能使岩石不断撑裂，如图 1.23 所示。

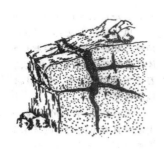

图 1.22　冰劈作用　　　　　　　图 1.23　盐类结晶的撑裂作用

（4）释荷作用。岩石从地下深处变化到地表条件时，由于上覆静压力减小而产生张应力，从而引起岩石的体积膨胀，出现了平行于地面（岩石表面）的膨胀裂隙。形成这种裂隙构造的作用称为释荷作用。在温度变化、水和生物等因素的共同作用下，便形成平行岩石表面的层层脱落现象，称为鳞片剥落或球状风化。这种现象经常出现在不成层的花岗岩类岩石或厚层的砂岩中，如图 1.24 所示。

2. 化学风化作用

地表岩石受水、氧及二氧化碳的作用而发生化学成分的变化，并产生新矿物的作用，称为化学风化作用。其特点是不仅破碎了岩石，而且改变了其化学成分，产生了新的矿物，直到适应新的化学环境为止。化学风化作用有溶解作用、水化作用、水解作用、氧化作用和碳酸化作用等。

（1）溶解作用。任何矿物都能溶解于水，只是溶解度大小不同而已。溶解作用的结果使溶解物随水流失，难溶物残留原地，岩石孔隙增加，整个岩石的密实度降低，直至岩石完全解体。典型的例子是石灰岩的溶解作用，形成岩溶现象。

（2）水化作用。有些矿物能吸收一定量的水参加到矿物晶格中，形成含水分子的矿物，称为水化作用。如硬石膏水化成石膏后，体积膨胀约59%，从而对周围岩石产生压力，促使岩石破坏：

图 1.24　释荷作用造成的岩石表面的脱落现象

$$CaSO_4 (硬石膏) + 2H_2O \longrightarrow CaSO_4 \cdot 2H_2O (石膏)$$

另外，水化作用改变了原有结构，溶解度变大，而硬度低于原来无水矿物，因而也加快了岩石的风化速度。

（3）氧化作用。氧化作用在有水存在时发生，常与水化作用相伴进行。在自然界中低氧化合物、硫化物和有机化合物最易遭受氧化作用。尤其是低价铁，常被氧化成高价铁。黄铁矿（FeS_2）在风化过程中会析出游离的硫酸，这种硫酸具有很强的腐蚀作用，能溶蚀岩石中某些矿物，形成一些洞穴，致使岩石破坏。黄铁矿经氧化后转变成褐铁矿，其反应式如下：

$$4FeS_2 (黄铁矿) + 15O_2 + 11H_2O \longrightarrow Fe_2O_3 \cdot 3H_2O (褐铁矿) + 8H_2SO_4$$

绝大部分岩石的矿物中都含有低价铁，它在地表条件下易氧化成褐铁矿，从而导致岩石的破坏。地表岩石风化后多呈黄褐色就是因为风化产物中含有褐铁矿的缘故。

（4）碳酸化作用。水中的 CO_2 从矿物中夺取盐基，从而破坏原岩中的矿物，生成新的碳酸盐，使原有矿物分解，这种变化称为碳酸化作用。如：

$$2KAlSi_3O_8 + CO_2 + 3H_2O \longrightarrow K_2CO_3 + Al_2Si_2O_5(OH)_4 + 4SiO_2 \cdot H_2O$$
　　　　正长石　　　　　　　　　　　　　　　　高岭石

在这一反应式中，K_2CO_3 和 SiO_2 均被水带走，高岭石则残留在原地。斜长石也能产生碳酸盐化作用。由于长石是岩浆岩中最主要的造岩矿物，它们都易于经过碳酸化和水解作用转变成黏土矿物，因而坚硬的岩浆岩很容易遭受风化作用而破坏。

3. 生物风化作用

生物在其生长和分解过程中，直接或间接地对岩石、矿物所起的物理和化学的风化作用称为生物风化作用。

（1）生物物理风化作用。生物的生命活动促使岩石产生机械破碎。例如：生长在岩石裂隙中的植物逐渐长大，它的根须逐渐变粗、变大和增多，就像楔子一样对裂隙壁施加强大的作用（拉力），劈裂岩石，称为根劈作用。

动物对岩石也能产生机械破坏。一些穴居的动物如地鼠、蚯蚓、蚂蚁等，可以穿石翻土，破坏岩石的完整性，人类的生产活动对岩石的破坏作用就更加明显。

（2）生物化学风化作用。生物的新陈代谢、遗体及其产生的有机酸、碳酸、硝酸等的腐蚀作用，使岩石矿物分解和风化，造成岩石成分改变、性质软化和疏松。生物及微生物的化学风化作用是很强烈的。据统计，每克土壤中可含几百万个微生物，它们不停地制造、分泌有机酸、碳酸、硝酸等各种酸类物质，从而强烈地破坏岩石。

岩石的各类风化作用彼此相互紧密联系。物理风化作用加大了岩石的孔隙，岩石崩解为较小的颗粒，使表面积增加，加大了岩石的渗透性，有利于水分、气体和微生物等侵入，更有利于化学风化作用的进行。因此，物理风化是化学风化的前驱和必要条件，而化学风化是物理风化的继续和深入。物理风化和化学风化在自然界往往是相伴而生、同时进行、相互影响、相互促进的，它们共同破坏着岩石。风化作用是一个复杂的、统一的过程，在不同地区，由于自然条件的差异，使得风化作用的类型又有主次之分。如在西北干旱区，水源贫乏，气温变化强烈，以物理风化为主，其结果是在陡坡、山麓和沟谷中产生大量的危石、碎石和岩屑，从而为滑坡、崩坍、落石、泥石流的形成创造了物质条件；东南沿海地区，雨水充沛，潮湿炎热，则以化学风化为主，其结果是形成了许多新的矿物。

1.3.5.2 影响岩石风化的因素

影响岩石风化的因素主要有岩石的成因、岩石性质、气候和地形等因素。

1. 成　因

风化作用实质上是由于岩石生成时的环境条件与目前所处的环境条件的差异造成的。一般来说，岩石生成得越早，其生成条件与地表风化带的自然条件相差越大，则对风化作用的抵抗能力就越低；反之生成得越迟，则抗风化稳定性越高。一般情况下沉积岩比岩浆岩和变质岩的抗风化能力强。

2. 岩石性质

岩石性质包括矿物成分、结构和构造，是影响岩石风化作用的主要因素。

（1）矿物成分。绝大多数岩石是复矿物的集合体，因此岩石的抗风化能力就取决于组成岩石的矿物成分的化学稳定性和矿物种类的多少。矿物在风化过程中的稳定性由大到小的顺序是：氧化物 > 硅酸盐 > 碳酸盐和硫化物，酸性斜长石 > 基性斜长石，含铁镁硅酸盐矿物 > 富铁镁硅酸盐矿物。按照矿物化学稳定性顺序，石英抗风化的能力最强；单矿岩的抗风化能力强于复矿岩；浅色矿物（如石英、正长石）抗风化能力强于深色矿物（如橄榄石、辉石、角闪石、黑云母等）。

（2）结构和构造。岩石中一般含有多种矿物，如花岗岩含有石英、长石和角闪石等矿物，它们的热膨胀系数不同，如在 50 ℃ 时，石英的热膨胀系数为 31×10^{-6}，正长石为 17×10^{-6}，角闪石为 28.4×10^{-6}。当温度发生变化时，岩石内部的各种矿物就会发生不均匀的膨胀或收缩，这种差异可能出现在矿物颗粒之间，也可能出现在颗粒与胶结物之间。矿物颗粒小而均匀的岩石，由于膨胀和收缩的变化比较一致，所以比矿物颗粒大或颗粒大小不均匀的岩石，抗风化能力强；等粒结构比斑状结构耐风化，而隐晶质岩石最不易风化。

构造对岩石工程性质的影响，主要是由矿物成分在岩石中分布的不均匀性和岩石结构的不连续性所决定的。如在片理、层理等构造面上一些强度低、易风化的矿物沿着一定方向的排列、富集，都可使这些软弱面上的力学性质发生很大的变化，同时也由于这些构造的存在，使得岩石的工程性质具有各向异性的特点。因此从构造的特点分析，致密的块状岩石比具有各向异性的层理、片理状岩石耐风化，厚层岩石比薄层状岩石耐风化。

3. 气　候

在气候所包括的各种要素中，对风化有重要影响的是气温（包括气温高低、温差幅度、变化频率等）、雨量和湿度。它们对风化营力的种类和强度，风化作用的性质，岩石风化的程度、深度和速度，以及风化产物的特点都具有不同程度的控制意义。此外，它们还通过对生物活动和地下水分布的制约，间接地对岩石的风化产生影响，因此在不同的气候区中各有其独特的风化特征。

4. 地　貌

地貌条件对于风化作用的进程和风化产物的积存都起到重要的控制作用，因而它直接或间接地影响岩石的风化类型、速度以及风化壳的厚度。雪线以上一般都以物理风化为主；而海拔较低的地区，化学风化的作用则占有比较重要的地位。

地形坡度对于风化产物的积存条件有决定性的影响，在坡度较陡的微地貌单元上，风化产物易被剥蚀，即使在风化作用非常强烈的地区，也不可能有较厚的风化壳保留下来，风化营力就不断向岩石内部深入进行。河床和沟底部位，流水急剧冲刷，与陡坡有类似的条件；在坡度平缓的微地貌单元上，风化产物易于停积保存，由于上覆风化产物的逐渐加厚，阻碍着风化营力向岩石中深入，因而对新鲜岩石的侵袭逐渐减缓，达到一定程度之后，即近于停滞状态。岩石风化壳的厚度和特点决定于风化产物的生成速度和剥蚀速度两者的相对强弱。

1.3.5.3　岩石的风化程度与风化带

风化作用导致岩土的工程性质发生变化，改变了岩石的物理化学性质，其变化的情况随着风化程度的轻重而不同。如岩石的裂隙度、孔隙度、透水性、亲水性、胀缩性和可塑性等都随风化程度加深而增加，岩石的抗压和抗剪强度都随风化程度而降低，风化产物的不均匀性、产状和厚度的不规则性都随风化程度增加而增大。所以，岩石风化程度越强的地区，岩石的强度和稳定性降低，变形增加，工程建筑物的地基承载力越低，岩石的边坡越不稳定，直接影响建筑场地和工程建筑物的稳定性。由于地表岩石都遭受不同程度的风化，因此在工程建设前必须对岩石的风化程度、速度、深度和分布情况进行调查和研究，从而为工程建筑的设计和施工提供依据资料。

1. 岩石风化程度分级

目前确定岩石风化程度的主要依据有：矿物颜色的变化、矿物成分的改变、岩石破碎程度和岩石强度降低等四方面的特征。

（1）矿物颜色的变化。岩石中矿物成分的风化首先反映到其颜色的改变上。未风化矿物的颜色都是新鲜的，光泽明显可见，风化越重颜色越暗淡，甚至改变颜色。野外观察时要注意岩石表面与内部颜色对比，要区别干燥和潮湿时颜色的差异。

（2）矿物成分的改变。要特别注意那些易于风化的矿物以及风化生成的新的次生矿物。风化越重，原有深色矿物和片状、针状矿物越少，次生黏土矿物、石膏及褐铁矿越多。

（3）岩石破碎程度。是岩石风化程度的重要标志之一。岩石风化破碎是由于大量风化裂隙造成的，因此要重点观测风化裂隙的长度、宽度、密度、形状及次生充填物质等。

（4）岩石强度。风化越重，岩石的力学性质越差，则其完整性、强度及坚硬程度就越低。野外观察时，可用手锤敲击，小刀刻划，用手折断等简易方法进行试验，必要时可采取岩样进行室内强度试验或野外原位试验。

根据上述四方面的变化，《岩土工程勘察规范》（GB 50021—2001）按岩石风化程度划分为6 类（见表 1.12）：未风化、微风化、中等风化、强风化、全风化和残积土。

表 1.12 岩石按风化程度分级

风化程度	野外特征	风化程度参数指标	
		波速比 K_v	风化系数 K_f
未风化	岩质新鲜，偶见风化痕迹	0.9~1.0	0.9~1.0
微风化	结构基本未变，仅节理面有渲染或略有变色，有少量裂隙	0.8~0.9	0.8~0.9
中等风化	结构部分破坏，沿节理面有次生矿物，风化裂隙发育，岩体被切割成岩块。用镐难挖，岩芯钻方可钻进	0.6~0.8	0.4~0.8
强风化	结构大部分破坏，成分显著变化，风化裂隙很发育，岩体破碎，用镐可挖，干钻不易钻进	0.4~0.6	<0.4
全风化	结构基本破坏，但尚可辨认，有残余结构强度，可用镐挖，干钻可钻进	0.2~0.4	—
残积土	组织结构全部破坏，已风化成土状，锹镐易挖掘，干钻易钻进，具可塑性	<0.2	—

注：① 波速比 K_v 为风化岩石与新鲜岩石压缩波速度之比；
② 风化系数 K_f 为风化岩石与新鲜岩石饱和单轴抗压强度之比（岩石饱和单轴抗压强度可参阅 1.4.2 节）。

2. 风化带及风化壳

影响风化作用的营力存在于大气圈、水圈和岩石圈的最上部，因而风化作用也就限于地壳最上层的岩石。一般将地壳表层在不同程度上进行着风化作用的部分，称为风化带。在风化带中，风化作用进行的强弱程度是不相同的。越靠近地表，风化营力越活跃，风化作用也就越强烈，向下则逐渐减弱，直至完全停止。风化带的厚度取决于岩石的性质以及自然地理和水文地质条件，通常不超过 500 m，某些地区（如俄罗斯陆台上）可达 1 500 m。一方面，由于人类的工程活动主要是在风化带的上部进行；另一方面，还由于风化作用随深度增加而减弱，达到一定限度之后，极度轻微的风化已不能对人类的工程活动发生实际影响，所以又将风化带的上部，风化相对强烈而对人类建筑活动可能发生较大影响的部分，称为风化壳。

地表岩石不同风化带之间的分界线是很多工程设计中所需要的一项重要地质资料，作为基岩持力层、基坑开挖、挖方边坡坡度及采取相应加固措施的依据之一。由于各地的地层岩性、地质构造、地形和水文地质条件不同，岩石风化带的分布情况变化很大。一般来讲，风化速度是很缓慢的，但某些岩体的表面风化速度可以很快。如我国南方的一些红色黏土岩，在室外气温 14~17 ℃时，2 h 内可以使新鲜的岩石产生裂隙，开始剥落；红色砂质黏土岩，在室外气温 29~40 ℃时，24 h 内产生裂隙，然后裂隙贯通开始剥落。只有在进行调查研究以后，才能提出切合实际的防止岩石风化的措施。如安徽省青弋江陈村水库，其坝基为志留系的砂页岩，原拟定 100 m 高的混凝土重力坝建在新鲜岩石上，后因风化壳很厚，开挖及回填工程均较大，经方案的技术、经济比较后，将坝高降低到 75 m，并以风化岩石为坝基。我国三峡水利枢纽，大坝选在强度较高的前震旦系结晶岩上，根据巨型大坝的要求，经多年反复研究，弱风化带上部及其以上部分需全部挖除，将大坝基础砌置于弱风化带下部的顶部。因此，岩石风化带的划分需要结合实际情况进行综合分析。

1.3.5.4 防治风化的措施

实践表明：岩石的抗风化能力的差异性很大，有些岩石如花岗岩风化速度很慢，而另外一些岩石风化速度很快，因此对于这类极易风化的岩石，必须采取相应的措施防止风化引起岩石力学性质的恶化，才能保证工程的安全，工程中常见的方法有：

（1）挖除法：适用于厚度不大的严重风化层，应予以清除。

（2）抹面法：在岩石表面喷抹水泥砂浆、沥青或用石灰、水泥砂浆封闭岩面。

（3）胶结灌浆法：向岩石孔隙、裂隙中注浆，提高岩石的整体性和强度，降低其透水性。

（4）排水法：为了减少具有侵蚀性的地表水、地下水对岩石中可溶性矿物的溶解作用，需做一些排水工程。

1.4 岩石的工程性质

岩石的工程性质主要是指岩石的物理性质、力学性质和水理性质。

1.4.1 物理性质

岩石的物理性质是评价岩石工程性质的基本指标，主要包括岩石的重量性质和孔隙性质。

1. 密度（ρ）和重度（γ）

单位体积岩石的质量称为岩石的质量密度，简称密度（ρ），单位为 g/cm³ 或 kg/m³；单位体积岩石的重力称为岩石的重力密度，简称重度（γ），单位为 kN/m³。同一种岩石，密度大的结构致密，孔隙小，强度相对较高。

2. 颗粒密度（ρ_s）和相对密度（d_s）

单位体积岩石固体颗粒的质量称为颗粒密度（ρ_s），单位为 g/cm³ 或 kg/m³；岩石颗粒密度（ρ_s）与水在 4 ℃ 时的密度（ρ_w）之比称为岩石的相对密度（d_s），即：

$$d_s = \frac{\rho_s}{\rho_w} \tag{1.1}$$

3. 孔隙度（n）与裂隙率（K_T）

岩石中孔隙体积（V_v）与岩石总体积（V）之比称为孔隙度（n）；岩石中各种节理、裂隙的体积与岩石总体积之比称为裂隙率（K_T）。孔隙度多用于评价松散土、石；而裂隙率多用于评价结晶连接的坚硬岩石。

4. 孔隙比（e）

岩石中孔隙的体积与固体颗粒体积之比，称为孔隙比 e：

$$e = \frac{v_v}{v_s} \tag{1.2}$$

孔隙比与孔隙度的换算关系为：

$$n = \frac{e}{1+e}; \quad e = \frac{n}{1-n} \tag{1.3}$$

在实际工作中，密度（ρ）和颗粒密度（ρ_s）通过试验取得，而孔隙度（n）和孔隙比（e）可通过计算得到：

$$n = \left(1 - \frac{\rho_d}{\rho_s}\right) \times 100\%; \quad e = \frac{\rho_s}{\rho_d} - 1 \tag{1.4}$$

ρ 和 ρ_s 越大，n、e 越小，岩石越致密，则岩石的工程性质越好。

1.4.2 力学性质

岩石的力学性质包括强度性质和变形性质两部分。

1. 岩石的强度指标

岩石的强度是指岩石在外力作用下发生破坏时所能承受的最大应力。岩石的强度指标主要有：抗压强度、抗拉强度和抗剪强度。岩石的各种强度中，抗压强度最大，其次是抗剪强度，抗拉强度最小。

（1）抗压强度（R）。

岩石试样在单轴压缩下能够承受的最大压应力称单轴极限抗压强度，简称抗压强度。

$$R = \frac{P}{A} \tag{1.5}$$

式中　R——岩石抗压强度（MPa）；

P——岩石破坏时的压力（kN）；

A——岩石受压面积（m^2）。

抗压强度是反映岩石力学性质的最基本、最主要的指标之一，受一系列因素的影响与控制。首先是岩石的矿物成分、结构构造、孔隙度及风化程度；其次与岩石所处的状态（温度、湿度）及受力条件（初始应力）等有关。一般来讲，矿物成分单一、硅质的、处于干燥和非冻融状态下的结晶等粒的结晶岩石具有很高的抗压强度；反之则较低。对于同种岩石，由于孔隙度及风化程度等不同，其抗压强度也有很大的差异。如花岗岩，新鲜的抗压强度一般均超过 100 MPa，而风化的花岗岩则抗压强度明显降低，有时甚至会低于 10 MPa。

根据工程上的要求或试验目的的不同，抗压强度通常分为：

① 干燥试样抗压强度（简称干压强度）；

② 饱和试样抗压强度（简称湿压强度）；

③ 冻融试样抗压强度（简称冻压强度）。

（2）抗拉强度（R_t）。

岩石试样在单轴拉伸下能够承受的最大拉应力，以拉断破坏时的极限应力来表示，称为单轴极限抗拉强度，简称抗拉强度，单位为 MPa 或 kPa。

由于试验技术上的原因，直接进行岩石拉伸试验是比较困难的，这仍是岩石试验领域长期以来的一个研究课题，目前多采用间接方法，其中主要的有劈裂法，点荷载试验法等。

在工程地质实践中，岩石主要承受拉力的情况比较少，仅在评价陡崖岩体的稳定性，作为石板桥等建材石料的情况下，才需要考虑岩石的抗拉强度。但是，由于拉断是岩石破坏性质的类型之一，在各种方式的力的作用下都可能因拉应力的发展而发生折断，因此抗拉强度仍是岩石的一个重要的力学性质指标。此外，从微观上研究岩石破坏过程中的裂纹发展时，考虑岩石的抗拉强度也非常重要。

（3）抗剪强度（τ）。

岩石抵抗剪切破坏的极限能力，以剪断时剪切面上的极限剪应力表示，称为抗剪强度。岩石抗剪强度又可分为抗剪断强度、抗剪强度和抗切强度。

① 抗剪断强度：是指在垂直压力作用下的岩石剪断强度，即：

$$\tau = \sigma \tan \varphi + c \tag{1.6}$$

式中　τ——岩石抗剪断强度（kPa 或 MPa）；

　　　σ——破裂面上的法向应力（kPa）；

　　　φ——岩石的内摩擦角（°）；

　　　c——岩石的黏聚力（kPa 或 MPa）；

　　　$\tan\varphi$——岩石的摩擦系数。

坚硬岩石因结晶联结或胶结联结牢固，因此其抗剪断强度较高。

② 抗剪强度：是沿已有的破裂面发生剪切滑动时的指标，即：

$$\tau = \sigma \tan\varphi \tag{1.7}$$

显然，抗剪强度大大低于抗剪断强度。

③ 抗切强度：压应力等于零时的抗剪断强度，即：

$$\tau = c \tag{1.8}$$

抗剪断强度、抗剪强度和抗切强度这三个表征岩石抵抗剪切破坏性能的指标，在不同的情况下各有其独特的意义。在评价由完整性较好的岩体组成的陡崖的稳定性时，采用抗剪断强度往往更接近于岩体在该条件下的受力特点；至于抗剪强度，则是评价重力坝抗滑稳定性的重要指标。在修建混凝土重力坝时，确定混凝土与岩石间的摩擦系数是一个非常重要的问题，其数值与两摩擦体的抗磨损能力以及接触面的粗糙程度有关。根据统计，我国的水利水电建设中，摩擦系数采用的经验值一般在 0.5 ~ 0.75 范围内。

2. 岩石的变形指标

根据弹性理论，岩石的变形特征可用变形模量和泊松比两个参数表示。

（1）变形模量。

变形模量是指岩石在单向受压时，轴向应力（ $\sigma_y = 4P/\pi d^2$ ）与轴向应变（ $\varepsilon_y = \Delta l/l$ ）之比。当应力-应变关系为直线时，变形模量为常量，数值上等于直线的斜率，因其变形为弹性变形，故称弹性模量，单位一般为 GPa 或 MPa。而实际中，岩石的应力应变大多为曲线关系，此时的变形模量为变量，即不同应力段上的模量不同，常用的有初始模量 E_i、切线模量 E_t 和割线模量 E_s 三种，如图 1.25 所示。

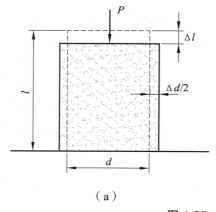

（a）

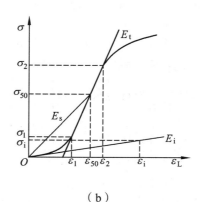

（b）

图 1.25　岩石单轴压缩变形试验

初始模量（ E_i ）是指曲线原点出的切线斜率，也叫初始弹性模量，反映了岩石的原始刚度，即：

$$E_i = \frac{\sigma_i}{\varepsilon_i} \tag{1.9}$$

切线模量（E_t）是指曲线中直线段的斜率，也称岩石的平均弹性模量，反映岩石裂隙闭合后的刚度，即：

$$E_t = \frac{\sigma_2 - \sigma_1}{\varepsilon_2 - \varepsilon_1} \tag{1.10}$$

式中，σ_1、ε_1 分别为曲线中直线段的起点处对应的应力和应变；σ_2、ε_2 分别为曲线中直线段的终点处对应的应力和应变。

割线模量（E_s）是指曲线上某特定点与原点连线的斜率，也叫割线弹性模量。通常取相当于抗压强度 50% 的应力点［图 1.25（b）中的 $R_c/2$］与原点连线的斜率，反映岩石的平均刚度，即：

$$E_{s50} = \frac{\sigma_{50}}{\varepsilon_{50}} \tag{1.11}$$

式中　　σ_1 —— 50% 的抗压强度所对应的点的应力（MPa）；

σ_2 —— 50% 的抗压强度所对应的点的应变。

（2）泊松比。

泊松比是指岩石在单向受压时，横向应变与轴向应变之比，即：

$$\mu = \frac{\varepsilon_x}{\varepsilon_y} \tag{1.12}$$

通常取抗压强度 50% 的应变点的横向应变与轴向应变的比值，即：

$$\mu_{50} = \frac{\varepsilon_{x50}}{\varepsilon_{y50}} \tag{1.13}$$

与上述切向模量类似，有时也可求出岩石的平均泊松比，即：

$$\mu_t = \frac{\varepsilon_{x2} - \varepsilon_{x1}}{\varepsilon_{y2} - \varepsilon_{y1}} \tag{1.14}$$

式中　　ε_{x1}、ε_{y1} ——曲线中直线段的起点处对应的横向应变和轴向应变；

ε_{x2}、ε_{y2} ——曲线中直线段的终点处对应的横向应变和轴向应变。

1.4.3　水理性质

水理性质是岩石与水作用时所表现的性质，通常包括：

1. 吸水性

岩石在浸水过程中具有的吸水性能叫作岩石的吸水性。岩石的吸水性取决于岩石本身所含裂隙、孔隙的数量、大小、开闭程度及分布情况。

表示岩石吸水性的指标有吸水率、饱和吸水率与饱和系数。

（1）吸水率（w_1）。在 1 个标准大气压的条件下，岩石浸入水中充分吸水，被吸收的水的质量（G_{w1}）与干燥岩石质量（G_s）之比为吸水率（w_1），即：

$$w_1 = \frac{G_{w1}}{G_s} \tag{1.15}$$

（2）饱和吸水率（w_2）。干燥的岩石在 150 个大气压力下或在真空中保存，然后再浸水，浸入全部开口的孔隙中的水的重量（G_{w2}）与岩石干重（G_s）之比为饱和吸水率（w_2），即：

$$w_2 = \frac{G_{w2}}{G_s} \tag{1.16}$$

（3）饱和系数（k_w）。指岩石的吸水率与饱和吸水率之比，即：

$$k_w = \frac{w_1}{w_2} \tag{1.17}$$

2. 透水性

透水性指岩石容许水透过的能力，用渗透系数 k 来表示。渗透系数的大小与岩石的孔隙大小有关。

3. 软化性

岩石浸水饱和后强度降低的性质，称为软化性，用软化系数（K_R）表示。K_R 定义为岩石试件的饱和抗压强度（σ_{cw}）与干燥抗压强度（σ_{cd}）的比值，即：

$$K_R = \frac{\sigma_{cw}}{\sigma_{cd}} \tag{1.18}$$

岩石的软化性主要与岩石的孔隙度、风化程度、组成岩石的矿物成分及颗粒的结合强度等有关。一般裂隙发育，风化严重，含有大量黏土矿物的岩石极易软化。凡软化现象严重的岩石，其抗风化能力、抗冻性及力学强度等都比较低。各类岩石的软化系数大多为 0.40～0.95，不同类型岩石的软化系数试验值如表 1.13 所示。一般认为，软化系数 $K_R > 0.75$ 时，岩石的软化性弱，同时也说明岩石的抗冻性和抗风化能力强。而 $K_R < 0.75$ 的岩石则是软化性较强和工程地质性质较差的岩石。

表 1.13　某些岩石的软化系数试验值

岩石种类	软化系数	岩石种类	软化系数
花岗岩	0.80～0.98	砂岩	0.60～0.97
闪长岩	0.70～0.90	泥岩	0.10～0.50
辉长岩	0.65～0.92	页岩	0.55～0.70
辉绿岩	0.92	片麻岩	0.70～0.96
玄武岩	0.70～0.95	片岩	0.50～0.95
凝灰岩	0.65～0.38	石英岩	0.80～0.98
白云岩	0.83	板岩	0.68～0.85
石灰岩	0.68～0.94	千枚岩	0.78～0.95

岩石的软化性对水工建筑物或与水长期接触的建筑物极为重要，因为岩石在长期浸水状态下，其内部联结性逐渐削弱，性质发生变化，尤其是岩石的强度大大降低，对坝基，库岸、渠道、浸水路基等有一定危害，因此必须考虑岩石的软化性。

4. 抗冻性

岩石抵抗冻融破坏的能力，称为抗冻性。常用抗冻系数和质量损失率来表示。抗冻系数（R_d）是指岩石试件经反复冻融后的干抗压强度（σ_{c2}）与冻融前干抗压强度（σ_{c1}）之比，用百分数表示，即：

$$R_{d} = \frac{\sigma_{c2}}{\sigma_{c1}} \times 100\% \tag{1.19}$$

质量损失率（K_{m}）是指冻融试验前后干质量之差（$m_{s1} - m_{s2}$）与试验前干质量（m_{s1}）之比，以百分数表示，即：

$$K_{m} = \frac{m_{s1} - m_{s2}}{m_{s1}} \times 100\% \tag{1.20}$$

试验时，要求先将岩石试件浸水饱和，然后在 $-20 \sim 20\ ^{\circ}C$ 温度下反复冻融 25 次以上。冻融次数和温度可根据工程地区的气候条件选定。

抗冻性是岩石抵抗冻融破坏的能力。岩石的抗冻性与岩石的结构有关。岩石经过多次冻融作用后，其强度一般都会降低，甚至破坏。其原因一方面是由于组成岩石的不同矿物颗粒在不同温度下其膨胀和收缩性能不同，致使岩石改变或破坏；另一方面，由于浸入岩石孔隙、裂隙中的水在冻结成冰时体积增加，对岩石孔隙、裂隙壁产生巨大的压力而使岩石破坏。一般来讲，裂隙或孔隙发育，特别是大开口孔隙多、矿物成分复杂、颗粒粗大、结构构造不均和联结软弱的岩石，其抗冻性较差。

5. 可溶性

可溶性是指岩石被水溶解的性能。常用溶解度或溶解速度来表示。在自然界中常见的可溶性岩石，有石膏、岩盐、石灰岩、白云岩及大理岩等。岩石的溶解能力不但和岩石的化学成分有关，而且还和水的性质有很大关系。与之有关的内容将在第 6 章"岩溶"部分中详细介绍。

6. 膨胀性

岩石的膨胀性是指岩石浸水后体积增大的性质。某些含黏土矿物（如蒙脱石、水云母及高岭石）成分的软质岩石，经水化作用后在黏土矿物的晶格内部或细分散颗粒的周围生成结合水溶剂腔（水化膜），并且在相邻近的颗粒间产生楔劈效应，当楔劈作用力大于结构联结力，岩石就表现出体积增大的膨胀性。

岩石膨胀性大小一般用膨胀力和膨胀率两项指标表示，这些指标可通过室内试验确定。目前国内大多采用土的固结仪和膨胀仪测定岩石的膨胀性，测定岩石膨胀力和膨胀率的试验方法常用的有平衡加压法、压力恢复法和加压膨胀法等。其中，自由膨胀率的定义为：无约束条件下，浸水后胀变形与原尺寸之比。用如下两个参数表示：

轴向自由膨胀率为：

$$V_{H} = \frac{\Delta H}{H} \times 100\% \tag{1.21}$$

径向自由膨胀率为：

$$V_{D} = \frac{\Delta D}{D} \times 100\% \tag{1.22}$$

式中　H、D ——试件的初始高度和初始直径（mm）；

　　ΔH、ΔD ——浸水膨胀后高度和直径的变化量。

7. 崩解性

崩解性是指岩石被水浸泡，内部结构遭到完全破坏呈碎块状崩开散落的性能。这种现象是由于水化过程中削弱了岩石内部的结构联结引起的，常见于由可溶盐和黏土质胶结的沉积岩地层中。

岩石崩解性一般用岩石的耐崩解性指数 I_{d2} 表示，它是通过对岩石试件进行烘干，浸水循环试验所得的指标。

$$I_{d2} = \frac{m_r}{m_s} \times 100\% \tag{1.23}$$

式中 m_r ——试验前的试件烘干质量（g 或 kg）；

    m_s ——残留在筒内的试件烘干质量（g 或 kg）。

1.4.4 岩石的工程分类

工程中根据不同的目的和用途，采用不同的指标，通常要对岩石进行不同的分类。

1.4.4.1 岩石按坚硬程度的划分

《岩土工程勘察规范》（GB 50021—2001）中按岩石的坚硬程度（饱和单轴极限抗压强度 R_c（MPa））划分为 5 类：坚硬岩石（$R_c > 60$）、较硬岩（$60 \geqslant R_c > 30$）、较软岩（$30 \geqslant R_c > 15$）、软岩（$15 \geqslant R_c > 5$）、极软岩（$R_c \leqslant 5$），如表 1.14 所示。

表 1.14 岩石按坚硬程度的定性划分

名称		定性鉴定	代表性岩石
硬质岩	坚硬岩	锤击声清脆，有回弹，震手，难击碎；浸水后，大多数无吸水反应	未风化至微风化的：花岗岩、正长岩、闪长岩、辉绿岩、玄武岩、安山岩、片麻岩、石英片岩、硅质板岩、石英岩、硅质胶结的砾岩、石灰岩、硅质石灰岩等
硬质岩	较硬岩	锤击声较清脆，有轻微回弹，稍震手，较难击碎；浸水后，有轻微吸水反应	① 弱风化的坚硬岩； ② 未风化至微风化的大理岩、板岩、白云岩、石灰岩、钙质胶结的砂岩等
软质岩	较软岩	锤击声不清脆，无回弹，较易击碎；浸水后，指甲可刻出印痕	① 强风化的坚硬岩； ② 弱风化的较坚硬岩； ③ 未风化至微风化的凝灰岩、千枚岩、砂质泥岩、泥灰岩、泥质砂岩、粉砂岩、页岩等
软质岩	软岩	锤击哑，无回弹，有凹痕，易击碎；浸水后，手可掰开	① 强风化的坚硬岩； ② 弱风化至强风化的较坚硬岩； ③ 弱风化的较软岩； ④ 未风化的泥岩等
软质岩	极软岩	锤击哑，无回弹，有较深凹痕，手可捏碎；浸水后，手可捏成团	① 全风化的各种岩石； ② 各种半成岩

1.4.4.2 岩土的施工工程分级

在道路和铁道工程地质勘察中，通常还要根据岩土性质和施工的难易程度进行岩土施工工程分级，其分级方法和分级标准见表 1.15。

表 1.15 岩土施工工程分级

岩土等级	级别	岩土名称	钻 1 m 所需时间			岩石单轴饱和抗压强度/ MPa	开挖方法
			液压凿岩台车、浅孔钻机(净钻分钟)	手持风枪湿式凿岩合金钻头(净钻分钟)	双人打眼(工天)		
I	松土	砂类土、种植土、未经压实的填土					用铁锹挖,脚蹬一下到底的松散土层,机械能全部直接铲挖,普通装载机可满载
II	普通土	坚硬的、可塑的粉质黏土、可塑的黏土,膨胀土、粉土。Q_2、Q_4黄土。稍密、中密角砾土、圆砾土,松散的碎石土、卵石土、压密的填土、风积砂					部分用镐刨松,再用铁锹,脚连蹬数次才能挖动。挖掘机、带齿尖口装载机可满载,普通装载机可直接铲挖,但不能满载
III	硬土	坚硬的黏性土、膨胀土,Q_2、Q_4黄土,稍密、中密碎石土、卵石土、密实的圆砾土、角砾土、各种风化成土状的岩石					必须用镐先全部刨过才能用铁锹挖,挖掘机、带齿尖口装载机不能满载,大部分采用松土器松动方能铲挖装卸
IV	软石	块石土、漂石土、含块石、漂石≥30%~50%的碎石土、卵石土,岩盐、泥质岩类、云母片岩、千枚岩	—	<7	<0.2	<30	部分用撬杠或十字镐及大锤开挖或挖掘机、单钩裂土器松动,部分需借助冲击镐解碎或爆破法开挖
V	次坚石	各种硬质岩:硅质岩、钙质岩、白云岩、石灰岩、坚实的泥灰岩、软玄武岩、片岩、片麻岩、正长岩、花岗岩	≤15	7~20	0.2~1.0	30~60	大部分用液压冲击镐解碎,小部分用爆破法开挖
VI	坚石	各种极硬岩:硅质砂岩、硅质砾岩、致密的石英质灰岩、石英岩、大理岩、闪长岩、细粒花岗岩	>15	>20	>10	>60	小部分用液压冲击镐解碎,大部分用爆破法开挖

思 考 题

1. 什么是地质作用?举例说明常见的内动力地质作用和外动力地质作用包括哪些作用?
2. 什么是矿物?矿物有哪些主要光学、力学性质?常见的造岩矿物有哪几种?
3. 依次熟记"莫氏硬度计"的代表矿物,并掌握在野外鉴别矿物硬度的方法。
4. 什么叫岩石?岩石都是由矿物组成的吗?常见的建材如花岗石、石灰石、大理石是岩石还是矿物?
5. 酸性、中性、基性、超基性的岩浆岩矿物成分有何不同?

6. 试从深成岩、浅成岩、喷出岩的不同结构、构造来说明，为什么岩浆岩的结构、构造特征是其生成环境的综合反映？

7. 岩浆岩是如何分类的？分为哪几类？每一类型的代表岩石是什么？

8. 何谓层理？举出常见层理的类型及其形成环境。

9. 沉积岩是如何分类的？分为哪几类？每一类型的代表岩石是什么？

10. 何谓变质作用？常见的变质矿物有哪些？

11. 什么是变质岩的片理构造？它包括哪几种具体的构造？

12. 变质岩是如何分类的？分为哪几类？每一类型的代表岩石是什么？

13. 简述三大类岩石的相互转化过程。

14. 岩石的工程性质包括哪几方面？

15. 论述风化作用的类型及其影响因素。

2　地质构造

教学重点：地壳运动、地质构造、地质年代的概念；地质构造的类型，包括岩层、褶皱、断层、节理等。

教学难点：岩层产状三要素；地层接触关系；地质图的阅读。

2.1　地壳运动

地壳自形成以来，一直处于不断地发展和变化当中。地壳运动直接引起并形成各种类型和规模的地质构造。地质构造就是指缓慢而长期的地壳运动使岩石发生变形，产生相对位移，形变后所表现出来的种种形态。地质构造在岩层中表现最为显著，主要有褶皱构造和断裂构造两种基本类型。

地壳运动又称构造运动，主要是指由地球内力引起岩石圈的变形、变位的作用。它使地壳的岩层产生倾斜、褶皱、断裂等各种地质构造，引起海、陆分布变化，地壳隆起和凹陷，以及形成山脉、海沟。人们常把晚第三纪（或称新第三纪）以前发生的构造运动称为古构造运动；把晚第三纪以来发生的构造运动称为新构造运动，其中有人类历史记载以来的构造运动又称为现代构造运动。

2.1.1　地壳运动的类型

地壳运动按其运动的方向分为：水平运动和垂直运动。

1. 水平运动

地壳沿地球表面切线方向的运动称为水平运动。主要表现为岩石圈的水平挤压或水平拉伸，引起岩层的褶皱和断裂，可形成巨大的褶皱山系、裂谷和海沟等。如我国的横断山脉、喜马拉雅山、天山、祁连山等都是水平挤压形成的，因而水平运动也称为造山运动。

水平运动最典型的例子是美国西部旧金山的圣安德烈斯大断层，全长超过 1 600 km，该断层主要是沿断层带两侧平行滑动，也就是在水平方向上的平移错动，见图 2.1。1906 年，旧金山

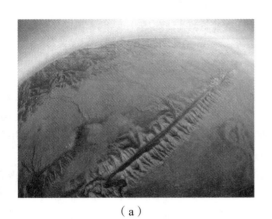
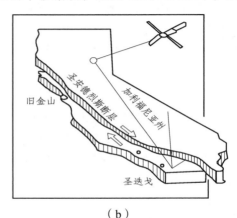

（a）　　　　　　　　　　　　　　　　　（b）

图 2.1　圣安德烈斯大断层

大地震时，一次就滑动了 6 m，在地面上产生一条超过 300 km 的大裂缝。科学家们发现，这个断层一直处于不停的运动中。在多数情况下，断层的移动很慢，但移动的速度并不总是一样的，有时快一些，有时又突然慢下来。在 1956 年，一座凑巧修建在圣安德烈斯大断层上的葡萄酒厂的钢筋混凝土厂房，突然发现有一条很大的裂隙。经过调查，这个建筑物的裂缝，既不是地基基础不好，也不是建筑材料质量不好或施工问题造成的，它的断裂来源于地下那条不断错动的断层。

2. 垂直运动

地壳或岩石圈沿地表法线方向的运动称为垂直运动，又称升降运动。其表现为岩石圈的垂直上升或下降，引起地壳的隆起和相邻区的下降，可形成高原、盆地和平原，还可引起海侵和海退，使海陆变迁。

垂直运动典型的例子是意大利那不勒斯海岸三根大理石柱，见图 2.2。1750 年，在这里从火山灰沉积中发掘出修建于公元前 105 年，高约 12 m 的三根大理石柱，每根柱子上都保留有同样的地质历史遗迹。柱子下部 3.6 m 一段是 1533 年努渥火山喷发时被火山灰掩埋的部分，柱面光滑；其上 2.7 m 一段在地壳下降时淹没在海水中，被石蜊和石蛏凿出了许多小孔；柱子上段 5.7 m，一直未被海水淹没过，但遭受风化，不甚光滑。18 世纪中期，地面上升，全柱升出海面；19 世纪，地面又开始下沉，柱脚已被淹在海水里了。据近百年多的观测记录，柱脚被海水淹的深度在不断增加：1826 年为 0.3 m；1878 年为 0.65 m；1913 年为 1.53 m；1933 年为 2.05 m；1954 年为 2.50 m。其下降速度约为每年 17.2 mm。两千多年来，这三根石柱经历了几度沧桑，上升、下降、再上升、再下降，它记录了地质史中的海岸沧桑多变。

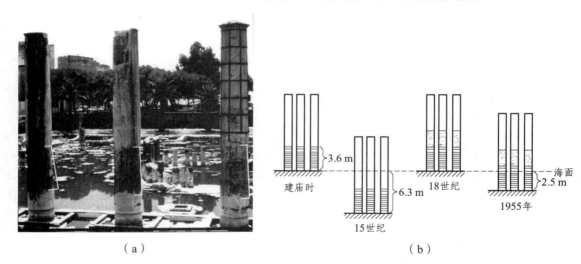

（a）   （b）

图 2.2　意大利那不勒斯海岸的三根大理石柱

垂直运动的结果使某些地区成为高地或山岭，另一些地区成为盆地或凹陷。由于垂直运动，沧海不仅能变为桑田，而且还能变为高山。喜马拉雅山上岩层中存在的大量新生代早期生活在海洋环境中的生物化石，表明这里在几千万年前还是一片汪洋大海。

地壳运动在漫长的地质时期里，有时表现为缓和的变动，人们不易察觉，有时又表现得非常剧烈，如地震、火山喷发等。水平运动和垂直运动只是地壳运动的两个方面。事实上，这两种运动方式常常是兼而有之，相互依存，在以水平运动为主的地壳运动中伴随着垂直运动，而以垂直运动为主的地壳运动中也常伴随着水平运动。

2.1.2　地壳运动成因的主要理论

地壳运动的成因理论，主要有对流说、均衡说、地球自转说和板块运动说等。

对流说认为在地幔中存在物质的对流环流。地幔下部温度高，物质变轻，缓慢上升形成上升流，到软流圈顶转为平流，平流一定距离后与另一相向平流相遇而形成下降流，而后又在地幔深处相背平流到上升流的底部，补充上升流，从而形成对流环流。对流体的上部平流摩擦岩石圈板块作缓慢的水平运动。

均衡说认为地幔内存在一个重力均衡面，均衡面以上的物质重力均等，但因密度不同而表现为厚度不一。当地表出现剥蚀或沉积时，使重力发生变化，为维持均衡面上重力均等，均衡面上的地幔物质将产生移动，以弥补地表的重力损失，从而导致上覆地壳运动。

地球自转说认为地球自转速度产生的快慢变化，导致了地壳运动。当地球自转速度加快时，一方面惯性离心力增加，导致地壳物质向赤道方向运行；另一方面切向加速度增加，导致地壳物质由西向东运动。当基底黏着力不同时，引起地壳各部位运动速度不同，从而产生挤压、拉张、抬升、下降等变形、变位。当地球自转速度减慢时，惯性离心力和切向加速度减小，地壳又产生了相反方向的恢复运动，同样因基底黏着力不同引起地壳变形变位。

板块构造说是在大陆漂移说和海底扩张说的基础上提出来的。

1910 年，德国气象学家魏格纳发现大西洋两岸的轮廓极为相似。此后经研究、推断，他在 1912 年提出了大陆漂移学说。20 世纪 50 年代，美国学者赫斯提出海底扩张学说，认为地幔软流层物质的对流上升使海岭地区形成新岩石，并推动整个海底向两侧扩张，最后在海沟地区俯冲沉入大陆地壳下方。板块构造学说是 1968 年法国地质学家勒皮雄等人提出的一种新的大陆漂移说，它是海底扩张说的具体引伸。板块构造学说将全球地壳划分为六大板块：太平洋板块、亚欧板块、非洲板块、美洲板块、印度洋板块（包括澳洲）和南极洲板块，见图 2.3。根据这一学说，地球表面覆盖着不变形且坚固的板块，这些板块确实在以每年 1～10 cm 的速度移动。由于地球表面积是有限的，地球板块分类为三种状态：其一为彼此接近的汇聚型板块边界；其

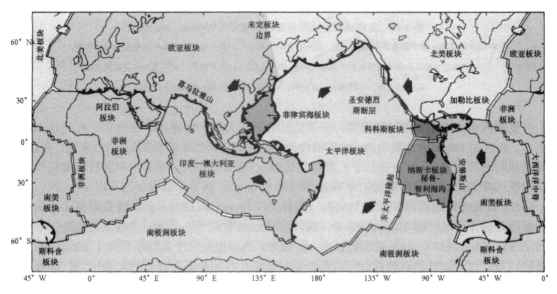

图 2.3　板块构造示意图

二为彼此远离的分离型板块边界；其三为彼此交错的转换型板块边界。一般来说，在板块内部，地壳相对比较稳定，而板块与板块交界处，则是地壳活动地带，这里火山、地震活动以及断裂、挤压褶皱、岩浆上升、地壳俯冲等频繁发生。

2.2　地质年代

地质年代是指一个地层单位或地质事件的时代和年龄。地史学中，将各个地质历史时期形成的岩石，称为该时代的地层，不同时代对应不同的地层。因此，确定地层的形成时代或其新老关系，在各种地质构造和地层的接触关系的判别中以及阅读地质图件和分析地质资料中，有着非常重要的作用。

地质年代包含两种意义，其一是地质事件从发生至今的年龄，称为绝对年代；其二是各种地质事件发生的先后顺序，称为相对年代。

2.2.1　绝对年代

绝对年代是指地层形成到现在的实际年数。利用岩石中残留的放射性元素的蜕变，测定岩石形成后所经历的实际年数（龄），是用距今多少年来表示的。放射性同位素是一种不稳定元素，在天然条件下发生蜕变，自动放射出某些射线（α、β、γ 射线），而蜕变成另一种稳定元素。放射性同位素的蜕变速度是恒定的，不受温度、压力、电场、磁场等因素的影响，即以一定的蜕变常数进行蜕变。

当测定岩石中所含放射性同位素的重量 P，以及蜕变产物的重量 D 时，就可利用蜕变常数 λ，按下式计算其形成年龄 t。

$$t = \frac{1}{\lambda} \ln \left(1 + \frac{D}{P} \right) \tag{2.1}$$

目前，世界各地地表出露的古老岩石都已进行了同位素测定，如 1973 年在西格陵兰发现了同位素年龄约 38 亿年的花岗片麻岩。加拿大北部的变质岩——阿卡斯卡片麻岩，经放射性年代测定表明有将近 40 亿年的年龄。目前在中国发现的最古老岩石是冀东地区的花岗片麻岩，经测定其岩石年龄约为 35 亿年。科学家在澳大利亚西南部发现了一批最古老的岩石，根据其中所含的锆石矿物晶体的同位素分析结果，表明它们的"年龄"约为 43 亿～44 亿岁，是迄今发现的地球上最古老的岩石样本。

2.2.2　相对年代

相对年代是指根据岩石的相对新老关系（形成的先后顺序）建立起来的时代顺序。相对年代主要是依据岩层的沉积顺序、生物演化规律和岩层间相互的接触关系等方面来确定的，只能表示先后顺序，不包括各个时代延续的长短。

2.2.2.1　地层层序法

当沉积岩形成后，在岩层未发生逆掩断层和倒转的情况下，地层剖面中岩层保持着正常的顺序，先形成的岩层在下，后形成的岩层在上，上覆岩层比下伏岩层新，见图 2.4。地层层序法是确定地层相对年代的基本方法。

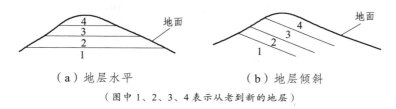

（a）地层水平　　　　　　　（b）地层倾斜

（图中1、2、3、4表示从老到新的地层）

图 2.4　地层相对年代的确定（地层层序正常时）

若岩层经剧烈的构造运动，地层层序倒转，就需利用沉积岩的泥裂、波痕、雨痕等层面构造特征，来确定其新老关系，见图 2.5。

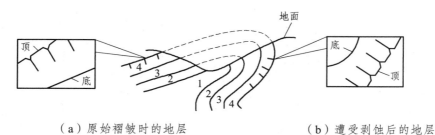

（a）原始褶皱时的地层　　　　　　　　　　　　（b）遭受剥蚀后的地层

（图中1、2、3、4表示从老到新的地层）

图 2.5　地层相对年代的确定（地层层序倒转时）

2.2.2.2　古生物法

在地质历史上，生物总是由低级向高级不断发展、演化，灭绝的生物不会重复出现。因此，不同的地质时期就有不同的生物群，不同地质年代沉积地层，就会有不同的生物化石。地质时期越古老，生物结构越简单；地质时期越新，生物结构越复杂。岩石中埋藏的生物化石也体现了这一规律。这样就可以根据地层中的化石种属来确定地层的年代。

对于研究地质年代有决定意义的化石，应该具备在地质历史中演化快、延续时间短、特征显著、数量多、分布广等特点，这种化石称为标准化石。在每一地质历史时期都有其代表性的标准化石，如寒武纪的三叶虫、奥陶纪的珠角石、志留纪的笔石、泥盆纪的石燕、二叠纪的大羽羊齿、侏罗纪的恐龙等，见图 2.6。

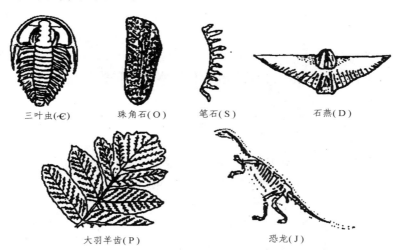

三叶虫(ɛ)　　　　珠角石(O)　　　　笔石(S)　　　　石燕(D)

大羽羊齿(P)　　　　　　　　恐龙(J)

图 2.6　几种标准化石图谱

在不同地质年代沉积的岩层中，都含有不同特征的古生物化石。含有相同化石的岩层，无论相距多远，都是在同一地质年代中形成的。这种根据地层中化石种属建立地层层序和确定地质时代的方法称为生物演化律。图 2.7 是根据岩性、化石和地层层序等特征，划分和对比甲、乙、丙三地地层的情况，以及在地层划分和对比的基础上恢复该三地区完整的地层沉积顺序，并建立起来的综合地层柱状图。

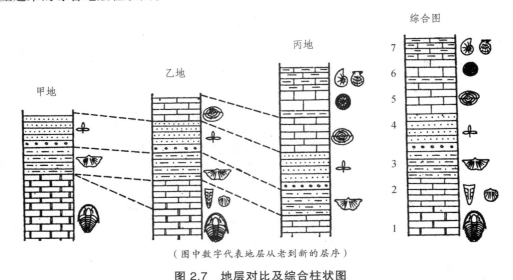

（图中数字代表地层从老到新的层序）

图 2.7　地层对比及综合柱状图

2.2.2.3　地层接触关系法

地层间接触关系，是构造运动、岩浆活动和地质发展历史的记录。地层的接触关系是指上下地层之间在空间上的接触形式和时间上的发展状况。

1. 沉积岩间的接触关系

从成因特征上，可将沉积岩地层的接触关系分为整合接触关系和不整合接触关系两种基本类型。

（1）整合接触关系。

当一个地区较长时期处于稳定沉积环境下，沉积物一层层地连续堆积，各地层之间彼此平行，这样形成的一套岩层，它们之间的接触关系，称为整合接触关系。其特征表现为上下岩层的产状基本平行一致，沉积时代连续。

（2）不整合接触关系。

当一个地区，沉积作用间断，先后沉积的两套地层之间缺失了一部分地层，上下地层的这种接触关系统称为不整合接触关系。

新老地层之间存在的一个沉积间断面，称为不整合面。不整合面在地面的出露线为不整合线，它是重要的地质界线之一。

根据不整合面上下地层的产状及所反映的地壳运动的特征，可将不整合接触关系分为平行不整合接触关系（假整合）和角度不整合接触关系，见图 2.8。

① 平行不整合。

表现为上下两套地层的产状彼此平行，但在两套地层之间缺失了一些时代的地层，即发生过一段时期的沉积间断。反映了这一地史时期地壳曾经发生过显著的升降运动。地层缺失的时期标志着地壳上升的时期。

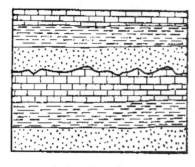
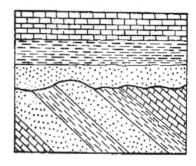

（a）平行不整合　　　　　　　　　　　　（b）角度不整合

图 2.8　不整合的两种类型

　　平行不整合的形成是由于地壳在一段时期处于上升，而在上升过程中地层又未发生明显褶皱或倾斜，只是露出水面发生沉积间断和遭受剥蚀。经过一段时期后，又再次下降接受新的沉积，从而使上、下地层之间缺失了一部分地层，但彼此的产状却是基本平行的。这一过程可以表示为：下降沉积→上升、沉积间断和遭受剥蚀→再下降、再沉积，见图 2.9。

　　② 角度不整合。

　　表现为上下两套地层之间既缺失了一些时代的地层，彼此的产状也不平行，而是有一定的交角。不整合面形成于新老地层之间，其上亦常见底砾岩等，见图 2.10。

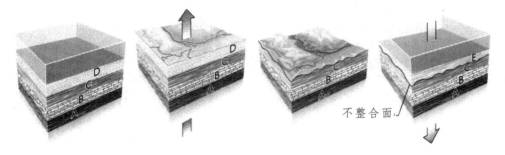

不整合面

图 2.9　平行不整合接触的形成过程

图 2.10　角度不整合

角度不整合的形成是由于地壳在某一时期发生褶皱等地质构造，随后地壳上升，沉积间断并遭受剥蚀，经过一段时期后，又再次下降接受沉积，从而使上、下地层之间缺失了一部分地层，且彼此的产状不平行。这一过程可以表示为：下降沉积→发生褶皱上升、沉积间断并遭受剥蚀→再下降、再沉积，见图 2.11。

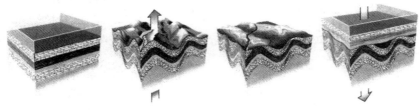

图 2.11　角度不整合接触的形成过程

对沉积岩来说，主要就是利用岩层间的接触关系来确定它们的新老关系的。不整合接触面以下的岩层先沉积，年代比较老；不整合接触面以上的岩层后沉积，年代比较新。由于发生了阶段性的变化，接触面上下的岩层，在岩性及古生物等方面往往都有显著不同。因此，不整合接触就成为划分地层相对地质年代的一个重要依据。总之，地层的接触关系综合反映了地壳运动、剥蚀、沉积的历史。

2. 岩浆岩之间的接触关系

对岩浆岩来说，主要是利用岩体相互穿插或切割的关系来确定，被切割的岩体形成于插入岩体之前，如图 2.12 所示。对于喷出岩，可以用与沉积岩相类似的方法确定其形成的先后顺序；对于侵入岩，可用岩浆岩中的捕虏体或与沉积岩的接触关系来确定其相对年代。

3. 岩浆岩与沉积岩之间的接触关系

岩浆岩与沉积岩之间的接触关系有侵入接触关系和沉积接触关系两类。侵入接触指后期岩浆侵入早期沉积岩的一种接触关系，表明沉积岩形成

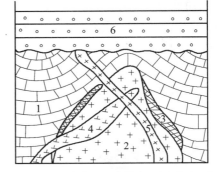

1—石灰岩，形成最早；2—花岗岩，形成晚于石灰岩；
3—矽卡岩，形成时代同花岗岩；4—闪长岩，形成晚于花岗岩；5—辉绿岩，形成晚于闪长岩；
6—砾岩，形成最晚。

图 2.12　运用切割律确定各种岩石
形成顺序示意图

在先，后来岩浆岩侵入其中。早期沉积岩受后期岩浆挤压、烘烤和进行化学反应，在沉积岩与岩浆岩的交界带附近形成一层变质带，称为变质晕，见图 2.13（a）。沉积接触指后期沉积岩覆盖在早期岩浆岩上的一种接触关系，表明岩浆岩先形成，接受风化剥蚀，而后地壳下降接受新的沉积。早期岩浆岩因表层风化剥蚀，在后期沉积岩底部常形成一层含有岩浆岩砾石的底砾岩，见图 2.13（b）。

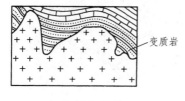

（a）侵入接触

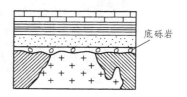

（b）沉积接触

图 2.13　岩浆岩与沉积岩的接触关系

2.2.3　地质年代表

按照年代顺序排列，用来表示地史时期的相对年代和同位素年龄值的表格，称为地质年代表，见表 2.1。（扫描右侧二维码可查阅最新国际年代地层表，摘自国际地层委员会官方网站）

国际年代地层表

表 2.1　地质年代

地质时代（地层系统及代号）				同位素年龄值/百万年	生物界		构造阶段及构造运动
宙（字）	代（界）	纪（系）	世（统）		植物	动物	
显生宙（字）	新生代（界Kz）	第四纪（系Q）	全新世(统Q$_4$)	1	被子植物繁盛	出现人类	新阿尔卑斯构造阶段 （喜马拉雅构造阶段）
			晚更新世(统Q$_3$)				
			中更新世(统Q$_2$)	2			
			早更新世(统Q$_1$)				
		第三纪（系R） 晚第三纪（系N）	上新世(统N$_2$)	26		哺乳动物及鸟类繁盛	
			中新世(统N$_1$)				
		早第三纪（系E）	渐新世(统E$_3$)	65			
			始新世(统E$_2$)				
			古新世(统E$_1$)				
	中生代（界Mz）	白垩纪（系K）	晚白垩世(统K$_2$)	137	裸子植物繁盛	爬行动物繁盛	老阿尔卑斯构造阶段 燕山构造阶段
			早白垩世(统K$_1$)				
		侏罗纪（系J）	晚侏罗世(统J$_3$)				
			中侏罗世(统J$_2$)	193			
			早侏罗世(统J$_1$)				印支构造阶段
		三叠纪（系T）	晚三叠世(统T$_3$)				
			中三叠世(统T$_2$)	230			
			早三叠世(统T$_1$)				
	古生代（界Pz）	二叠纪（系P）	晚二叠世(统P$_2$)	283	蕨类及原始裸子植物繁盛	两栖动物繁盛	（海西）华力西构造阶段
			早二叠世(统P$_1$)				
		石炭纪（系C）	晚石炭世(统C$_3$)				
			中石炭世(统C$_2$)	350			
			早石炭世(统C$_1$)				
		泥盆纪（系D）	晚泥盆世(统D$_3$)		裸蕨植物繁盛	鱼类繁盛	
			中泥盆世(统D$_2$)	400			
			早泥盆世(统D$_1$)				
		志留纪（系S）	晚志留世(统S$_3$)		藻类及菌类植物繁盛	海生无脊椎动物繁盛	加里东构造阶段
			中志留世(统S$_2$)	435			
			早志留世(统S$_1$)				
		奥陶纪（系O）	晚奥陶世(统O$_3$)				
			中奥陶世(统O$_2$)	500			
			早奥陶世(统O$_1$)				
		寒武纪（系Є）	晚寒武世(统Є$_3$)				
			中寒武世(统Є$_2$)	570			
			早寒武世(统Є$_1$)				
隐生宙（字）	元古代（界Pt）	震旦纪（系Z）	晚震旦世(统Z$_2$)	800		裸露无脊椎动物出现	晋宁运动
			早震旦世(统Z$_1$)				
				2 500	生命现象开始出现		吕梁运动 五台运动 阜平运动
	太古代（界Ar）			4 600	地球形成		

（说明：生物界"动物"栏右侧有"无脊椎动物继续演化发展"贯穿显生宙各代。）

划分地质年代单位和时间地层单位的主要依据是地壳运动和生物演变。根据地层形成顺序、岩性变化特征、生物演化阶段、构造运动性质和古地理环境等因素，把地质年代划分为太古宙、元古宙和显生宙三大阶段；宙以下分为代，代以下分纪，纪以下分世。相应于每个地质年代单位宙、代、纪、世，形成的地层单位称为宇、界、系、统。如古生代形成的地层称古生界地层。

我国在区域地质调查中常采用多重地层划分原则，即除上述地层单位外，还使用岩石地层单位。岩石地层单位是以岩石学特征及其对应的地层位置为基础的地层单位。岩石地层最大单位为群，往下还有组、段、层。

群：包括两个以上的组。群以重大沉积间断或不整合界面划分。

组：以同一岩相，或某一岩相为主，夹有其他岩相，或不同岩相交互构成。其中，岩相是指岩石形成的环境，如海相、陆相、潟湖相、河流相等。

段：段为组的组成部分，由同一岩性特征构成。组不一定都划分出段。

层：指段中具有显著特征，可区别于相邻岩层的单层或复层。

2.3 岩 层

岩层是指由同一岩性组成的，由两个平行或近于平行的界面所限制的层状岩石。岩层的产状是指岩层在地壳中的空间方位，是以岩层面的空间方位及其与水平面的关系来确定的。

2.3.1 岩层的产状要素

确定岩层在空间分布状态的要素称为岩层的产状要素，一般用岩层面在空间的水平延伸方向、倾斜方向和倾斜程度进行描述，分别称为岩层的走向、倾向、倾角，这三者统称为岩层的产状三要素，见图 2.14。

测出岩层产状要素的数值，就可以定量地表示该岩层在观测点的产状，任何构造面或地质体的界面的产状，都是靠测定其产状要素来确定的。

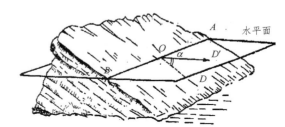

AB—走向线；OD—倾斜线；OD'—倾向；α—倾角。

图 2.14 岩层的产状要素

1. 岩层的走向

岩层面与水平面的交线 AB 叫走向线，走向线向两端延伸的方向就是岩层的走向。岩层走向有两个方向，两者相差 180°。

2. 岩层的倾向

垂直于走向线 AB，沿着岩层面倾斜向下所引的射线 OD 叫倾斜线。它在水平面上的投影线 OD' 叫倾向线，其所指的方向就是岩层的倾向。

3. 岩层的倾角

岩层面与水平面的夹角，即真倾斜线 AD 与其在水平面上投影线 DC 的夹角，就是岩层的倾角 α，又叫真倾角。实际上，在野外观察时，直接观察到的往往不是真倾向和真倾角，而是视倾向和视倾角。在岩层面上斜交岩层走向所引的任一直线 AB 均为视倾斜线，它在水平面上的投影线 BC（称为视倾向线）所指示的方向，叫视倾向或假倾向。视倾斜线 AB 与其在水平面上投影线 BC 的夹角 β，叫视倾角或假倾角。

可以利用野外观察到的岩层的视倾角来推求
实际岩层的真倾角，如图 2.15 所示。

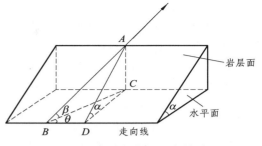

从图上的三角关系可知：$\tan\alpha = AC/CD$，$\tan\beta = AC/CB$，$\sin\theta = CD/CB$

所以

$$\frac{\tan\beta}{\sin\theta} = \frac{AC}{CB}\cdot\frac{CB}{CD} = \frac{AC}{CD} = \tan\alpha$$

图 2.15　真倾角与视倾角的关系

所以

$$\tan\alpha = \tan\beta\tan\theta$$

可得真倾角和视倾角之间的换算公式：

$$\tan\alpha = \frac{\tan\beta}{\sin\theta} \tag{2.2}$$

式中　α——真倾角（°）；

　　　β——视倾角（°）；

　　　θ——视倾向线与走向线的夹角（°）。

2.3.2　产状要素的测量和记录

2.3.2.1　测量仪器

岩层产状要素的具体数值，在野外一般用地质罗盘仪在岩层面上直接测定。地质罗盘仪的构造见图 2.16。

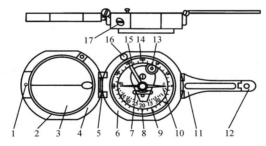

1—瞄准钉；2—固定圈；3—反光镜；4—上盖；5—连接合页；6—外壳；7—长水准器；
8—倾角指示器；9—压紧圈；10—磁针；11—长照准合页；12—短照准合页；
13—圆水准器；14—方位刻度环；15—拨杆；
16—开关螺钉；17—磁偏角调整器。

图 2.16　地质罗盘仪构造

2.3.2.2　测量方法

在使用地质罗盘仪测量岩层的产状之前，必须先进行磁偏角的校正。产状要素的测量见图 2.17。

1. 岩层走向的测定

测走向时，先将罗盘上平行于刻度盘南北方向的长边紧贴于层面，然后转动罗盘，使底盘圆水准泡居中，表明罗盘水平，此时读出指北针（或指南针）所指刻度盘的读数，就是岩层走向的方位。

图 2.17　岩层产状的测量

2. 岩层倾向的测定

测倾向时，将罗盘上平行于刻度盘的短边与走向线平行，同时将罗盘长指针指向岩层的倾斜方向，调整底座，使圆水准泡居中，这时指北针所指的度数就是岩层倾向的方位。倾向只有一个方向，同一岩层面的倾向与走向相差 90°。

假若在岩层顶面上进行测量有困难，也可以在岩层底面上测量。

3. 岩层倾角的测定

测倾角时，将罗盘长边贴在倾斜线上，紧贴层面使罗盘长边与岩层走向垂直，转动罗盘背面的拨片，使长管水准泡居中后，倾角指示针所指刻度盘读数就是倾角。

岩层倾角是岩层层面与假想水平面间的最大夹角，即真倾角，它是沿着岩层的真倾斜方向测量得到的，沿其他方向所测得的倾角是视倾角。野外可用小石子在层面上滚动或滴水在层面上流动来确定岩层面的真倾斜线。

测量岩层面的产状时，如果岩层面凹凸不平，可把记录本平放在岩层地上当作层面以便进行测量。

2.2.2.3 记录方法

岩层产状要素的记录方法有文字表示法和符号表示法两种。

1. 方位角法

以正北方向为 0°，将水平面按顺时针方向划分为 360°，再将岩层产状投影到该水平面上，将倾向线与正北方向所夹角度（倾向）与倾角记录下来，一般按倾向、倾角的顺序记录。如：135°∠30°，表示该岩层的倾向 135°、倾角 30°，见图 2.18。

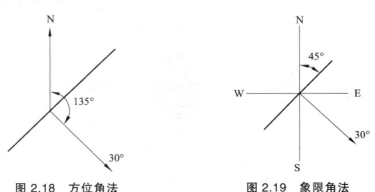

图 2.18　方位角法　　　　　图 2.19　象限角法

2. 象限角法

以东、南、西、北为标志，将水平面划分为 4 个象限，以正北或正南方向为 0°，正东或正西方向为 90°，再将岩层产状投影在该水平面上，将走向线与正北或正南方向所夹的锐角和倾向线所在的象限及其倾角记录下来。一般可按走向、倾角、倾向象限的顺序记录。如：N45°E∠30°SE，读为走向北偏东 45°，倾角 30°，倾向南东方向，见图 2.19。

2.3.3　岩层的分类及露头特征

岩层按其产状可分为：水平岩层、倾斜岩层、直立岩层。岩层露头分布形态，取决于岩层产状、地形及两者的相互关系。

各个地质时代形成的各种岩层，其原始产状绝大多数是水平的或近似水平的，原始倾斜的产状则是局部的。岩层形成后，受在构造运动影响发生变形，其原始产状会发生不同程度的改变。有的还基本上保持水平产状；有些则形成倾斜岩层，或直立岩层，甚至倒转岩层。

2.3.3.1 水平岩层

岩层的倾角小于5°时，层面基本上是一个水平面，即岩层的同一层面上各处的高程基本相同，这就是水平岩层。水平岩层一般在地壳运动影响轻微或大范围内均匀抬升、下降的地区常见。

在岩层没有发生倒转的前提下，水平岩层具有以下特征：

（1）时代较新的岩层叠置在较老岩层之上。岩层越老出露位置越低，岩层越新出露位置越高。

（2）水平岩层的露头分布形态，完全受地形的影响，其地质界线，在地质图上与地形等高线平行或重合，而不相交。因此，在河谷、冲沟中岩层的出露界线随等高线的弯曲而弯曲，延伸成"V"字形，V字形尖端指向上游；在山顶上岩层露头的分布呈不规则的同心圆状或条带状。

（3）水平岩层的厚度就是该岩层顶面和底面的标高之差。

（4）水平岩层的露头宽度取决于岩层的厚度和地面坡度。厚度大、坡度缓，露头宽度就宽，相反就窄，见图2.20。在陡崖处，岩层上下层面地质界线的投影线就重合为一条线，即露头宽度为零。

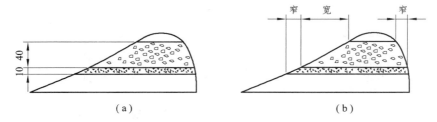

图 2.20 水平岩层露头厚度与宽度

2.3.3.2 倾斜岩层

原来呈水平产出的岩层，由于地壳运动或岩浆活动，使岩层产状发生变动，岩层层面与水平面有一定的交角（5°~85°），这时的岩层就是倾斜岩层。自然界绝大多数岩层是倾斜岩层，倾斜岩层常见于褶皱的一翼或断层的一盘，见图2.21。

一般情况下，倾斜岩层仍然保持正常层序，即新岩层在上，老岩层在下；层的顶面在上，底面在下。但当构造运动强烈，使岩层表现出老岩层在上，新岩层在下，层的底面在上，顶面在下时，就成为倒转岩层。岩层的倒转与否可根据化石及层面构造来辨别，若有标准地质剖面，也可作为判断的依据。

在某一地区内，一系列岩层大致向一个方向倾斜，其倾角也大致一样，这种岩层叫单斜层或单斜构造（图2.22），具此构造的山体称为单面山。

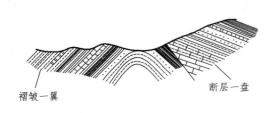

图 2.21 倾斜岩层

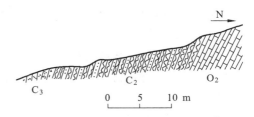

O_2—中奥陶纪石灰岩；C_2—中石炭纪砂页岩；C_3—上石炭纪砾岩。

图 2.22 单斜构造（北京西山野溪南剖面）

　　倾斜岩层按倾角 α 的大小又可分为缓倾岩层（ $\alpha < 30°$ ）、陡倾岩层（ $30° \leqslant \alpha < 60°$ ）和陡立岩层（ $\alpha \geqslant 60°$ ）。

　　倾斜岩层露头分布形态较复杂，在地质图上表现为地质界线与等高线相交并曲线延伸，产状不同，地形有异，其形态也不一样。倾斜岩层的倾角越小，地质界线受地形影响越大，越弯曲；倾角越陡，受地形影响越小，地质界线越趋近于直线。但是，地质界线的弯曲方向具有一定的规律，当其穿过沟谷或山脊时，露头线均呈 V 字形，故这种规律又称为 V 字形法则。

　　V 字形法则，不仅适用于层状或似层状地质体界面露头线的分布形态，也适用于其他比较平整的地质界面，如断层面，不整合面等在地面出露线的分布形态。

　　倾斜岩层的露头宽度除了受岩层厚度和地面坡度影响外，还与岩层的产状有关。

　　（1）当地面坡度和岩层倾角不变时，露头宽度取决于岩层厚度：厚者宽、薄者窄。

　　（2）当岩层厚度、倾角不变时，露头宽度取决于地面坡度和坡向。岩层倾向与坡向相反时，坡度缓的，露头就宽；坡度陡，露头就窄。岩层出露在峭壁陡崖上时，露头宽度投影成一条线，见图 2.23。

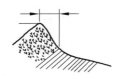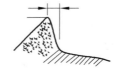

图 2.23　露头宽度与坡度的关系

　　（3）当地形坡度、岩层厚度不变时，露头宽度取决于岩层倾角和地面坡角之间的关系。

2.3.3.3　直立岩层

　　直立岩层指岩层倾角大于等于 85° 的岩层。直立岩层一般出现在构造运动强烈的地区。其地质界线是沿其走向作直线延伸，不受地形影响。

2.3.4　研究岩层产状的工程意义

2.3.4.1　对边坡稳定的影响

　　（1）当岩层呈水平、直立时，对边坡稳定有利，一般可根据岩性的坚固程度及裂隙的发育多少，确定边坡的稳定性。

　　（2）当岩层倾向与边坡坡向相同，岩层倾角等于或大于边坡的坡角时，一般情况下边坡相对稳定；相反，岩层倾角小于边坡的坡角时则边坡易发生顺层滑动。

　　（3）当岩层倾向与边坡坡向相反时，若岩层完整、层间结合好，边坡是稳定的；若岩层内有倾向坡外的节理，层间的结合差且岩层倾角又很陡，容易发生倾倒破坏。

　　（4）覆盖层与下卧岩层接触面较陡且倾向坡外，因地表水的下渗及地下水在接触面的作用，降低了接触面的力学强度，往往因路堑的开挖使覆盖层失去平衡，发生滑动、坍塌。

2.3.4.2　对桥隧稳定性的影响

（1）隧道通过产状水平的岩层时，选择在岩性坚硬、完整的岩层中通过要相对稳定。如在石灰岩或砂岩中通过比在页岩层通过要相对较好，见图2.24（a）。在软硬岩相间的情况下，隧道拱部设置在硬岩中要比设置在软岩中稳定。

（2）隧道轴向垂直岩层走向穿越不同岩层时，应注意不同层面的强度问题，尤其是软、硬岩层相间的情况下，可能在拱顶发生顺层坍方，见图2.24（b）。

（3）隧道轴向平行岩层走向时，岩层倾向洞内一侧易产生顺层坍塌，出现偏压问题，见图2.24（c）。

（4）隧道轴向与一套倾斜岩层走向斜交时，为了提高隧道稳定性，尽可能使隧道轴向与岩层走向的交角大些，见图2.24（d）。

（5）岩层的产状影响着桥基的稳定性。当岩层产状倾向下游，其中又有软弱夹层时，会因水的冲蚀影响到桥基的稳定性，如果软弱夹层较厚，会使基础受力不均，产生不均匀沉陷以致发生破裂现象。

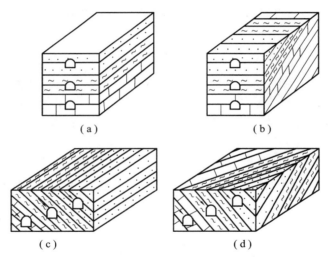

（a）　　　　　　　　　　　　　　　（b）

（c）　　　　　　　　　　　　　（d）

图2.24　露头宽度与岩层倾角和地面坡角之间的关系

2.4　褶皱构造

褶皱构造在层状岩体中最为常见，绝大多数的褶皱构造是在水平挤压力作用下形成的。褶皱构造一般多发育在软弱岩层中或大断层带附近，是岩层塑性变形的结果。褶皱构造的规模大小不一，大的可宽达几十千米，小的在手标本中就可见。研究褶皱构造的产状、规模、基本形态、类型及其特征等，对于查明工程建筑场地的工程地质条件，分析评价可能出现的工程地质问题有重要的意义。

2.4.1　褶皱的概念

褶皱构造是地质构造的主要类型之一，它是岩层受到构造运动作用后，在未丧失连续性的情况下产生的弯曲变形，见图2.25。

图 2.25　褶皱构造

褶皱的基本形式有背斜和向斜两种。

岩层向上弯曲，核心部位的岩层时代较老，而两侧岩层时代较新，称为背斜。遭受剥蚀后，其在地面的出露特征是从中心向两侧岩层从老到新对称重复出现，见图 2.26。

岩层向下弯曲，核心部位的岩层较新，而两侧岩层较老，称为向斜。遭受剥蚀后，其在地面的出露特征是从中心向两侧岩层从新到老对称重复出现，见图 2.27。

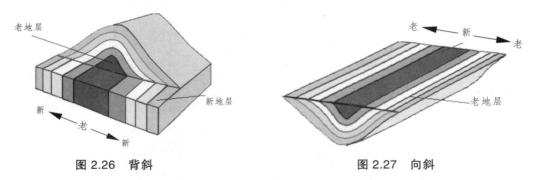

图 2.26　背斜　　　　　　　　　　图 2.27　向斜

2.4.2　褶皱要素

为了正确描述和表示褶皱在空间的形态特征，对褶皱的各个组成部分给予了一定的名称，称为褶皱要素，见图 2.28，褶皱要素主要有：

核部——泛指褶皱弯曲的核心部位岩石。

翼部——泛指褶皱核部两侧的岩层。

轴面——通过褶皱核部，平分褶皱的一个假想面，可以是平面，但多数情况下是一个曲面。

轴线——一般指轴面与水平面或垂直面的交线，代表着褶皱在水平面或垂直面上的延伸方向。根据轴面的情况，轴线可以是直线，也可以是曲线。

枢纽——褶皱中同一层面上最大弯曲点的连线。根据褶皱的起伏形态，枢纽可以是直线，也可以是曲线；可以是水平线，也可以是倾斜线。

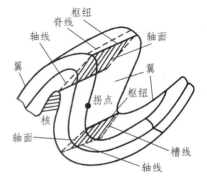

图 2.28　褶皱要素

脊线——背斜横剖面上弯曲的最高点称顶，背斜面中同一岩层面上最高点的连线叫脊线。

槽线——向斜横剖面上弯曲的最低点称槽，向斜面中同一岩层面上最低点的连线叫槽线。

2.4.3　褶皱分类

褶皱的形态多种多样，不同形态的褶皱反映了褶皱形成时不同的力学条件及成因。为了更好地描述褶皱在空间的分布，研究其成因，常以褶皱的形态为基础，对褶皱进行分类。下面介绍几种常见的形态分类。

1. 根据褶皱轴面产状，结合两翼产状特点进行分类（图 2.29）

（1）直立褶皱：轴面近于直立，两翼倾向相反，倾角近于相等。

（2）倾斜褶皱：轴面倾斜，两翼倾向相反，倾角不等。

（3）倒转褶皱：轴面倾斜，两翼向同一方向倾斜，有一翼地层层序倒转。

（4）平卧褶皱：轴面近于水平，一翼地层正常，另一翼地层层序倒转。

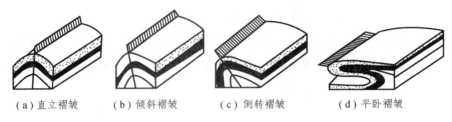

(a) 直立褶皱　　　(b) 倾斜褶皱　　　(c) 倒转褶皱　　　(d) 平卧褶皱

图 2.29　褶皱按轴面产状的分类

2. 根据褶皱枢纽产状进行分类（图 2.30）

（1）水平褶皱：枢纽近于水平，呈直线状延伸较远，两翼岩层界线基本平行，两翼的走向基本平行，见图 2.30（a）、（c）。

（2）倾伏褶皱：枢纽一端倾伏，另一端昂起，两翼岩层界线不平行，在倾伏端交汇成封闭弯曲的曲线。对于背斜，封闭弯曲的尖端指向枢纽的倾伏方向；对于向斜，封闭弯曲的开口指向枢纽的倾伏方向，见图 2.30（b）、（d）。

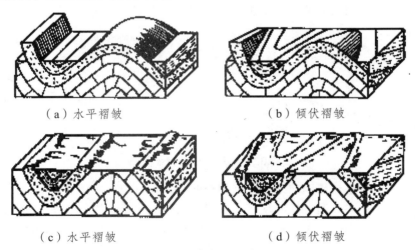

（a）水平褶皱　　　　　　　　　　　　（b）倾伏褶皱

（c）水平褶皱　　　　　　　　　　　　（d）倾伏褶皱

图 2.30　水平褶皱和倾伏褶皱

3. 根据褶皱在平面上的形态分类（按褶皱中同一岩层在平面上的纵向长度和横向宽度之比）

（1）线状褶皱：长宽比超过 10：1 的褶皱，在平面上呈长条状，见图 2.31（a）。

（2）短轴褶皱：长宽比为 3：1～10：1 的褶皱，一般其枢纽两端同时倾伏，两翼岩层界线呈环状封闭，见图 2.31（b）。

（3）穹窿构造：长宽比小于3∶1的背斜构造，见图2.31（b）。

（4）构造盆地：长宽比小于3∶1的向斜构造，见图2.31（b）。

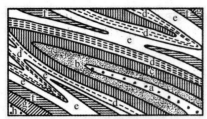 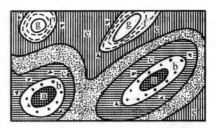

（a）线状褶皱　　　　　　　（b）右侧为短轴褶皱，左侧为穹窿构造和构造盆地

（图中a，b，c，…，h代表地层层序）

图2.31　褶皱在平面上的形态

有时，褶皱构造在空间不是呈单个背斜或单个向斜出现，而是以多个连续的背斜和向斜的组合形态出现，由一系列连续的次一级褶皱组成的一个大背斜或大向斜分别称为复背斜和复向斜。

2.4.4　褶皱构造识别

2.4.4.1　褶皱的野外观察法

在一般情况下，人们容易认为背斜为山，向斜为谷，但实际情况要比这复杂得多。因为有的背斜遭受长期剥蚀，不但可以逐渐地被夷为平地，而且往往由于背斜轴部岩层遭到构造作用的强烈破坏，在一定的外力条件下，甚至可以发展成为谷地。向斜成山、背斜成谷（图2.32）的情况在野外比较常见。因此，不能够完全以地形的起伏情况作为识别褶皱构造的主要标志。褶皱的规模有较小的，也有很大的。小的褶皱可以在小范围内，通过几个出露在地面的基岩露头进行观察。规模大的褶皱，因分布的范围大，并常受地形高低起伏的影响，很难一览无余，也不可能通过少数几个露头就能窥其全貌。对于这样的大型褶皱构造，在野外就需要采用穿越法和追索法进行观察。

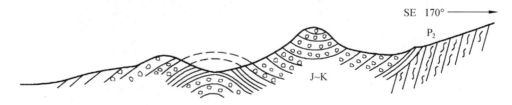

图2.32　向斜成山与背斜成谷

穿越法，就是沿垂直岩层走向方向选定调查路线，进行观察。用穿越法，便于了解岩层的产状、层序及其新老关系。通过横向观察，寻找地层界线、化石等，观察沿途岩层是否呈有规律的对称重复出现，如果有则必为褶皱构造；再根据岩层出露的层序，比较核部与两翼岩层的新老关系，判断是背斜还是向斜；然后进一步分析两翼岩层的产状和两翼与轴面之间的关系，这样就可以判断褶皱的形态类型。

追索法，就是平行岩层走向进行观察的方法。平行岩层走向进行追索观察，便于查明褶皱延伸的方向及其构造变化的情况。当两翼岩层在平面上彼此平行展布时为水平褶皱，如果两翼岩层在转折端闭合或呈"S"形弯曲时，则为倾伏褶皱。一个褶皱的命名，应当同时考虑其横、纵断面上的形态特征。如命名为直立倾伏褶皱。

穿越法和追索法，不仅是野外观察褶皱的主要方法，同时也是野外观察和研究其他地质构造现象的一种基本的方法。在实践中一般以穿越法为主，追索法为辅，根据不同情况，穿插运用。

2.4.4.2　褶皱内部构造的认识

褶皱形成过程中，所有的岩层并不是整体弯曲的，层与层之间有相对的运动，在形成背斜时，大多数情况是新的岩层向上滑动（向核部滑动），老的岩层向下滑动，这种剪切运动是引起褶皱内部一些构造现象的主要原因。

（1）层面擦痕：当一组岩层受力发生弯曲时，相邻的两个岩层面做剪切滑动，于是在相互滑动的层面上留下擦痕。这种层面擦痕的方向是与褶皱轴垂直的（图2.33）。

（2）牵引褶皱及层间劈理：由于上下相邻岩层的相互剪切滑动，形成牵引褶皱和层间劈理。牵引褶皱的轴面、层间劈理面与岩层相交的锐角方向，指向相对岩层的滑动方向（图2.34）。

（3）虚脱：在褶皱的翼部和核部，由于层间滑动而发生层间剥离，形成空隙，是矿液充填的良好场所（图2.35）。

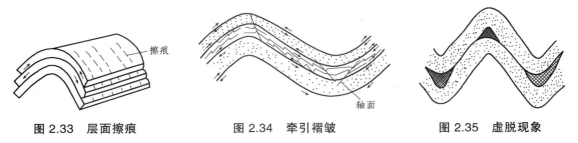

图2.33　层面擦痕　　　　　　图2.34　牵引褶皱　　　　　　图2.35　虚脱现象

（4）轴部岩层的加厚现象：在褶皱时期，软岩层有向转折端产生流动的现象，因而使翼部岩层变薄而顶部岩层加厚。

2.4.4.3　褶皱的形成时代

褶皱的形成时代介于参加褶皱的最新地层时代与上覆未发生褶皱的地层时代之间。

2.4.5　研究褶皱的实用意义

褶皱构造很普遍，无论是对矿产资源、地下水资源的寻找，还是对土木工程、水利工程的建设，查明褶皱的存在及其形态特点均具有重要意义。褶皱对层状矿床有重要的控制作用，许多层状矿体（如煤矿）常保存在向斜盆地之中；而且，根据褶皱两翼对称重复的规律，在褶皱的一侧发现沉积型矿层时，可预测在另一侧也可能有相应的矿层存在；油气藏常储存在背斜的顶部；大规模地下水常常储存在和缓的向斜盆地之中。除此以外，背斜核部的岩层常常较为破碎，如果水库位于此牢固性差且易于漏水，工程建设时必须注意到这一点。

另外在隧道工程中，若隧道位于褶皱构造带，一般情况下，由于褶皱的轴部岩层弯曲、节理发育、地下水常可渗入，易诱发坍方。在向斜岩层轴部修筑隧道，由于两侧岩层向当中挤压和核部向下坠落，一般压力是较大的；在背斜岩层轴部修筑隧道，往往因张节理的发育，是地下水的通道，故应特别注意地下水的问题。在褶皱地段修筑隧道，最好选在翼部或横穿褶皱轴通过较好。在选线中对于千枚岩以及黏土岩等地层的褶皱，应予避开，因为这些岩层石墨化后易形成滑面，引起滑塌。

2.5　断裂构造

在构造运动中，岩石或岩块受地应力作用并超过了其破裂强度以后，岩石或岩块失去连续性而发生断裂，所产生的地质构造称为断裂构造。

根据断裂面两侧岩体产生位移的大小情况，断裂构造分为两大类，一类是没有或只有微小断裂变位的节理；另一类是沿着断裂面有明显的相对位移的断层。断裂构造是地壳上发育最广泛的地质构造。

2.5.1　节　理

节理是指岩石受力断开后，断裂面两侧岩块沿断裂面没有明显的相对位移时的断裂构造，见图 2.34。节理即为岩石中的裂隙，节理在地壳中分布十分广泛，观察证明，几乎没有无节理的情况，仅有一些湿润柔软的沉积物例外。

节理的断裂面称为节理面。节理的延伸范围变化较大，由几厘米到几十米不等。节理面在空间的状态称为节理产状，其定义和测量方法与岩层面产状类似。节理常把岩体分割成形状不同、大小不等的岩块，小块岩石的强度与包含节理的岩体的强度明显不同。岩石边坡失稳和隧道洞顶坍塌往往与节理有关。

2.5.1.1　节理分类

节理的分类主要从两个方面考虑：一是与岩层产状的几何关系，二是其力学性质和成因。

1. 按与岩层产状的关系分类（图 2.36）

（1）走向节理。与所在岩层走向大致平行。

（2）倾向节理。与所在岩层走向大致垂直。

（3）斜交节理。与所在岩层走向斜交。

2. 按力学性质分类（图 2.37）

（1）剪节理。是由剪切面进一步发展而成的，理论上剪节理应成对出现，自然界的实际情况也经常如此，剪节理常形成 X 形的节理，故又称 X 节理，不过两组剪节理的发育程度可以不等。另外，剪节理常与褶皱、断层相伴生。

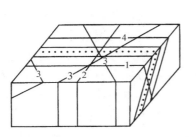

1—走向节理；2—倾向节理；3—斜交节理；4—岩层走向。

图 2.36　节理按与岩层的产状关系的分类

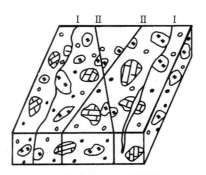

Ⅰ—张节理；Ⅱ—剪节理。

图 2.37　张节理和剪节理

剪节理具有以下主要特征：

① 剪节理产状较稳定，沿走向和倾向延伸较远，但穿过岩性差别显著不同的岩层时，其产

状可能发生改变，反映出岩石性质对剪节理的方位有一定的控制作用；

② 剪节理面平直光滑，这是由于剪节理是剪破岩石而不是拉破岩石的；

③ 剪节理面上常有剪切滑动时留下的擦痕、摩擦镜面，可用来判断两侧岩石相对移动方向，但由于一般剪节理沿节理面相对位移量不大，因此在野外必须仔细观察研究；

④ 剪节理一般发育较密，常密集成群。硬而厚的岩石中的节理间距大于软而薄的岩石；

⑤ 剪节理两壁之间的距离较小，常呈闭合状。后期风化或地下水的溶蚀作用可以扩大剪节理的壁距；

⑥ 剪节理在砾岩中可以切穿砾石；

⑦ 由于剪节理互相交叉切割岩石成碎块体，破坏岩体的完整性，故剪节理面常是易于滑动的软弱面。

（2）张节理。是由于在某个方向的张应力超过了岩石的抗拉强度，因而在垂直于张应力方向上产生的割裂式的破裂面。当岩石受挤压时，初期是在岩层面上沿先发生的剪节理追踪发育形成锯齿状张节理。在褶皱岩层中，多在弯曲顶部产生与褶皱轴走向一致的张节理。

张节理的特点：

① 张节理产状不稳定，而且往往延伸不远即行消失；

② 张节理面粗糙不平，呈颗粒状或锯齿状的裂面；

③ 张节理面没有擦痕；

④ 张节理一般发育稀疏，节理间距较大，呈开口状或楔形，往往是渗漏的良好通道；

⑤ 张节理常被其他物质充填；

⑥ 张节理在砾岩中绕过砾石而不会切穿。

剪节理和张节理是地质构造应力作用形成的主要节理类型，故又称为构造节理，在地壳岩体中广泛分布，对岩体的稳定性影响很大。

3. 按节理成因分类

（1）原生节理。

原生节理是指岩石成岩过程中自身形成的节理，如玄武岩的柱状节理就是在玄武岩冷凝过程中形成的，见图 2.38。

（2）次生节理。

次生节理是指岩石成岩后形成的节理，包括构造节理和非构造节理。

图 2.38　玄武岩柱状节理

① 构造节理。指由构造运动产生的构造应力形成的节理。构造节理分布广泛，延伸长而深，可切穿不同的岩层，常成组出现，可将其中一个方向的一组平行破裂面称为一组节理。同一期构造应力形成的各组节理有成因上的联系，并按一定规律组合，见图 2.39。不同时期的节理对应错开，见图 2.40。

② 非构造节理。除构造节理外的其他次生节理统称为非构造节理。如风化节理，它是由风化作用造成的，多分布在岩层的裸露部位和接近地表处，向下延伸的范围不大，无方向性。

图 2.39　两组共轭剪节理

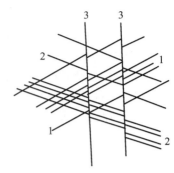

（图中数字代表节理形成的前后顺序）

图 2.40　不同时期的节理对应错开

4. 按节理与褶皱轴的关系分类（图 2.41）

（1）纵节理。节理走向与褶皱轴向平行。

（2）横节理。节理走向与褶皱轴向直交。

（3）斜节理。节理走向与褶皱轴向斜交。

5. 按张开程度分类

（1）宽张节理。节理缝宽度大于 5 mm。

（2）张开节理。节理缝宽度为 3～5 mm。

（3）微张节理。节理缝宽度为 1～3 mm。

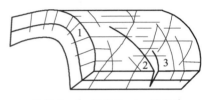

1—纵节理；2—斜节理；3—横节理。

图 2.41　节理与褶皱轴的关系的分类

（4）闭合节理。节理缝宽度小于 1 mm，通常也称之为密闭节理。

2.5.1.2　节理发育程度分级

可以按节理组数、密度、长度、张开度及充填情况，将节理发育情况分级，见表 2.2。

表 2.2　节理发育程度分级

发育程度分级	基本特征
节理不发育	节理 1～2 组，规则，为构造型，间距在 1 m 以上，多为密闭节理，岩体切割成大块状
节理较发育	节理 2～3 组，呈 X 形，较规则，以构造型为主，多数间距大于 0.4 m，多为密闭节理，部分为张开节理，少有充填物。岩体切割成大块状
节理发育	节理 3 组以上，不规则，呈 X 形或米字形，以构造型或风化型为主，多数间距小于 0.4 m，大部分为张开节理，部分有充填物。岩体切割成块石状
节理很发育	节理 3 组以上，杂乱，以风化和构造型为主，多数间距小于 0.2 m，以张开节理为主，有个别宽张节理，一般均有充填物。岩体切割成碎裂状

2.5.1.3　节理调查研究的内容与方法

节理是广泛发育的一种地质构造，对其进行调查，应包括以下内容：

（1）节理的成因类型、力学性质。

（2）节理的组数、密度和产状；节理的密度一般采用线密度或体积节理数表示。线密度以"条/m"为单位计算。体积节理数（J_v）用单位体积内的节理数表示。

（3）节理的张开度、长度和节理面壁的粗糙度。

（4）节理的充填物质及厚度、含水情况。

（5）节理发育程度分级。

此外，对节理十分发育的岩体，在野外岩体露头上可以观察到几十条以至几百条节理。它们的产状多变，为了确定它们的主导方向，必须对每个露头上的节理产状逐条进行测量统计，编制该地区节理玫瑰花图、极点图或等密度图，在图上确定节理的密集程度及主导方向，见图 2.42 和图 2.43。

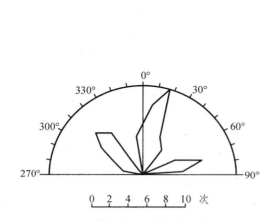

图 2.42　节理走向统计玫瑰花图

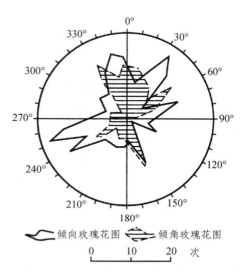

图 2.43　节理倾向、倾角玫瑰花图

观测研究节理时，首先应注意节理的性质、矿化现象、先后次序、空间的相互关系和形成的时代；其次是原地岩石性质、产状和所处的构造部位。

2.5.1.4　节理的工程地质评价

岩石中的节理，在工程上除有利于开采外，对岩体的强度和稳定性均有不利影响。因此，研究节理对分析工程建筑物的稳定性有着重要的意义。概括起来，节理对工程的影响主要表现在：

（1）节理的存在增强了岩体的透水性，成为地下水的通道，加速了岩石的溶解破坏，尤其在可溶盐地区易形成溶洞，发育成为地下暗河。

（2）节理就是岩石中的裂隙，它切割岩石，破坏了岩石的整体性，加速了风化作用和冻胀作用，影响到边坡的稳定程度。

（3）节理会降低爆破作业的效率。薄层状结构或中厚层状结构，节理裂隙极为发育的岩体在爆破时易引起掉块或塌方。

（4）节理使岩体力学强度降低，地基的承载力下降。

所以，当节理有可能成为影响工程设计的重要因素时，应当进行深入的调查研究，详细论证节理对岩体工程建筑条件的影响，采取相应措施，以保证建筑物的稳定和正常使用。

2.5.2　断　层

断层是指岩体在构造应力作用下发生断裂，沿断裂面两侧的岩体发生明显的相对位移的断裂构造。断层发育广泛，规模相差很大。大的断层延伸几百千米甚至上千千米，小的断层在手标本上就能见到。断层是一种重要的地质构造，对工程建筑的稳定性起着重要作用。地震常与活动性断层有关，隧道中大多数的坍方、涌水均与断层有关。

2.5.2.1 断层的几何要素

为研究阐明断层的空间分布状态和断层两侧岩块的运动特征，将断层各组成部分赋予了一定的名称，称为断层要素，见图 2.44。

1. 断层面

断层中两侧岩块沿其运动的破裂面称为断层面。断层面的产状可以用走向、倾向及倾角来表示。有时断层两侧的运动并非沿一个面发生，而是沿着有一定宽度的破裂带发生，这个带称为断层破碎带或断层带。断裂带内还夹杂有压碎的岩块、碎屑和断层泥等。断层面附近岩石节理发育，有的岩层还会产生牵引弯曲。断层带的宽度可由几厘米、几米至几百米不等。断层规模越大，断裂带也越宽。

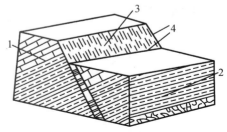

1—下盘；2—上盘；3—断层面；4—断层线。

图 2.44　断层要素

2. 断层线

断层面与地面的交线，也就是相应的露头线，称为断层线。断层线表示断层的延伸方向，分布规律与岩层露头线相同。

3. 断　盘

断层面两侧相对移动的岩体叫作断盘。

当断层面倾斜时，位于断层面上方的叫上盘，位于下方的叫下盘。当断层面直立时，断层面两侧的岩体可分为左盘和右盘。

按两盘相对运动方向分，相对上升的一盘叫上升盘，相对下降的一盘叫下降盘。

4. 断　距

断距指岩体中同一点被断层断开后的位移量，也叫总断距或真断距。总断距的水平分量叫水平断距，垂直分量叫垂直断距。

2.5.2.2 断层的分类

1. 根据断层两盘岩块相对移动的方向分类

（1）正断层。上盘相对下降或下盘相对上升的断层，见图 2.45。正断层一般受地壳水平拉张力作用或受重力作用而形成，断层面多陡直，倾角大多在 45° 以上。

（2）逆断层。上盘相对上升或下盘相对下降的断层，见图 2.46。逆断层主要受地壳水平挤压应力形成，常与褶皱伴生。按照断层面的倾角又可将逆断层分为：

图 2.45　正断层

图 2.46　逆断层

① 冲断层。断层面倾角大于 45°。

② 逆掩断层。断层面倾角在 25°~45° 之间。

③ 辗掩断层。断层面倾角小于 25°。

辗掩断层一般规模巨大，常将时代较老的地层推覆到时代较新的地层之上，形成推覆构造。逆冲推覆构造发育地区如遭受强烈侵蚀切割，将部分外来岩块剥蚀掉而露出下伏原地岩块，它表现为在一片外来岩块中露出一小片由断层圈闭的原地岩块，常常是较老地层中出现一小片由断层圈闭的较年轻地层，这种现象称为构造窗。如果剥蚀强烈，外来岩块被大片剥蚀，只残留小片孤零零的外来岩体，称为飞来峰，见图 2.47。飞来峰表现为原地岩块中残留一小片由断层圈闭的外来岩块，常常是较年轻的地层中残留一小片由断层圈闭的较老地层。飞来峰常常成为陡立的山峰。

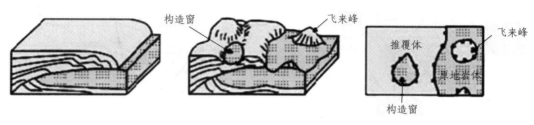

图 2.47　构造窗与飞来峰的形成

（3）平移断层。两盘沿断层走向相对移动的断层。

平移断层主要由地壳水平剪切作用形成，断层面常陡立，可见水平的擦痕。平移断层按对盘运动方向的不同可分为左行平移断层和右行平移断层。观察者位于断层一侧，对侧向左滑动者称为左行平移断层，见图 2.48（a）；对侧向右滑动者称为右行平移断层，见图 2.48（b）。

在实际情况中，断层两盘相对移动有时并非单一的沿断层面作上、下或水平移动，而是沿断层面作斜向滑动，需将正断层、逆断层和平移断层结合起来命名。如正-平移断层，表示上盘既有相对向下移动，又有水平方向相对移动，即斜向下移动，但以平移为主。而平移-正断层的上盘相对斜向下运动，但是以向下移动为主。

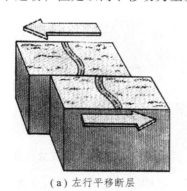

（a）左行平移断层　　　　　　　　（b）右行平移断层

图 2.48　平移断层及其分类

2. 按断层面产状与岩层产状的关系分类

（1）走向断层。断层走向与岩层走向一致的断层，见图 2.49 中的 F_1 断层。

（2）倾向断层。断层走向与岩层倾向一致的断层，见图 2.49 中的 F_2 断层。

（3）斜向断层。断层走向与岩层走向斜交的断层，见图 2.49 中的 F_3 断层。

3. **按断层面走向与褶皱轴走向的关系分类**

（1）纵断层。断层走向与褶皱轴走向平行的断层，见图 2.50 中的 F_1 断层。

（2）横断层。断层走向与褶皱轴走向垂直的断层，见图 2.50 中的 F_2 断层。

（3）斜断层。断层走向与褶皱轴走向斜交的断层，见图 2.50 中的 F_3 断层。

4. **按形成断层的力学性质分类**

（1）压性断层。由压应力作用形成，其走向垂直于主压应力方向，多呈逆断层形式，断层面为舒缓波状，断裂带宽大，常有角砾岩。

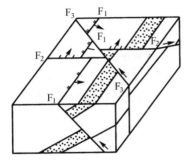

F_1—走向断层；F_2—倾向断层；F_3—斜向断层。

图 2.49　断层按与岩层产状的关系分类

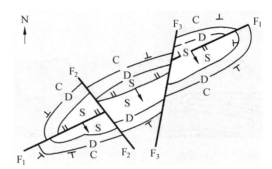

F_1—纵断层；F_2—横断层；F_3—斜断层。

图 2.50　断层按与褶皱轴走向的关系分类

（2）张性断层。在张应力作用下形成，其走向垂直于张应力方向，常为正断层形式，断层面粗糙，多呈锯齿状。

（3）扭性断层。在剪应力作用下形成，与主压应力方向交角小于 45°，常成对出现。断层面平直光滑，常有大量擦痕。

5. **断层的组合类型**

（1）阶梯状断层。正断层可以单独出露，也可以呈多个连续组合形式出露。若干条产状大致相同的正断层平行排列，在剖面上各个断层的上盘呈阶梯状向同一方向依次下降，这样一些断层的组合类型称阶梯状断层，见图 2.51。

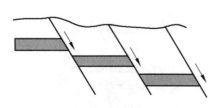

图 2.51　阶梯状断层

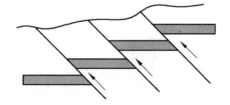

图 2.52　叠瓦式构造

（2）地堑和地垒。两组走向大致平行的正断层，其中间地层为共同的下降盘，两边地层相对上升的断层组合形式，称为地堑，见图 2.53（a）。如山西的汾河、渭河河谷就是地堑；国外有著名的东非地堑。两组走向大致平行的正断层具有共同的上升盘，两边岩块相对下降的断层组合形式，称为地垒，见图 2.53（b）。如江西的庐山。

（3）叠瓦式构造。由一系列平行的逆断层排列组成，从剖面上看，各断层的上盘依次上冲，形似屋顶瓦片样依次叠覆，叫作叠瓦式构造，见图 2.52。

2.5.2.3　断层的鉴别

确定一个地区是否有断层存在是野外地质工作的主要内容之一。在野外鉴别断层时应首先通过野外观察，寻找断层存在的各种标志，判断有无断层，然后再确定断层面的产状及两盘岩层的相对运动方向，最后确定断层类型。

断层可以用各种方法来识别，如果断层出露在悬崖、路堑等露头良好的地方可以直接观测到，但在自然界大部分断层由于后期遭受剥蚀破坏和覆盖，在地表上暴露得不清楚，因此需运用断层的间接标志来确定。总之，由于断

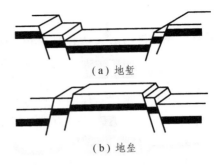

图 2.53　地堑和地垒

层的存在可以在构造上、地层上、地形地貌上、水文地质及其他地质现象等方面造成一系列的标志，借此可用来判断断层的存在与否并确定断层的类型。

1. 构造上的标志

任何线状或面状的地质体，如地层、岩脉、岩体、变质岩的相带、不整合面、侵入体与围岩的接触界面、褶皱轴线、早期断层的断层线等在平面或剖面上的突然中断、错开等构造的不连续现象是判断断层存在的一个重要标志，见图 2.49。

2. 地层上的标志

一套顺序排列的地层，由于走向断层的影响，常造成部分地层的重复或缺失现象。即断层使地层发生错动，经剥蚀夷平作用使两盘地层处于同一水平面时，会使原来顺序排列的地层出现部分重复或缺失，见表 2.3 和图 2.54。

表 2.3　走向断层造成的地层重复和缺失

断层性质	断层倾斜与地层倾斜的关系		
	两者倾向相反	两者倾向相同	
		断层倾角大于岩层倾角	断层倾角小于岩层倾角
正断层 逆断层	重复（a） 缺失（d）	缺失（b） 重复（e）	重复（c） 缺失（f）
断层两盘相对动向	下降盘出现新地层	下降盘出现新地层	上升盘出现新地层

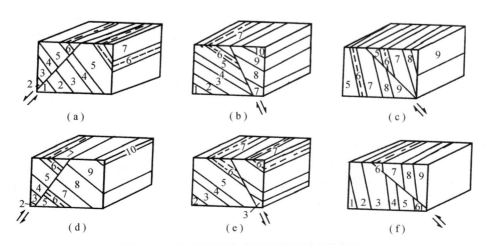

图 2.54　走向断层造成的地层的重复和缺失

值得注意的是地层的重复和缺失也可能由其他原因造成，但在表现形式上，不同成因造成的地层的重复与缺失是有区别的。如褶皱、断层都能造成地层的重复，但褶皱造成的地层重复是对称式的，而断层造成的地层重复是顺次式的；不整合接触与断层都能造成地层的缺失，但不整合接触往往是同一时代的新地层与不同时代的老地层接触，其造成的缺失有区域性特征，而断层往往是不同时代的地层与不同时代的地层接触，其造成的地层缺失仅限于断层两侧。在实际观察时要注意区别，以防混淆。

3. 断层的伴生现象

断层形成时，由于断层面两侧岩块的相互滑动和摩擦，在断层面（带）上及其附近常会形成一些构造伴生现象，如断层面上的擦痕、摩擦镜面、滑动槽子、岩层的牵引弯曲等，也可用来帮助判断断层的存在与否。

（1）擦痕、阶步和摩擦镜面。断层面上出现平行且均匀细密排列的沟纹称为擦痕。通常一端粗而深，另一端相对地细而浅一些，见图 2.55。阶步是指断层面上与擦痕垂直的微小陡坎，是顺擦痕方向局部阻力的差异或因间歇性运动的顿挫而形成的，见图 2.56。断层面上表现为平滑而光亮的表面称为摩擦镜面，其上常覆有几毫米厚的铁质、碳质或钙质薄膜，其成分与两盘岩石有关。

图 2.55 擦痕与阶步

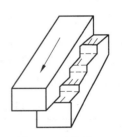

图 2.56 阶步

必须指出，擦痕和阶步等不仅在断层面上有，一些剪切面、岩层之间的滑动面上也会留下擦痕、阶步。因此，在野外观察时，不能单凭擦痕就肯定是断层，还需有断层的其他证据，才能确定。

（2）构造岩。因地应力沿断层面集中释放，常造成断层面处岩体十分破碎，形成一个破碎带，称断层破碎带。断层破碎带的宽度与岩性、断距及断层性质等有关，有的仅几厘米，有的几米至几百米甚至更宽。破碎带中的岩石受断层作用，使原来岩石矿物破碎、变形，改变原来的结构、构造，或形成新矿物成为构造岩。构造岩中碎块颗粒直径大于 2 mm 时叫断层角砾岩；当碎块颗粒直径为 0.01 ~ 2 mm 时叫碎裂岩；当碎块颗粒直径更小时叫糜棱岩；当颗粒被研磨成泥状且单个颗粒不易分辨而又未固结时叫断层泥。构造岩的存在是断层存在的标志之一。

（3）牵引现象。牵引现象是断层两盘相对运动时，断层面附近岩层受断层面摩擦力的拖曳而发生弧形弯曲的现象，见图 2.57。它多形成于页岩、片岩等柔性岩层和薄层岩层中。牵引褶皱弧形弯曲突出的方向一般指示本盘的相对运动方向，见图 2.58。

4. 地貌、水文地质及植被上的标志

（1）断层崖和断层三角面。在断层两盘的相对运动中，当断层的断距较大时，上升盘常常形成陡崖，称为断层崖。如峨眉山金顶舍身崖、昆明滇池西山龙门陡崖。当断层崖受到与崖面垂直方向的地表流水侵蚀切割，使原崖面形成一排三角形陡壁时，称为断层三角面，见图 2.59。断层破碎带岩石破碎，易于侵蚀下切，可能形成沟谷或峡谷地形。因此，一个又陡又直的悬崖、三角面的峡谷的存在，可能是断层存在的标志。

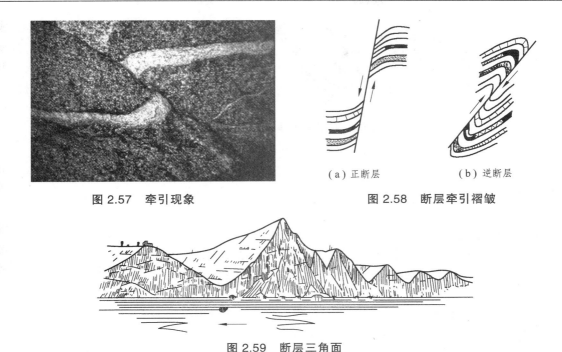

图 2.57 牵引现象

（a）正断层　　　（b）逆断层

图 2.58 断层牵引褶皱

图 2.59 断层三角面

（2）断层湖、断层泉。沿断层带常形成一些串珠状分布的断陷盆地、洼地、湖泊、泉水等，因此泉水、温泉呈线状出露的地方，要注意观察是否有断层存在。如西藏念青唐古拉山南麓从黑河到当雄一带散布着一串高温温泉，也是现代活动断层直接控制的结果。串珠状的湖泊或洼地，也常表明有大断层带存在，并可指示断层延伸方向。

（3）错断的山脊、急转的河流。正常延伸的山脊突然被错断，或山脊突然断陷成盆地、平原，正常流经的河流突然产生急转弯，一些顺直深切的河谷，均可指示断层延伸的方向。

（4）植物也可作为参考，有时沿断层两侧因岩性不同，而生长截然不同的植物群落，有时则在断层带上生长着特殊的植物。

判断一条断层是否存在，主要是依据地层的重复、缺失和构造不连续这两个标志。其他标志只能作为辅证，不能依此下定论。

2.5.2.4 断层运动方向的判别

判断断层性质，首先要确定断层面的产状，从而确定出断层的上、下盘，再确定上、下盘的运动方向，进而确定断层的性质。断层上、下盘运动方向，可由以下几点判别：

1. 根据两盘地层的新老关系

断层两盘地层的新老关系是判断断层相对升降的重要依据。对于走向断层，老岩层出露盘常为上升盘［图 2.54（a）、（b）、（d）、（e）］。但应注意，如果地层倒转，或断层倾角小于岩层倾角时，则老岩层出露盘是下降盘［图 2.54（c）、（f）］。如果两盘中地形变形复杂，为一套强烈压紧的褶皱，那么就不能简单地根据两盘直接接触的地层新老而判定其相对运动。

2. 褶皱核部地层宽度的变化

当断层面切割褶皱轴时，在断层上、下盘同一地层出露界线的宽窄常发生变化。在平面图上，背斜上升盘核部地层变宽，向斜上升盘核部地层变窄，见图 2.60。平移断层两盘核部岩层的宽度不发生变化，在断层线两侧仅表现为褶皱轴线及岩层错开。

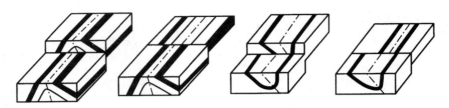

图 2.60　褶皱被横断层错断引起的效应

3. 根据牵引构造

断层两盘紧邻断层的岩层，常常发生明显的弧形弯曲，这种弯曲叫作牵引褶皱。一般认为这是两盘相对错动对岩层拖曳的结果，并且褶皱的弧形弯曲的突出方向指示本盘的运动方向，见图 2.57。

4. 根据标志层的错动

断层的存在使结构面在平面上或剖面上产生不连续现象，见图 2.49。因此在剖面图上，断层面两侧同一结构面位置的不同可以指示断层两盘的相对运动方向。

5. 断层角砾岩

断层角砾岩是由保持原岩特点的岩石碎块组成的。角砾胶结物为磨碎的岩屑、岩粉以及岩石压溶物质和外源物质。断层角砾岩中的角砾的棱角常被磨蚀，所以角砾多成透镜状、椭圆状。角砾常具有定向排列，胶结物有时也显示定向排列的特点。这些角砾变形的结构面与断层所夹锐角指示对盘的运动方向，见图 2.61。

图 2.61　断层角砾岩指示两盘的运动方向

6. 擦痕和阶步

擦痕的方向指示了断层两盘相对滑动的方向。一般情况下，顺擦痕方向抚摸，感到光滑的方向即擦痕由粗而深的一端至细而浅的另一端所指示的方向，即为对盘岩块的滑动方向，见图 2.55、图 2.56。

以上介绍了判断断层两盘相对运动的各种标志。最后需要指出的是，断层运动是复杂多变的，常常是多期多次的，先期活动留下的各种现象，常被后期活动所磨失、破坏、叠加和改造，最后留下的只是改造变动过的或最后一次活动的遗迹。因此，利用上述标志时，要进行统计分析并互相印证。

2.5.2.5　确定断层的形成时期

确定断层形成的先后，特别是确定最新断层的形成时代，对判断地壳的稳定性有重要意义。确定断层形成时期的方法有：

1. 利用不整合接触关系

若断层切割了一套较老地层，并被一套较新地层以区域性角度不整合所覆盖，则说明该断层形成于角度不整合下伏较老地层中的最新地层之后，上覆较新地层的最老地层之前。如图 2.66 中断层切割的最新地层为二叠系的地层，不整合覆盖在断层之上的为侏罗系地层，故该断层发生的时代是在二叠纪与侏罗纪之间。

2. 利用断层与地层、岩体及其他地质体的切割关系

如果断层切割地层、岩体及其他地质体，则断层活动是在相应的地质体形成之后；如果岩体、岩脉或矿脉充填于断层中，则断层活动时期相当于或早于岩体的形成时期。

2.5.2.6 研究断层的工程意义

断层的存在，从总体上说，破坏了岩体的完整性，断层面或破碎带的强度远低于岩体其他部位的抗剪强度。因此，断层一般从以下几个方面对工程建筑产生影响。

（1）断层降低了岩体的强度及稳定性。断层破碎带力学强度低，压缩性增大，会发生较大沉陷，易造成建筑物断裂或倾斜。断裂面是极不稳定的滑移面，对岩质边坡的稳定性及桥墩的稳定性常有重要影响。

（2）在地下工程施工中，断层的存在极易引起坍塌甚至冒顶、支撑受压折断、坑道变形、衬砌严重开裂、渗漏水等。断层陡坡或悬崖多处于不稳定状态，容易发生崩塌等。

（3）断裂破碎带不仅岩体破碎，常夹有许多断层泥，而且断层上、下盘的岩性也可能不同，如果在此处进行工程建筑，有可能产生不均匀沉降。因此应尽量避免将工程建筑物直接放在断层上或断层破碎带附近。

（4）断层可增大岩石的透水性和含水性，断裂构造破碎带常为地下水的良好通道，断层的交叉处常是地下水出露的地段。施工中，若遇到断层带时可能会发生涌水问题。

（5）构造断裂带在新的地壳运动影响下，可能发生新的移动。如我国营口—郯城—庐江大断裂带，是我国东部历史最长而现今仍在活动的大断层。

当工程通过断层地带时，应注意以下几点：

① 在勘测设计阶段，必须认真进行断层的野外调查、测绘和勘探工作，掌握其性质、规模、活动性等问题。

② 断层带的地质条件很差，必须做好相应的预防措施，以防断层可能对施工造成的危害。

③ 工程建筑物的位置应尽量避开断层，特别是较大的断层带，必须避开活动断层和与线路平行的、交角小的断层。如果工程一定要通过断层，最好是尽量垂直断层的走向通过。

2.6 地质图

通过对已有地质图的分析和阅读，可帮助具体了解一个地区的地质情况。这对确定工程建筑物的布局，确定野外工程地质工作的重点等，都可以提供很好的帮助。因此，学会分析和阅读地质图，是十分必要的。

地质图是指将一个地区内的地质要素按一定比例缩小，垂直投影在地形平面图上，以一定的符号、代号、颜色、花纹等表示它们的分布情况的图件，统称为地质图。一幅完整的地质图，包括平面图、剖面图和综合柱状图，并标明图名、比例尺、图例和接图等。平面图反映地表相应位置分布的地质现象，它一般是通过野外地质勘测工作，直接填绘到地形图上编制出来的。剖面图反映某地地表以下的地质特征，它可以通过野外测绘或勘探工作编制，也可以在室内根据地质平面图来编制。综合地层柱状图反映测区内所有出露地层的顺序、厚度、岩性和接触关系等。

2.6.1 地质图的主要类型

按编制图件的目的和所反映的内容，地质图主要有以下几种类型：

1. 普通地质图

主要表示地区的地层分布、岩性和地质构造等基本地质内容的图件。一幅完整的普通地质图包括地质平面图、地质剖面图和综合柱状图。普通地质图通常简称为地质图。

2. 构造地质图

用线条和符号，专门反映褶皱、断层等地质构造的图件。

3. 第四纪地质图

只反映第四纪松散沉积物的成因、年代、成分和分布情况的图件。

4. 基岩地质图

假想把第四纪松散沉积物"剥掉"，只反映第四纪以前基岩的时代、岩性和分布的图件。

5. 水文地质图

反映地区水文地质资料的图件。可分为岩层含水性图、地下水化学成分图、潜水等水位线图、综合水文地质图等类型。

6. 工程地质图

工程地质图是各种工程建筑专用的地质图。如房屋建筑工程地质图，水库坝址工程地质图、矿山工程地质图、铁路工程地质图、公路工程地质图、港口工程地质图、机场工程地质图等。还可根据具体工程项目细分。如铁路工程地质图还可分为线路工程地质图、工点工程地质图。工点工程地质图又可分为桥梁工程地质图、隧道工程地质图、站场工程地质图等，各工程地质图又有自己的平面图、纵剖面图和横剖面图等。

2.6.2　地质图的规格和符号

2.6.2.1　地质图的规格

地质平面图应有图名、图例、比例尺、编制单位和编制日期等。

图例是用各种颜色和符号，说明地质图上所有出露地层的新老顺序、岩石成因和产状及其构造形态。图例通常放在图幅右侧，要求自上而下或自左到右顺次排列，先新地层后老地层，先沉积岩后岩浆岩，最后排地质构造符号和地形地物符号。比例尺的大小反映地质图的精度，比例尺越大，图的精度越高，对地质条件的反映越详细，越精确。比例尺的大小是由地质条件的复杂程度和建筑工程的类型、规模及设计阶段决定的。

2.6.2.2　地质图的符号

地质图是根据野外地质勘测资料在地形图上填绘编制而成的。它除了应用地形图的轮廓和等高线外，还需要用各种地质符号来表明地层的岩性、地质年代和地质构造等情况。所以，要分析和阅读地质图，了解地质图所表达的具体内容，就需要了解和认识常用的各种地质符号。

1. 地层年代符号

在小于 1：100 000 的地质图上，沉积地层的年代是采用国际通用的标准色来表示的，在彩色的底子上，再加注地层年代和岩性符号。在每一系中，又用淡色表示新地层，深色表示老地层。岩浆岩的分布一般用不同的颜色加注岩性符号表示。在大比例尺的地质图上，多用单色线条或岩石花纹符号再加注地质年代符号的方法表示。当基岩被第四纪松散沉积层覆盖时，在大比例的地质图上，一般根据沉积层的成因类型，用第四纪沉积成因分类符号表示。

2. 岩石符号

岩石符号是用来表示岩浆岩、沉积岩和变质岩的符号，由反映岩石成因特征的花纹及点线组成。在地质图上，这些符号画在什么地方，表示这些岩石分布到什么地方。

3. 地质构造符号

地质构造符号，是用来说明地质构造的。组成地壳的岩层，经构造运动形成各种地质构造，这就不仅要用岩层产状符号表明岩层变动后的空间形态，而且要用褶皱轴、断层线、不整合面等符号说明这些构造的具体位置和空间分布情况。

2.6.3 各地质因素在地质图上的反映

2.6.3.1 不同产状地层在地质图上的反映

不同产状地层在地质图上的反映见图 2.62。

（1）水平岩层：地形等高线与地质界线平行或重合，呈带状分布；

（2）倾斜岩层：遵从 V 字形法则；

（3）直立岩层：在地质图上表现为一条不受地形影响的直线。

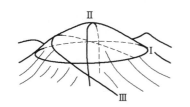 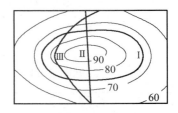

图 2.62　水平岩层（Ⅰ）、直立岩层（Ⅱ）和倾斜岩层（Ⅲ）的露头形态在平面图上的表现

在地质图件上，为了简单醒目地表示岩层面的产状，通常使用符号表示法，各符号的意义为：

——长线代表走向，短线代表倾向，数字是倾角。（长短线必须按实际方位标绘在图上）；

——水平岩层（倾角在 0°～5°之间）；

——直立岩层（箭头指向较新岩层）；

——倒转岩层（箭头指向倒转后的倾向，即指向老岩层，数字是倾角）。

2.6.3.2 地质构造在地质图上的反映

（1）褶皱：一般根据图例符号识别褶皱。若没有图例符号，则需根据岩层的新、老对称分布关系确定。

（2）断层：一般也是根据图例符号识别断层。在地质图上通常用红色的或较粗的线醒目地表示断层，见图 2.63。在断层线上，一般还用符号说明断层的类型和产状。正断层和逆断层符号中，箭头所指为断层面倾向，角度为断层面的倾角，短齿所指方向为上盘运动方向。平移断层符号中箭头所指方向为本盘运动方向。

图 2.63　断层符号

若无图例符号，则根据在断层线两侧可能存在的岩层中断、重复、缺失、宽窄变化或前后错动等现象来判断。

2.6.4 地质图的阅读

2.6.4.1 读图步骤及内容

地质图上内容多，线条、符号复杂，阅读时应遵循由浅入深、循序渐进的原则。一般步骤如下：

1. 图名、比例尺、方位（方位经纬线）

了解图幅的地理位置、图幅类别、制图精度。图上方位一般用箭头指北表示，或用经纬线表示。若图上无方位标志，则以图正上方为正北方。

2. 图　例

图例是地质图中采用的各种符号、代号、花纹、线条及颜色等的说明。通过图例，可对地质图中的地层、岩性、地质构造建立起初步概念。

3. 地形、水系

通过图上地形等高线、河流径流线，了解地区地形起伏情况，建立地貌轮廓。地形起伏常常与岩性、构造有关。

4. 地质内容

（1）地层岩性：了解各年代地层岩性的分布位置和接触关系。

（2）地质构造：了解褶皱及断层的产出位置、组成地层、产状、形态类型、规模和相互关系等。

（3）地质历史：根据地层、岩性、地质构造的特征，分析该地区地质发展历史。

2.6.4.2　读图实例

阅读资治地区地质图，见图 2.64。

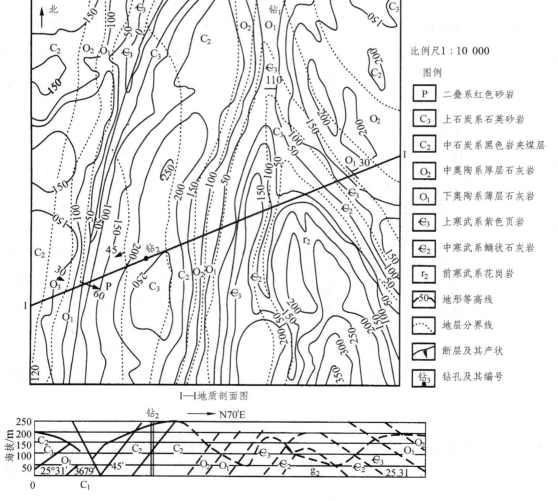

图 2.64　资治地区地质图

1. 图名、比例尺、方位（方位经纬线）

图名：资治地区地质图。

比例尺：1∶10 000。图幅实际范围：1.8 km×2.05 km。

方位：图幅正上方为正北方。

2. 图　例

由图例可见，本区出露的沉积岩由新到老依次为：二叠系（P）红色砂岩、上石炭系（C_3）石英砂岩、中石炭系（C_2）黑色页岩夹煤层、中奥陶系（O_2）厚层石灰岩、下奥陶系（O_1）薄层石灰岩、上寒武系（ϵ_3）紫色页岩、中寒武系（ϵ_2）鲕状灰岩。岩浆岩有前寒武系花岗岩（γ_2）。地质构造方面有断层通过本区。

3. 地形、水系

本区有三条南北向山脉，其中东侧山脉被支沟截断。相对高差 350 m 左右，最高点在图幅东南侧山峰，海拔 350 m。最低点在图幅西北侧山沟，海拔±0 m以下。本区有两条北北东向的山沟，其中东侧山沟上游有一条支沟及其分支沟，从北西方向汇入主沟。西侧山沟断层发育。

4. 地质内容

（1）地层分布和接触关系。

前寒武系花岗岩岩性较好，分布在本区东南侧山头一带。年代较新、岩性坚硬的上石炭系石英砂岩，分布在中部南北向山梁顶部和东北角高处。年代较老、岩性较弱的上寒武系紫色页岩，则分布在山沟底部。其余地层均位于山坡上。

从接触关系上看，花岗岩没有切割沉积岩的界线，且花岗岩形成年代老于沉积岩，其接触关系为沉积接触。中寒武系、上寒武系、下奥陶系、中奥陶系沉积时间连续，地层界线彼此平行，岩层产状彼此平行，是整合接触。中奥陶系与中石炭系之间缺失了上奥陶系至下石灰系的地层，沉积时间不连续，但地层界线平行、岩层产状平行，是平行不整合接触。中石炭系至二叠系又为整合接触关系。本区最老地层为前寒武系花岗岩，最新地层为二叠系红色石英砂岩。

（2）地质构造。

褶皱构造：由图 2.64 可见，图中以前寒武系花岗岩为中心，两边对称出现中寒武系至二叠系地层，其年代依次越来越新，故为一背斜构造。背斜轴线从南到北由北北西转向正北。顺轴线方向观察，地层界线封闭弯曲，沿弯曲方向凸出，所以这是一个轴线近南北，并向北倾伏的背斜，此倾伏背斜两翼岩层倾向相反，倾角不等，东侧和东北侧岩层倾角较缓（30°），西侧岩层倾角较陡（45°），故为一倾斜倾伏背斜。轴面倾向北东东。

断层构造：本区西部有一条北北东向断层，断层走向与褶皱轴线及岩层界线大致平行，属纵向断层。此断层的断层面倾向东，故东侧为上盘、西侧为下盘。比较断层线两侧的地层，东侧地层新，为下降盘；西侧地层老，为上升盘。因此该断层上盘下降，下盘上升，为正断层。从断层切割的地层界线看，断层生成年代应在二叠系后。由于断层两盘位移较大，说明断层规模大。断层带岩层破碎，沿断层形成沟谷。

（3）地质历史简述。

根据以上读图分析，说明本地区在中寒武系至中奥陶系之间，地壳下降，为接受沉积环境，沉积物基底为前寒武系花岗岩。上奥陶系至下石炭系之间，地壳上升，长期遭受风化剥蚀，没有沉积，缺失大量地层。中石炭系至二叠系之间地壳再次下降，接受沉积。这两次地壳升降运动并没有造成强烈褶皱及断层。二叠系以后至今，地壳再次上升，长期遭受风化剥蚀，没有沉积。并且二叠系后先遭受东西向挤压力，形成倾斜倾伏背斜，后又遭受东西向拉张应力，形成纵向正断层。此后，本区就趋于相对稳定至今。

2.6.5　地质剖面图制作

地质剖面图是配合平面图，反映一些重要部位的地质条件的图件，它对地层层序和地质构造现象的反映比平面图更清晰、更直观，因此一般地质平面图都附有剖面图。

1. 选剖面线

剖面图主要反映图区内地下构造形态及地层岩性分布。作剖面图前，首先要选定剖面线方向。剖面线应放在对地质构造有控制性的地区，其方向应尽量垂直岩层走向和构造线，这样才能表现出图区内的主要构造形态。选定剖面线后，应标在平面图上。

2. 确定剖面图比例尺

剖面图水平比例尺一般与地质平面图一致，这样便于作图。剖面图垂直比例尺可以与平面图相同，也可以不同。当平面图比例尺较小时，剖面图垂直比例尺常大于平面图比例尺。

3. 作地形剖面图

按确定的比例尺做好水平坐标和垂直坐标。再将剖面线与地形等高线的交点，按水平比例尺铅直投影到水平坐标轴上，然后根据各交点高程，按垂直比例尺将各投影点定位到剖面图相应高程位置，最后圆滑连接各高程点，就形成了地形剖面图。

4. 作地质剖面图

一般按如下步骤进行：

（1）投影地质点。

将剖面线与各地层界线和断层线的交点，按水平比例尺垂直投影到水平轴上，再将各界线投影点铅直定位在地形剖面图的剖面线上。如有覆盖层，下伏基岩的地层界线也应按比例标在地形剖面图上的相应位置。

（2）换算视倾角。

按平面图示产状换算各地层界线和断层线在剖面图上的视倾角。当剖面图垂直比例尺与水平比例尺相同时，按本章 2.3.1 中式（2.2）计算。

当垂直比例尺与水平比例尺不同时，还要按下式再换算。

$$\tan \beta' = n \cdot \tan \beta$$

式中　　β'——垂直比例尺与水平比例尺不同时的视倾角；

　　　　n——垂直比例尺放大倍数。

（3）绘地层界限与断层线，标明原始尺寸。

按视倾角的角度，并综合考虑地质构造形态，延伸地形剖面线上各地层界线和断层线，并在下方标明其原始产状和视倾角。一般先画断层线，后画地层界线。

（4）绘岩性花纹符号。

在各地层分界线内，按各套地层出露的岩性及厚度，根据统一规定的岩性花纹符号，画出各地层的岩性图案。

（5）修饰。

在剖面图上用虚线将断层线延伸，并在延伸线上用箭头标出上、下盘运动方向。遇到褶皱时，用虚线按褶皱形态将各地层界线弯曲连接起来，以恢复褶皱形态。在做出的地质剖面上，还要写上图名、比例尺、剖面方向，绘出图例和图签，即成一幅完整的地质剖面图。在工程地质剖面图上还需画出岩石风化界线、地下水位线、节理产状、钻孔等内容。

2.6.6 地层综合柱状图

地层综合柱状图，是根据地质勘察资料（主要是根据地质平面图和钻孔柱状图资料），把某一地区出露的所有地层、岩性、厚度、接触关系，按地层时代由新到老的顺序综合编制而成的。一般有地层时代及符号、岩性花纹、地层接触类型、地层厚度、岩性描述等，见图 2.65。

地层综合柱状图和地质剖面图，作为地质平面图的补充和说明，通常编绘在一起构成一幅完整的地质图。

地层单位				代号	层序	柱状图 （1:25 000）	厚度 /m	地质描述及化石	备注
界	系	统	阶						
新生界	第四系			Q	7	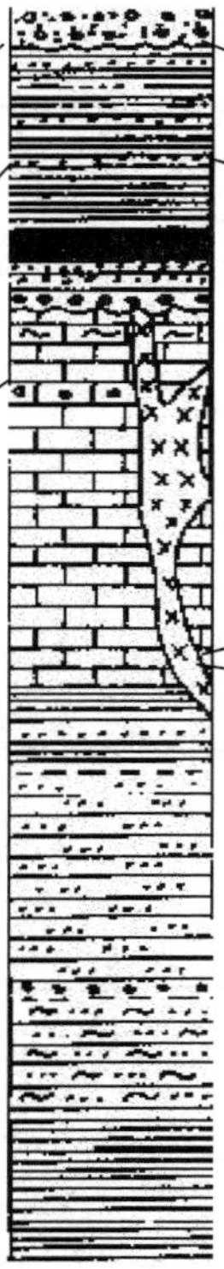	0～30	松散沉积岩 ———— 角度不整合 ————	
中生界	白垩系			K	6		111	砖红色粉砂岩、细砂岩，钙质和泥质胶结，较疏松 ———— 整合 ————	
	侏罗系			J	5		370	浅黄色页岩夹砂岩，底部有一层砾岩，靠下部有一层厚达 50 m 的煤层 ———— 角度不整合 ————	
	三叠系	中下统		T$_{1-2}$	4		400	浅灰色质纯石灰岩，夹有泥灰岩及鲕状灰岩 ———— 整合 ————	
古生界	二叠系			P	3		520	黑色含燧石结核石灰岩，底部有页岩、砂岩夹岩，有珊瑚化石 顺张性断裂辉绿岩呈岩墙侵入，围岩中石灰岩有大理岩化现象 ———— 平行不整合 ————	
	泥盆系	上统		D$_3$	2		400	底砾岩厚度 2 m 左右，上部为灰白色、致密坚硬石英岩，有古鳞木化石 ———— 平行不整合 ————	
	志留系			S	1		450	下部为黄绿色及紫红色页岩，可见笔石类化石。上部为长石砂岩，有王冠虫化石	
审查				校核			制图	描图 日期 图号	

图 2.65 地层综合柱状图

思 考 题

1. 什么是地壳运动？地壳运动的基本形式有哪些？
2. 什么是地质构造？常见的地质构造包括哪几种类型？
3. 什么是岩层？岩层的产状三要素是什么？并绘图表示。
4. 论述地层的接触关系。

5. 什么是褶皱构造？什么是褶皱？褶皱的基本形式有哪两种？

6. 论述在野外怎样观察褶皱？

7. 褶皱有哪些分类方法？是怎样分类的。

8. 什么是断裂构造？什么是节理、断层？

9. 按力学性质，节理可分为哪两类？其各自的特征是什么？

10. 什么是正断层、逆断层、平移断层？

11. 什么是阶梯状断层、叠瓦式构造？什么是地堑、地垒？

12. 论述节理对工程的影响。

13. 论述野外怎样识别断层。

14. 论述断层对工程的影响。

15. 怎样判断岩层形成的先后顺序？

16. 写出图 2.66 中的地质构造类型及其形成时代，并判断各地层的接触关系。

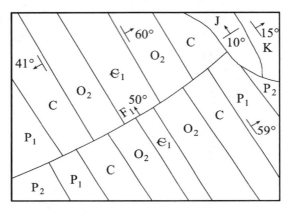

图 2.66　题 16 图

17. 写出图 2.67 中各地层的接触关系，并判断地质构造类型及其形成时代。

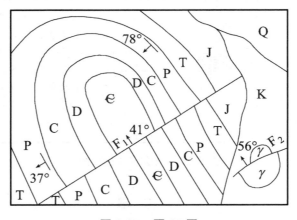

图 2.67　题 17 图

3 土的工程性质

教学重点：常见第四纪松散沉积土的工程性质；土的工程分类；特殊土（包括黄土、软土、膨胀土和冻土）的概念及其工程性质。

教学难点：特殊土（包括黄土、软土、膨胀土和冻土）的工程地质问题。

土是各种矿物颗粒的松散集合体，是尚未固结成岩的松、软堆积物，由各类岩石经风化、搬运、堆积而成的第四纪的松散沉积物。土与岩石的根本区别是土不具有刚性的联结，物理状态多变，力学强度低等。土位于地壳的表层，是人类工程活动的主要地质环境。

由于土在形成过程中的搬运方式、沉积环境各不相同，使得各种不同成因的土颗粒组成差别较大，造成土的工程性质也相距甚远。在工程中处理各类岩土工程问题时，必须知道土的物理力学性质及其变化规律，了解各类土的工程特性，才能有针对性地对不同的土进行相应的工程设计。因此，对土进行科学的分类与定名是十分必要的。

3.1 土的形成

在土木工程中，土是指覆盖在地表上松散的、没有胶结或胶结很弱的颗粒堆积物。在自然界中，土主要是由各类岩石经风化、搬运、堆积而成的。岩石在大气中经受长期的风化作用后，其颗粒大小、成分均发生了变化，然后在一些地质营力作用下经过搬运、沉积作用，最后形成松散堆积物体。由于搬运和堆积的方式不同，又可将土分为残积土和运积土两大类。

3.1.1 残积土

残积土是指母岩表层经淋滤作用破碎成为岩屑或细小颗粒后，未经搬运，仍残留在原地的堆积物。它的特征是颗粒表面粗糙、多棱角、粗细不均、无层理。残积层向上逐渐过渡为土壤层。残积层向下逐渐过渡为弱风化岩石。土壤层、残积层和风化岩层形成完整的风化壳。由其形成过程可知残积层有下述特征：

（1）残积土是位于地表以下、基岩风化带以上的一层松散破碎物质。其破碎程度地表附近最大，越向地下越小，逐渐过渡到基岩风化带。

（2）残积土的物质成分与下伏基岩成分密切相关，因为残积层就是下伏原岩经过风化淋滤之后残留下来的物质。

（3）残积土的厚度与地形、降水量、水中化学成分等多种因素有关。若地形较陡，被破坏的物质容易冲走，残积层就薄；若降水量大，水中 CO_2 多，则化学风化作用强烈，残积层可能较厚。各地残积层厚度相差很大，厚的可达数十米，薄的只有数十厘米，甚至完全没有残积层。

（4）残积土具有较大的孔隙率、较高的含水量，作为建筑物地基，强度较低。特别是当残积层下伏基岩面倾斜、残积层中有水流动或近于被水饱和时，在残积层内开挖边坡，或把建筑物置于残积层之上，均易发生残积层滑动。

3.1.2 运积土

运积土是指风化所形成的土颗粒，经受流水、风、冰川等动力搬运离开原地的堆积物。其特点是颗粒经过滚动和相互摩擦具有一定的浑圆度，即颗粒因摩擦作用而变圆滑。在沉积过程中因受水流等自然力的分选作用而形成颗粒粗细不同的层次，粗颗粒下沉快，细颗粒下沉慢而形成不同粗细的土层。

1. 坡积土

由洗刷作用在坡脚处形成新的沉积层称为坡积层。洗刷作用的强度和规模，在一定的气候条件下与山坡的岩性、风化程度和坡面植物的覆盖程度有关。一般在缺少植被的土质山坡或风化严重的软弱岩质山坡上洗刷作用比较显著。

坡积土是山区道路勘测设计中经常遇到的一种第四纪陆相沉积物，它顺着坡面沿山坡的坡脚或山坡的凹坡呈缓倾斜裙状分布，在地貌上称为坡积裙。

坡积土具有下述特征：

（1）坡积土位于山坡坡脚处，其厚度变化较大，一般是坡脚处最厚，向山坡上部及远离山脚方向均逐渐变薄尖灭（图3.1）。

（2）坡积土多由碎石和黏性土组成，其成分与下伏基岩无关，而与山坡上部基岩成分有关。

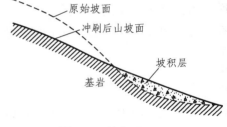

（3）由于从山坡上部到坡脚搬运距离较短，故坡积土层理不明显，碎石棱角分明。

（4）坡积土松散、富水，作为建筑物地基强度很低。坡积层下原有地面越陡、坡积层中含水越多、坡积层物质粒度越小、黏土含量越高，则越容易发生坡积层滑坡。

图3.1 坡积层

2. 洪积土

洪流携带大量的泥砂石块沿沟谷流动，当流到山前平原、山间盆地或沟谷进入河流的谷口时，流速显著降低，携带的大量的泥砂石块沉积下来，形成洪积土。

由山洪急流搬运的碎屑物质组成的洪积层，在沟口一带形成扇形展布的堆积体，在地貌上称为洪积扇（图3.2）。如洪积扇的规模逐年增大，与相邻沟谷的洪积扇互相连接起来，则形成规模更大的洪积裙或冲洪积平原。洪积土有下述特征：

（1）洪积土多位于沟谷进入山前平原、山间盆地、流入河流处。从外貌看洪积层多呈扇形，称洪积扇。扇顶位于较高处的沟谷内，扇缘在陡坡与缓坡交界处成一弧形。

图3.2 洪积扇

（2）洪积土成分较复杂，由沟谷上游汇水区内的岩石种类决定。

（3）有不规则的交错层理、透镜体、尖灭及夹层等。

（4）从断面上看，地表洪积土颗粒较细，向地下越来越粗。也就是说，洪积土初具分选性和层理。同时，由于携带物搬运距离较远，沿途受到摩擦、碰撞，使洪积物具有一定磨圆度。

（5）规模很大的洪积土一般可划分为三个工程地质条件不同的地段：靠近山坡沟口的粗碎屑沉积地段，孔隙大，透水性强，地下水埋藏深，压缩性小，承载力比较高，是良好的天然地基；洪积土外围的细碎屑沉积地段，如果在沉积过程中受到周期性的干燥，黏土颗粒发生凝聚并析出可溶盐分时，则洪积土的结构密实，承载力比较高；在上述两地段之间的过渡带，因为常有地下水溢出，水文地质条件不良，对工程建筑不利。

3. 冲积土

冲积土是指由于江、河水流搬运所形成的沉积物。这些被搬运的物质有的来自山区或平原，有的是江河剥蚀河床及两岸的产物。冲积土分布范围很广，可分为山区河谷冲积土（图3.3）、山前平原冲积土、平原河谷冲积土、三角洲冲积土等类型。冲积土有下述特征：

（1）分布在山谷、河谷和冲积平原上的土都属于冲积土。

（2）冲积土有明显的层理构造。常形成砂层和黏性土层交叠的地层。

（3）冲积土的分选性好。同一时期或同一定地点沉积物颗粒的均匀程度相当。当河流流速减少时，其携带的碎屑物按半径大小或颗粒的比重从大到小、从重到轻，先后沉积下来。因此，在一定的地点或某一时期沉积下来的冲积物粒度较均一，也就具有较好的分选性，从上游到下游逐渐变细。

（4）冲积土中的砂石有很好的磨圆度。这类土由于

图3.3 冲积扇

经过较长距离的搬运，浑圆度和分选性都更为明显。在搬运过程中，颗粒与颗粒之间发生碰撞、摩擦，使其棱角磨圆，搬运距离越远，碎屑物磨圆度越好。

（5）从山区到平原，因河床坡度大致是由陡变平，水的流速由急变缓，故堆积物厚度也由小到大，粒度由粗到细，土的力学性质也逐渐变差。

4. 其他几种运积土

湖泊沼泽沉积土是在极为缓慢水流或静水条件下沉积形成的堆积物。这种土的特征除了含有细微的颗粒外，常伴有由生物化学作用所形成的有机物的存在，成为具有特殊性质的淤泥或淤泥质土，其工程性质一般都较差。

海相沉积土是由河流带来或由海岸遭到波浪破坏而产生的碎屑物质所构成，最粗大的碎屑（漂石，卵石和砾石）堆聚在海岸边上，泥、沙和生物残骸等无机和有机等细粒物质则堆积在离开海岸一定远的地方，其特征是颗粒细，表层土质松软，工程性质较差。

冰积土是由冰川或冰水挟带搬运所形成的沉积物，其特征是颗粒粗细变化较大，土质也不均匀。

风积土是由风力搬运形成的堆积物。其特征是颗粒均匀，往往堆积层很厚而不具层理。我国西北的黄土就是典型的风积土。

堆积下来的土，在很长的地质年代中发生复杂的物理化学变化，逐渐压密、岩化，最终又形成岩石。在自然界中岩石不断风化破碎形成土，而土又不断形成岩石。这一循环永无止境地重复进行着。

3.2 土的工程性质

在天然状态下，土是由固体颗粒、水和空气组成三相体系。当土骨架的孔隙完全被水充满

时称为饱和土；当有一部分被水占据，另一部分被空气占据时称为非饱和土；有时可能完全被空气充满，就称为干土。这三种组成部分本身的性质和它们之间的比例关系和相互作用决定了土的物理力学性质。土的物理性质在一定程度上决定了它的力学性质，其指标在工程计算中常被直接应用。

3.2.1　土的粒组

自然界中土的颗粒大小十分不均匀，性质各异。土的颗粒大小通常以其直径大小表示，简称粒径，单位为 mm；土粒并非理想的球体，通常为椭球状、针片状、棱角状等不规则形状，因此粒径只是一个相对的、近似的概念。随着粒径的变化，土粒的成分和性质也逐渐发生变化。

自然界中土一般都是由大小不等的土粒混合而组成的，也就是不同大小的土颗粒按不同的比例搭配关系构成某一类土，比例搭配（级配）不一样，则土的性质各异。工程上按土颗粒（粒径）大小分组，称为粒组。每个粒组都以土粒直径的两个数值作为其上下限，并给以适当的名称，简言之，粒组就是一定的粒径区段，以毫米表示。工程中常用的粒组界限值是 200 mm、20 mm、2 mm、0.075 mm、0.005 mm，目前我国应用较广的粒组划分方案如表 3.1 所示。

表 3.1　土的粒组划分方案

粒组名称		粒径 d 范围/mm	分析方法	主要特征
漂石（块石）粒		$d > 200$	直接测定	透水性很大，压缩性极小，颗粒间无黏结，无毛细性
卵石（碎石）粒		$60 < d \leqslant 200$	筛分法	
砾粒	粗砾	$20 < d \leqslant 60$		
	细砾	$2 < d \leqslant 20$		
砂粒	粗砂	$0.5 < d \leqslant 2$		透水性大，压缩性小，无黏性，有一定毛细性
	中砂	$0.25 < d \leqslant 0.5$		
	细砂	$0.075 < d \leqslant 0.25$		
粉粒		$0.005 < d \leqslant 0.075$	静水沉降原理	透水性小，压缩性中等，毛细上升高度大，微黏性
黏粒		$d \leqslant 0.005$		透水性极弱，压缩性变化大，具黏性和可塑性

3.2.2　土的基本物理性质

土的三相组成实际上是混合分布的，为了使三相比例关系形象化和阐述方便，将它们分别集中起来画出土的三相示意图，见图 3.4。

1. 土粒密度

土粒密度是指固体颗粒的质量与其体积之比，即单位体积土粒的质量。

$$\rho_s = \frac{m_s}{V_s} \quad （g/cm^3） \tag{3.1}$$

土粒密度大小决定于土粒的矿物成分，与土的孔隙大小和含水多少无关，它的数值一般在 2.60 ~ 2.80 g/cm^3 之间。

 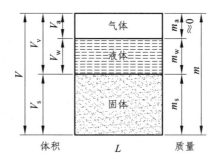

V—土的总体积（cm^3）；m—土的总质量（g）；V_s—土中固体颗粒实体的体积（cm^3）；
m_s—土的固体颗粒质量（g）；V_v—土中孔隙体积（cm^3）；m_w—土中液体的质量（g）；
V_w—土中液体的体积（cm^3）；m_a—土中空气的质量（$m_a = 0$）；
V_a—土中气体的体积（cm^3）。

图 3.4　土的三相示意图

土粒密度是实测指标，可在实验室内直接测定。该指标一方面可以间接地说明土中矿物成分特征，另一方面主要用来计算其他指标。

2. 土的密度与重度

土的密度是指土的总质量与总体积之比，即单位体积土的质量，其单位是 g/cm^3，根据土所处的状态不同，土的密度可分为如下几种情况：

（1）天然密度。

天然状态下单位体积土的质量，称天然密度，即：

$$\rho = \frac{m}{V} = \frac{m_s + m_w}{V_s + V_n} \quad (g/cm^3) \tag{3.2}$$

天然密度的大小取决于矿物成分、孔隙大小和含水情况，综合反映了土的物质组成和结构特征。土越密实，含水量越高，则天然密度就越大，反之就越小。由于自然界土的松密程度与含水量变化较大，故天然密度变化较大，一般值为 $1.6 \sim 2.2\ g/cm^3$，小于土粒密度值，它是一个实测指标。

（2）干密度。

土的孔隙中完全没有水时的密度，称土的干密度，指单位体积干土的质量，即：

$$\rho_d = \frac{m_s}{V} \quad (g/cm^3) \tag{3.3}$$

干密度与土中含水多少无关，只取决于土的矿物成分和孔隙性。对于某一种土来说，矿物成分是固定的，土的密度大小只取决土的孔隙性，所以干密度能说明土的密实程度。其值越大越密实，反之越疏松。干密度可以实测，但一般用其他指标计算求得，土的干密度一般在 $1.4 \sim 1.7\ g/cm^3$ 之间。

（3）饱和密度。

土的孔隙完全被水充满时的密度称为饱和密度，是指土孔隙中全部充满液态水时的单位体积土的质量，即：

$$\rho_{sat} = \frac{m_s + V_v \cdot \rho_w}{V} \quad (g/cm^3) \tag{3.4}$$

式中， ρ_w 为水的密度（ g/cm^3 ），常近似取 1.0 g/cm^3 。

工程实际中，常将土的密度换算成土的重度（ γ ），重度等于密度乘以重力加速度 g ，即：

$$\gamma = \rho \cdot g \quad (kN/m^3) \tag{3.5}$$

式中的重力加速度常近似取 10 m/s^2 ，当 $\rho = 1.0$ g/cm^3 ，则 $\gamma = 10$ kN/m^3 。与天然密度、干密度、饱和密度对应的重度分别称之为天然重度（ γ ）、干重度（ γ_d ）及饱和重度（ γ_{sat} ）。另外，处于地下水位以下的土层，如果土层是透水的，此时土受水的浮力作用，土的实际重量将减小，那么这种处于地水位以下的有效重度常特称为土的浮重度（ γ' ），即：

$$\gamma' = \frac{(m_s - V_s \cdot \rho_w)}{V} \cdot g = \frac{m_s + m_w - V \cdot \rho_w}{V} \quad (kN/m^3) \tag{3.6}$$

浮重度等于土的饱和重度减去水的重度（ γ_w ），即：

$$\gamma' = \gamma_{sat} - \gamma_w \tag{3.7}$$

对于同一种土来讲，土的天然重度、干重度、饱和重度、浮重度在数值上有如下关系：

$$\gamma_{sat} > \gamma > \gamma_d > \gamma'$$

3. 土的含水性

土的含水性指土中含水情况，说明土的干湿程度，有含水量与饱和度两个指标。

（1）含水量。

土中所含水分的质量与固体颗粒质量之比，以百分数表示，又称土的含水率。

$$w = \frac{m_w}{m_s} \times 100\% \tag{3.8}$$

一般所说的含水量指的是天然含水量，土的含水量由于土层所处自然条件（如水的补给、气候、离地下水位的距离等），土层的结构构造（松密程度）以及沉积历史等的不同，其数值相差较大。如近代沉积的三角洲软黏土或湖相黏土，含水量可达 100% 以上，有的甚至高达 200% 以上；而有些密实的第四纪老黏土（ Q_3 以前沉积），孔隙体积较小，即使孔隙中全部充满水，含水量也可能小于 20%。干旱地区，土的含水量可能微不足道或只有百分之几。一般砂类土的含水量都不会超过 40%，以 10% ~ 30% 为常见值，一般黏性土的常见值为 20% ~ 50% 土的孔隙中全被水充满时的含水量，称为饱和含水量 w_{sat} 。

$$w_{sat} = \frac{V_v \cdot \rho_w}{m_s} \times 100\% \tag{3.9}$$

饱和含水量既能反映土孔隙中全部充满水时含水多少，又能反映土的孔隙率大小。

（2）饱和度。

土孔隙中所含水的体积与土中孔隙体积的比值称为土的饱和度，以百分数表示。

$$S_r = \frac{V_w}{V_n} \times 100\% \tag{3.10}$$

饱和度还可用天然含水量与饱和含水量之比表示：

$$S_r = \frac{w}{w_{sat}} \times 100\% \tag{3.11}$$

饱和度可以说明土孔隙中充水的程度，其数值为 0% ~ 100%。干土：$S_r = 0$；饱和土：$S_r = 100\%$。工程实际中，饱和度主要用于评述砂类土的含水状况（或湿度），按饱和度大小常将砂类土划分为如下三种含水状况：

$S_r < 50\%$ 稍湿的

$50\% \leqslant S_r \leqslant 80\%$ 很湿的

$S_r > 80\%$ 饱和的

4. 土的孔隙性

土中孔隙大小、形状、分布特征、连通情况与总体积等，称为土的孔隙性。其主要取决于土的颗粒级配与土粒排列的疏密程度。土的孔隙性指标一般反映的是土中孔隙体积的相对含量，主要有孔隙度和孔隙比两个指标。

（1）孔隙度。

孔隙度又称孔隙率，指土中孔隙总体积与土的总体积之比，用百分数表示。

$$n = \frac{V_v}{V} \times 100\% \tag{3.12}$$

土的孔隙度取决于土的结构状态，砂类土的孔隙度常小于黏性土的孔隙度。土的孔隙度一般为 27% ~ 52%。新沉积的淤泥，孔隙度可达 80%。

（2）孔隙比。

孔隙比指土中孔隙体积与土中固体颗粒总体积的比值，用小数表示。

$$e = \frac{V_v}{V_s} \tag{3.13}$$

土的孔隙比说明土的密实程度，按其大小可对砂土或粉土进行密实度分类。如在《岩土工勘察规范》（GB 50021—2002）中，用天然孔隙比来确定粉土的密实度。$e < 0.75$ 为密实，$0.75 \leqslant e \leqslant 0.9$ 为中密，$e > 0.9$ 为稍密的粉土。工程实际中，除了用孔隙比评价砂类土或粉土的密实程度外，还用于地基沉降量的计算。

孔隙度与孔隙比的关系为：

$$n = \frac{e}{1+e} \text{ 或 } e = \frac{n}{1-n} \tag{3.14}$$

3.2.3 黏性土的稠度与可塑性

黏性土的稠度与可塑性是土粒与水相互作用后所表现出来的物理性质。

黏性土因含水多少而表现出的稀稠软硬程度，称为稠度。因含水多少而呈现出的不同的物理状态称为黏性土的稠度状态。土的稠度状态因含水量的不同，可表现为固态、塑态与流态三种状态。

黏性土的稠度状态的变化是由于土中含水量的变化而引起的，黏性土由一种稠度状态转变为另一种稠度状态，相应于转变点（临界点）的含水量称为稠度界限（界限含水量）。稠度界限中最具实际意义的是由固态转变到流态的界限含水量，称为塑限（w_P），由塑态转变到流态的界限含水量，称为液限（w_L）。

　　土处于何种稠度状态取决于土中的含水量，但是由于不同土的稠度界限是不同的。为判别自然界中黏性土的稠度状态，通常采用液性指数（I_L）进行评价，即：

$$I_L = \frac{w - w_P}{w_L - w_P}$$ (3.15)

　　黏性土中含水量在液限与塑限两个稠度界限之间时，土处于可塑状态，具有可塑性，这是黏性土的独特性能。由于黏性土的可塑性是含水量界于液限与塑限之间表现出来的，故可塑性的强弱可由这两个稠度界限的差值大小来反映，这个差值称为塑性指数 I_P。即：

$$I_P = w_L - w_P$$ (3.16)

　　实际应用中，常将界限含水量的百分符号省去。塑性指数越大，意味着黏性土处于可塑态的含水量变化范围越大，其可塑性就越强。说明土中弱结合水膜（扩散层）厚度越大，土中黏粒含量越多，且含亲水性强的矿物成分越多；反之亦然。

　　黏性土的液限与塑限一般在室内进行测定，液限常采用锥式液限仪，塑限常采用搓条法。

　　在工程实际中一般按塑性指数大小对黏性土进行分类，2018 年国家标准《岩土工程勘察规范》按塑性指数 I_P 将黏性土分为两类，$I_P > 17$ 为黏土，$17 \geqslant I_P > 10$ 为粉质黏土，$I_P \leqslant 10$ 为粉土或砂类土。经研究表明，黏性土按塑性指数分类比按颗粒级配分类更能反映实际土体的工程特性，因为对黏性土，其性质不仅与颗粒级配有关，而且还与黏粒的形状、黏粒的亲水性强弱有关。

3.2.4　土的透水性

　　土中孔隙一般情况下是互相连通的，当饱和土中的两点存在能量差（水头差或压力差）时，水就在土的孔隙中从能量高的点向能量低的点流动。土的渗透性就是指水在土孔隙中渗透流动的性能。在计算基坑涌水量、水库与渠道的渗漏量，评价土体的渗透变形，分析饱和黏性土在建筑荷载作用下地基变形与时间的关系（渗透固结）等方面都与土的渗透性有密切关系。

　　土的渗透性可以用渗透系数来反映。渗透系数是水力梯度为 1 时的渗透速度，其量纲与渗透速度相同。其物理含义是单位面积单位水力梯度单位时间内透过的水量。不同类型的土，k 值相差较大，表 3.2 列出了部分土的渗透系数经验值。一般认为 $k < 1 \times 10^{-8}$ m/s 的土为相对隔水层（不透水层）。

表 3.2　土的渗透系数参考值

土类	k/（m/s）	土类	k/（m/s）	土类	k/（m/s）
黏土	$< 5 \times 1 \times 10^{-9}$	粉砂	$1 \times 10^{-6} \sim 1 \times 10^{-5}$	粗砂	$2 \times 10^{-4} \sim 5 \times 10^{-4}$
粉质黏土	$5 \times 10^{-9} \sim 1 \times 10^{-8}$	细砂	$1 \times 10^{-5} \sim 5 \times 10^{-5}$	砾石	$5 \times 10^{-4} \sim 1 \times 10^{-3}$
粉土	$5 \times 10^{-8} \sim 1 \times 10^{-6}$	中砂	$5 \times 10^{-5} \sim 2 \times 10^{-4}$	卵石	$1 \times 10^{-3} \sim 5 \times 10^{-3}$

　　渗透系数的测定方法主要分实验室与现场测定两大类。现场测定常用井孔抽水试验或井孔注水试验，比室内测定准确，但费用高。室内试验可分为常水头与变水头法两种。

3.2.5　土的力学性质

　　土的力学性质是指土的变形和强度特性。

1. 土的压缩性

土在压力作用下体积缩小的特性称为土的压缩性。由于土的应力-应变关系并非直线，实际工程中多用室内试验或原位试验测定。土的压缩性一般通过室内土的压缩试验来研究，利用土的室内压缩试验过程中土的孔隙比和试验压力可以绘制土的压缩曲线，也叫 e-p 曲线，见图 3.5。

曲线上任一点的斜率 α 表示了相应压力下土的压缩性，故称 α 为压缩系数。

$$\alpha = -\frac{\mathrm{d}e}{\mathrm{d}p} = \frac{\Delta e}{\Delta p} = \frac{e_1 - e_2}{p_2 - p_1} \qquad (3.17)$$

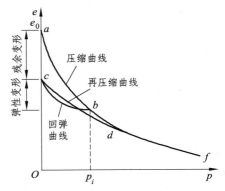

图 3.5 土的压缩特征曲线（e-p 曲线）

压缩系数越大，表明在同一压力变化范围内土的孔隙比减小得越多，也就是土的压缩性越大。

由于土的压缩曲线并非直线，因而土的压缩系数不是一个常数，而是随着所取压力变化范围的不同而改变的。在实际工程中，为了应用和比较，并考虑到一般建筑物地基通常受到的压力变化范围，常采用压力间隔为 100 ~ 200 kPa 时所得的压缩系数 α_{1-2} 来评定土的压缩性，如《建筑地基基础设计规范》（GB 50007—2011）采用以下分类标准：$\alpha_{1-2} < 0.1\ \mathrm{MPa}^{-1}$ 时，属低压缩性土；$0.1\ \mathrm{MPa}^{-1} \leqslant \alpha_{1-2} < 0.51\ \mathrm{MPa}^{-1}$ 时，属中压缩性土；$\alpha_{1-2} \geqslant 0.5\ \mathrm{MPa}^{-1}$ 时，属高压缩性土。

土的压缩模量（E_s）是指土在完全侧限条件下的竖向附加应力与相应的应变增量之比值。

$$E_\mathrm{s} = \frac{\Delta p}{\Delta \varepsilon} = \frac{1 + e_1}{\alpha} \qquad (3.18)$$

土的压缩模量是土的压缩性的另一种表达方式。E_s 越小土的压缩性越高。

2. 土的强度

土的强度是指土体抵抗外力时保持自身不被破坏而所能承受的极限应力。对工程而言，土的强度也就是工程土体承受工程荷载的能力。在工程实践中，土的强度问题涉及地基、边坡和地下硐室的稳定性等问题。

大量的工程实践表明，土体在通常应力状态下的破坏多表现为剪切破坏，即在土的自重或外荷载作用下，土体中某个曲面上产生的剪应力值达到了土抵抗剪切破坏的极限抗力（这个极限抗力称为土的抗剪强度），土体就沿着该曲面发生相对滑移，土体失稳。所以，一般情况下所说的土的强度为抗剪强度。

18 世纪末，库仑通过一系列土的强度实验总结出土的抗剪强度规律：

砂土：$\qquad \tau_\mathrm{f} = \sigma \tan\varphi$ $\qquad\qquad\qquad\qquad\qquad$ （3.19）

黏性土：$\qquad \tau_\mathrm{f} = \sigma \tan\varphi + c$ $\qquad\qquad\qquad\qquad$ （3.20）

式中　τ_f——土体破坏面上的剪应力，即土的抗剪强度（kPa）；

$\qquad \sigma$——作用在剪切面上的法向应力（kPa）；

$\qquad \varphi$——土的内摩擦角（°）；

$\qquad c$——土的黏聚力（kPa）。

对于黏性土，黏聚力 c 为土颗粒间的连接力；而对于粗颗粒土，可以认为 $c = 0$。$\tan\varphi$ 可以看做土颗粒间的摩擦系数。土的抗剪强度由破坏面上的内摩擦力和黏聚力构成，综合起来可以

统一地用 σ-τ 坐标系的一条与 σ 轴成 φ 角的直线来表示，此直线在 τ 轴的截距为 c（图 3.6）。黏聚力 c 和内摩擦角 φ 称为土的抗剪强度指标，一般通过室内直接剪切试验和三轴剪切试验来测定。

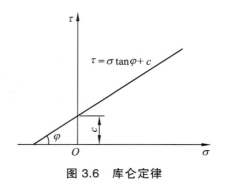

图 3.6　库仑定律

3.3　土的工程分类

岩土的分类方法很多，不同国家及不同部门往往由于研究问题的出发点不同而分别采用不同的分类方案。目前已有的岩土工程分类，大都将岩土的成因、组成、结构和岩土的一种或多种工程性质作为分类的基本依据。岩土的工程地质分类，按其内容、原则和适用范围，可概括为一般分类、局部分类和专门分类。

一般分类，几乎包括了全部有关的岩土，并考虑了岩土的主要工程地质性质及其特征。这种全面的分类方法，有重大的理论和实践意义。一般分类适用于各类工程建设，适用性广，一般多用于分析、对比和综合研究各类土的形成和变化规律，同时也是制定专门分类的基础。

局部分类，常根据一个或几个工程指标，仅对部分岩土进行分类，如按粒度成分、塑性指数、膨胀性、压缩性或砂土的相对密度进行分类等。这样的单一分类应用范围较窄，但划分具体明确，常作为一般分类的补充。

专门分类，是根据某些工程部门的具体要求而进行的分类。它密切结合工程类型，直接为工程的设计、施工服务，如水工建筑、工业与民用建筑、铁路建筑等部门都有相应的岩土分类，并以规范形式确定颁布，在本部门统一推行。

我国已建立了较为完整的土的工程分类体系，编制了相应的分类标准，如《建筑地基基础设计规范》（GB 50007—2011）和《岩土工程勘察规范》（GB 50021—2001）等。

3.3.1　按土中各粒组含量分类

根据《建筑地基基础设计规范》（GBJ 50007—2011）和《岩土工程勘察规范》（GB 50021—2001），作为建筑地基的土可分为：岩石、碎石土、砂土、粉土、黏性土和人工填土。

1. 碎石土

碎石土是指粒径大于 2 mm 的颗粒质量超过总质量 50% 的土。根据土的颗粒级配中各粒组的含量和颗粒形状可进一步分类定名，见表 3.3。

表 3.3　碎石土分类

土的名称	颗粒形状	颗粒级配
漂石	圆形及亚圆形为主	粒径 $d > 200$ mm 的颗粒质量超过总质量 50%
块石	棱角形为主	
卵石	圆形及亚圆形为主	粒径 $d > 20$ mm 的颗粒质量超过总质量 50%
碎石	棱角形为主	
圆砾	圆形及亚圆形为主	粒径 $d > 2$ mm 的颗粒质量超过总质量 50%
角砾	棱角形为主	

2. 砂　土

砂土是指粒径大于 2 mm 的颗粒质量不超过总质量 50% 的土，且粒径大于 0.075 mm 的颗粒质量超过总质量 50% 的土。并根据土的颗粒级配中各粒组的含量进一步分类，见表 3.4。

表 3.4　砂土分类

土的名称	颗粒级配
砾砂	粒径 $d > 2$ mm 的颗粒质量占总质量 25% ~ 50%
粗砂	粒径 $d > 0.5$ mm 的颗粒质量超过总质量 50%
中砂	粒径 $d > 0.25$ mm 的颗粒质量超过总质量 50%
细砂	粒径 $d > 0.075$ mm 的颗粒质量超过总质量 85%
粉砂	粒径 $d > 0.075$ mm 的颗粒质量超过总质量 50%

3. 粉　土

粉土是指塑性指数小于等于 10 且粒径大于 0.075 mm 颗粒质量不超过总质量 50% 的土。粉土根据粒组含量又分为砂质粉土（粒径小于 0.005 mm 的颗粒质量不超过总质量的 10%）和黏质粉土（粒径小于 0.005 mm 的颗粒质量超过总质量的 10%）。

4. 黏性土

黏性土是指塑性指数大于 10 的土。黏性土按塑性指数 I_p 大小可分为：粉质黏土（$10 < I_p \leqslant 17$）和黏土（$I_p > 17$）。

5. 人工填土

人工填土是指由于人类活动堆填而形成的各类土。人工填土与上述天然生成的土的性质是不同的。按其组成和成因的不同，人工填土可分为素填土、压实填土、杂填土和冲填土；按其堆积年代的不同，可分为老填土和新填土。

上述分类方法可用图 3.7 更直观地表示。

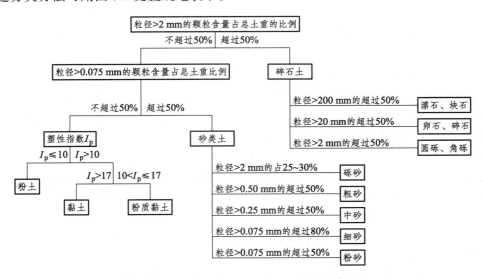

注：分类时应依据粗粒含量由大到小以最先符合者确定。

图 3.7　土的工程分类（建筑地基基础设计规范 GB 50007—2011）

3.3.2 按地质成因分类

根据地质成因，可把土划分为残积土、坡积土、洪积土、冲积土、淤积土、冰积土和风积土、海积土等。我们已经在 3.1 节进行了介绍，这里就不再赘述了。

3.3.3 按堆积年代分类

按堆积年代的不同，土可分为老堆积土、一般堆积土和新近堆积土。

老堆积土是指第四纪晚更新世及以前堆积的土层，一般呈超固结状态，具有较高的结构强度；一般堆积土是指第四纪全新世（文化期以前）堆积的土层；而新近堆积土是指文化期以来堆积的土层，一般呈欠固结状态，结构强度较低。

3.4 特殊土的工程地质性质

特殊土是指某些具有特殊物质成分和结构，而工程地质性质也较特殊的土。特殊土的工程性质往往与他们特定的成因环境、区域自然地理、地质条件等密切相关，在他们的分布上也具有区域性的特点，如黄土主要分布在黄河中上游，冻土则分布在高纬度和高海拔地区。在工程建设中，若不能对这些特殊土的工程性质有足够的了解和分析，并采用相应的设计、施工和改良措施，将会给工程建筑带来严重的后果。本节就我国分布区域较广，工程建设中经常遇到的几种特殊土进行介绍。

3.4.1 黄　土

3.4.1.1 黄土的分布及特征

黄土是第四纪以来，在干旱、半干旱气候条件下形成的一种特殊的陆相松散堆积物。黄土在世界上分布很广，其分布面积达 1 300 万 km^2，欧洲、北美、亚洲均有分布。主要分布地带位于中亚至我国西北、华北和东北一带，其中黄河中上游地区的黄土高原是世界上最大的黄土分布区，它的范围大致北起阴山，南至秦岭，西抵日月山，东到太行山，横跨青海、宁夏、甘肃、陕西、山西、河南 5 省 1 区，面积 64 万 km^2，约占我国陆地面积的 6.6%，比法国和瑞士的面积总和还要大。一般黄土覆盖厚度在 100 m 以下，我国陇东、陕北、晋西黄土层最厚，六盘山以东到吕梁山西侧黄土厚度在 100～200 m 之间，兰州地区黄土分布的面积和厚度居世界之冠，平均达 300 m 以上。

黄土的基本特征如下：

（1）颜色为淡黄、褐色或灰黄色（有时老黄土可能呈褐红色）；

（2）粒度成分以粉土（0.075～0.005 mm）颗粒为主，含量约占 60%～70%，一般不含粒径 > 0.25 mm 的颗粒；

（3）含各种可溶盐，尤其富含碳酸盐主要为 $CaCO_3$，一般含量为 10%～30%，可形成钙质结核（姜结石）；

（4）孔隙多且大，结构疏松，孔隙度多为 33%～64%，有肉眼可见的大孔隙或虫孔、植物根孔等；

（5）无层理，但有垂直节理和柱状节理。天然条件下能保持近直立的边坡。

由于黄土的柱状节理发育，并且垂直方向的渗透系数大于水平方向的渗透系数，因此在黄土中钻探时，泥浆易沿节理流失。

具有上述几项特征的土称为标准黄土，只具有其中部分特征的黄土则称为黄土状土或黄土质土。

3.4.1.2 黄土的分类

由于黄土生成年代、成因等的不同，使得黄土在工程性质上有较大的差异，因此黄土的分类有多种。

1. 按生成年代分类

根据黄土中所含的脊椎动物化石得知，分布在中国范围内的黄土，从早更新世开始堆积经历了整个第四纪，目前还未结束。形成于早更新世（Q_1）的午城黄土和中更新世（Q_2）的离石黄土，称为老黄土；晚更新世（Q_3）形成的马兰黄土及全新世下部（Q_4^1）的次生黄土，称为新黄土；全新世上部（Q_4^2）及近几十年至近百年形成的最新黄土，称为新近堆积黄土。

午城黄土、离石黄土因沉积年代久，大孔隙已退化，土质紧密，不具湿陷性；马兰黄土沉积年代较新，有强烈的湿陷性；新近堆积的黄土结构疏松，压缩性强，工程性质最差。

2. 按成因分类

黄土按生成过程及特征分为风积、坡积、残积、洪积、冲积等成因类型。

3. 按塑性指数分类

$$I_P > 17 \qquad 黄土质黏土$$
$$7 < I_P \leq 17 \qquad 黄土质砂黏土$$
$$1 < I_P \leq 7 \qquad 黄土质黏砂土$$
$$I_P \leq 1 \qquad 黄土质砂土$$

4. 按湿陷性分类

可分为湿陷性黄土和非湿陷性黄土两类。其中湿陷性黄土又分为自重湿陷性黄土和非自重湿陷性黄土。

3.4.1.3 黄土的工程性质

由于黄土在成因、结构、构造、粒度成分和矿物成分上的特殊性，因此其力学性质、物理性质、水理性质等也有相应的特殊性。黄土工程特性如下：

1. 黄土的粒度成分

黄土的粒度成分以粉粒为主，约占 60% ~ 70%，其次是砂粒和黏粒，各占 1% ~ 29% 和 8% ~ 26%。在黄土分布地区，由西北向东南，砂粒减少，黏粒增多。

2. 黄土的比重和密度

黄土的相对密度一般在 2.54 ~ 2.84 之间，这与黄土中的矿物成分的含量有关系，砂粒含量高的相对密度一般小于 2.69，黏粒含量高的比重一般大于 2.72。

黄土结构疏松，密度较低，一般为 1.5 ~ 1.8 g/cm³，其干密度与土的孔隙度有关，约为 1.3 ~ 1.6 g/cm³。我国黄土干密度大于 1.5 g/cm³ 者一般为非湿陷性黄土。

3. 黄土的含水量

黄土的天然含水量一般为 10% ~ 25%，有的干燥地区则为 1% ~ 12%，天然含水量低的黄土常为湿陷性较强的黄土。一般认为，天然含水量超过 25% 时就不再具有湿陷性了。

4. 黄土的透水性

黄土的透水性比一般黏性土大，这是因为其垂直节理及大孔隙较为发育，沿垂直方向的透水性远大于水平方向，有时可达十余倍。根据野外注水试验资料，黄土的渗透系数一般为 0.8 ～ 1.0 m/昼夜，有时更大。

5. 黄土的压缩性

黄土的压缩性中等，压缩系数一般在 0.1 ～ 0.4 MPa^{-1} 之间。年代越老的黄土压缩性越小，只有新近堆积的黄土是高压缩性的。

6. 黄土的抗剪强度

一般黄土的内摩擦角 $\varphi = 15° ～ 25°$，黏聚力 $c = 30 ～ 40$ kPa，我国北部地区黄土的内摩擦角 $\varphi = 27° ～ 28°$，黄土的抗剪强度中等。

7. 黄土的湿陷性

黄土在一定压力下受水浸湿，土结构迅速破坏，并产生显著附加下沉的性质称为黄土的湿陷性。黄土的湿陷性是黄土地区工程建筑破坏的重要原因，但并非所有的黄土都具有湿陷性。

3.4.1.4　黄土湿陷性评价

湿陷性是黄土独特的工程地质性质。黄土浸水湿陷有两种情况，一是由于地表水的下渗而引起黄土的湿陷；二是由于地下水位升高而引起的湿陷，不过地下水位的上升一般很慢，因此由地下水位升高引起的黄土湿陷变形量，要比由地表水下渗引起的湿陷量小。

黄土的湿陷可造成建筑物迅速沉陷而开裂，严重的可导致坍塌。如：兰州某小区 82 栋住宅因黄土地基发生湿陷造成不同程度破坏的占 66%。

1. 黄土湿陷性的判定方法

黄土的湿陷性以及湿陷性的强弱程度是黄土地区工程地质条件评价的主要内容。黄土的湿陷性是根据黄土试样在室内浸水（饱和）压缩试验，在一定压力下测定的湿陷系数 δ_s 进行判定，即：

$$\delta_s = \frac{h_p - h_p'}{h_0} \tag{3.21}$$

式中　h_p——保持天然湿度和结构的黄土试样，加压至一定压力时，下沉稳定后的高度（mm）；

　　　h_p'——上述加压稳定后的试样，在浸水（饱和）作用下，下沉稳定厚度高度（mm）；

　　　h_0——试样的原始高度（mm）。

当湿陷系数 δ_s 值小于 0.015 时，应定为非湿陷性黄土；当湿陷系数 δ_s 值等于或大于 0.015 时，应定为湿陷性黄土。

湿性黄土的湿陷程度，可根据湿陷系数 δ_s 值的大小分为下列三种：

当 $0.015 \leqslant \delta_s \leqslant 0.03$ 时，湿陷性轻微；

当 $0.03 < \delta_s \leqslant 0.07$ 时，湿陷性中等；

当 $\delta_s > 0.07$ 时，湿陷性强烈。

2. 自重湿陷性黄土与非自重湿陷性黄土

湿陷性黄土又可分为自重湿陷性黄土和非自重湿陷性黄土。前者是指在上覆土的自重压力下受水浸湿，发生显著附加下沉的湿陷性黄土；后者则是指在上覆土的自重压力下受水浸湿，不发生显著附加下沉的湿陷性黄土。

划分自重湿陷性黄土和非自重湿陷性黄土，对工程建设具有明显的现实意义。如：在自重湿陷性黄土地区修筑的渠道，初次放水就会产生地面下沉，两岸出现与渠道平行的裂缝；管道漏水后，由于黄土的自重湿陷性会导致管道断裂；路基受水后，由于自重湿陷则产生局部严重坍塌；地基土的自重湿陷性往往使建筑物发生很大的裂缝或倾斜，即使很轻的建筑物也会受到破坏。在非自重湿陷性黄土地区，上述现象就很少见。因此，在这两种不同湿陷性的黄土地区进行建筑时，采取的各项措施及施工要求均有较大区别。

建筑场地或地基的湿陷类型，按自重湿陷量的实测值 Δ'_{zs} 或计算值 Δ_{zs} 判定，当自重湿陷量的实测值 Δ'_{zs} 或计算值 Δ_{zs} 小于或等于 70 mm 时，定为非自重湿陷性黄土场地；当自重湿陷量的实测值 Δ'_{zs} 或计算值 Δ_{zs} 大于 70 mm 时，定为自重湿陷性黄土场地；当自重湿陷量的实测值和计算值出现矛盾时，应按自重湿陷量的实测值判定。

湿陷性黄土场地自重湿陷量的计算值 Δ_{zs}，应按下式计算：

$$\Delta_{zs} = \beta_0 \sum_{i=1}^{n} \delta_{zsi} h_i \tag{3.22}$$

式中　　δ_{zsi}——第 i 层土的自重湿陷系数；

　　　　β_0——因地区土质而异的修正系数；

　　　　h_i——第 i 层土的厚度（mm）。

根据野外试坑无荷载浸水试验，西北地区的黄土在兰州地区具有明显或强烈的自重湿陷性；西安、太原的黄土为非自重湿陷性或仅局部出现自重湿陷性。

3. 黄土的湿陷起始压力

对非自重湿陷性黄土，其湿陷性需在荷重压力作用下才会表现出来，而且只有当压力达到某一数值时才开始表现出湿陷性，这一压力即为黄土的湿陷起始压力。

黄土的密度越大，黏粒含量越高，土层的埋深越大，则其湿陷起始压力越大。只要在工程设计中能控制建筑物对湿陷土层的压力不超过其湿陷起始压力，就可以保证该建筑物不会因土层湿陷而遭到破坏。

4. 防治黄土湿陷的工程措施

（1）换填法。

当湿陷性黄土层不厚（1～3 m），下面又是硬土层或基岩时采用该法，一般可采用砂夹卵石换填，回填厚度每层 15 cm，填后浇水再夯实。

（2）强夯法。

强夯法（又叫动力固结法）是将 8～40 t 的重锤从一定的高处（10～30 m，最大达 40 m）自由落下，对土体进行强力夯实以提高土的承载能力，降低其压缩性和消除湿陷性的一种地基加固方法。强夯法施工简单，效率高，工期短，但施工时振动和噪声较大。

（3）预先浸湿法。

在修建建筑物之前，将黄土地基预先浸湿，使未固结的黄土层在修建建筑物前产生沉陷，但这样还不足以完全保证建筑物将来的安全。因土层在建筑物的压力作用下，还可能会出现建筑物的附加沉陷。

（4）深层浸水法。

在建筑物范围内钻孔，在钻孔中填粗砂，在施工期间不断地往孔中注水，直到施工结束为止。这样不但能缩短预先浸湿所需要的较长的时间，又能消除黄土的自重湿陷和附加沉陷。

（5）防排水法。

防排水法包括排除地表水和地下水。排除地表水主要采用疏导，以防止地表水下渗；排除地下水主要是防止地下水位升高。

由于黄土的抗水性能差，故在黄土地区修筑铁路和其他建筑物时必须做好排水设施，使水流畅通无阻，同时对天沟、吊沟和侧沟以及冲刷较大的部位应予以加固，防止水流渗漏是保证建筑物稳定的措施之一。

（6）物理化学法。

采用物理化学等方法，可提高黄土强度，降低孔隙度，加强其内部联结。化学加固法，是将某些溶液通过注液管注入黄土中，溶液与土中化学成分发生化学反应，生成凝胶或结晶，将土胶结成整体，从而提高黄土的强度，消除湿陷性，降低透水性。浆液材料较多，主要有硅酸钠、氯化钙、氢氧化钠、铝酸钠、丙烯酰胺等。

5. 黄土陷穴

黄土地区常形成各种洞穴，其中有黄土自重湿陷性和地下潜蚀作用形成的天然洞穴，也有人工洞穴。天然陷穴多分布于河谷阶地边缘、冲沟两岸、陡坡地带等，人工洞穴包括古老的采矿坑、墓穴、废弃的窑洞等。这些洞穴的分布无规律、不易发现、容易造成隐患，所以在黄土地区进行工程建设时，查清黄土陷穴的分布位置及大小，并有针对性地采取整治措施。

黄土陷穴的防治措施有：开挖回填、夯实、灌浆，做好地表排水工程。

3.4.2　软　土

3.4.2.1　软土的特征

软土是指天然含水量大、压缩性高、承载力低、抗剪强度低的呈软塑～流塑状态的黏性土，如淤泥等。软土并非指某一特定的土，而是一类土的总称，一般包括软黏土、淤泥质土、淤泥、泥炭质土和泥炭等。

软土是在静水或缓慢流水环境中有微生物参与作用下形成的第四纪沉积物，含有较多有机质。由于软土是在特定的环境中形成的，因此便具有某些特殊的成分、结构和构造，也造就了软土的某些特殊的工程地质性质。我国各地区的软土一般有以下特征：

颜色多为灰绿、灰黑色、有油腻感，能染指，有时有腐臭味；

粒度成分以黏粒（< 0.005 mm）为主，约占 60%～70%，其次为粉粒，属黏土或粉质黏土；

矿物成分多为伊利石，高岭石次之，特别是含有大量的有机质（一般为 5%～10%，个别达 17%～25%）；

具海绵状结构，疏松多孔，具有薄层状构造，厚度不大的软土常是淤泥质黏土、粉土、砂土、淤泥或泥炭交互成层（或呈透镜体）；

天然孔隙比大于 1，含水量大于液限，压缩性高、强度很低；透水性极弱，渗透系数一般为 1×10^{-6}～1×10^{-8} cm/s，且因层理构造而有明显的方向性；

原状土常处于软塑状态，扰动土则呈流动状态。

3.4.2.2　软土的分布

软土在我国分布很广，主要是在沿海地带、内陆平原、山区盆地及山前谷地、湖、沼洼地区，在高原山区的湖沼地区也常遇到软土。如北京、上海、天津、广州、武汉、浙江、福建沿海、广州湾、连云港、贵昆线等地区。

3.4.2.3　软土的成因类型

1. 沿海沉积型

（1）滨海相：主要分布于天津的塘沽、新港和江苏连云港等地区。表层为 3~5 m 厚的褐黄色粉质黏土，以下是厚几十米的软土，常夹有由黏土和粉砂交错形成的细微带状构造的薄层或透镜体。

（2）潟湖相：主要分布于浙江温州、宁波等地。地层单一，厚度大，分布范围广，常形成海滨平原。

（3）溺谷相：分布于福州市闽江口地区。表层为耕植土或人工填土以及较薄的（2~5 m）致密黏土或粉质黏土，其下是厚 5~15 m 的高压缩性、低强度的软土。

（4）三角洲相：主要分布于长江三角洲、珠江三角洲等地区，属海陆相交替沉积，软土层分布宽广，厚度均匀稳定，因海流与波浪作用，分选程度较差，多呈交错斜层理或不规则透镜体夹层。

2. 内陆、山区湖盆沉积型

（1）湖相沉积：主要分布于滇池、洞庭湖、洪泽湖、太湖流域的杭嘉湖等地区。颗粒微细、均匀，富含有机质，淤泥成层较厚（一般 10~20 m，个别超过 20 m），不夹或很少夹砂层，常有厚度不等的泥炭夹层或透镜体。因此，其工程性质往往比一般滨海相沉积的软土差。

（2）河流漫滩相沉积：主要分布于长江、松花江中下游河谷附近。软土常夹于上层的粉质黏土、粉土之中，呈带状或透镜体，产状厚度变化大，一般厚度小于十米，下层为砂层。这种软土局部为淤泥，成分、厚度和性质变化较大。

（3）牛轭湖相沉积：与湖相沉积接近，但分布较窄。软土厚度不大，一般小于十米，层理沉积交错复杂，透镜体较多，且常有泥炭夹层。中国一些大中河流中、下游多有分布。

3. 沼泽沉积型

沼泽软土颜色深，多为黄褐色、褐色至黑色，主要成分为泥炭，并含有一定数量的机械沉积物和化学沉积物。

除上述沿海或内陆、山区湖盆地区的软土外，在我国的一些山区的山前谷地沉积有一类"山地型"软土，其分布、厚度及性质等变化均很大。它主要由当地泥灰岩、页岩、泥岩风化产物和地表有机质，由水流搬运沉积于原始地形低洼处，经长期水泡软化及微生物作用而成。其成因类型以坡积、湖积和冲积为主，主要分布于冲沟、谷地、河流阶地和各种洼地里，分布面积不大，厚度相差悬殊。通常坡积沉积相土层较薄，土质较好；湖相沉积常有较厚的泥炭层，其工程性质常比平原湖盆相沉积的软土性质还差。

3.4.2.4　软土的工程性质及常见的工程地质问题

1. 高压缩性和低透水性

软土具有高含水量及高孔隙比，其压缩系数为 $a = 0.7~2.0\ \text{MPa}^{-1}$，压缩模量 E_s 为 1~6 MPa，属于高压缩性的土；软土的透水性弱而持水性强，软土的渗透系数 K 较低，一般为 $1 \times 10^{-6} ~ 1 \times 10^{-8}$ cm/s，且因层状结构而具有方向性。

2. 触变性

软土具有海绵状结构，未经破坏时具有一定的结构强度，但这种结构的土一经扰动便破坏了土体的原状结构，使土体产生稀释液化而丧失强度，这种现象叫触变性。因此，当软土地基受振动荷载后，易产生侧向滑动、沉降及沿基底面两侧挤出等现象，对建筑物破坏极大。

一般认为，触变产生的原因是吸附在黏土颗粒周围的结合水定向排列结构受扰动而破坏，土粒悬浮于水中呈现流动状态，因而强度降低。当扰动后的软土静置一段时间后，土粒与水分子相互作用，又会重新恢复定向排列，结构恢复，土的强度又逐渐提高。软土的触变以灵敏度 s_t 表示：

$$s_t = \frac{q_u}{q_0} \tag{3.23}$$

式中　　q_0——原状土的无侧限抗压强度（kPa）；

　　　　q_u——具有与原状土相同密度和含水量并彻底破坏其结构的重塑土的无侧限抗压强度（kPa）。

软土的 s_t 一般为 3~4，个别达 8~9。灵敏度越大则软土的强度降低越明显，造成的危害也越大。

3. 流变性

软土在长期固定剪切荷载作用下，发生缓慢而长期的变形，最终导致土体破坏，这种性质称为流变性。破坏时软土的强度远低于常规试验测得的标准强度。一些软土的长期强度只有标准强度的 40%~80%。但是，软土的流变发生在一定的荷载下，小于该荷载则不产生流变，不同的软土产生流变的荷载值也不同。

4. 低强度

软土的强度低，无侧限抗压强度为 10~40 kPa。软土的抗剪强度很低，且与加荷速度和排水条件有关，抗剪强度随固结程度提高而增大，软土的不排水直剪试验的 $\varphi = 2°~5°$，$c = 10~15$ kPa；排水条件下，$\varphi = 10°~15°$，$c = 20$ kPa。所以在评价软土抗剪强度时，应根据建筑物加荷情况及排水条件选用不同的试验方法，并在工程施工中应注意控制加荷速度。

5. 不均匀性

由于沉积环境的变化，黏性土层中常局部夹有厚薄不等的粉土使软土在水平和垂直分布上有所差异，作为建筑物地基则易产生差异沉降。

软土的这些特性使软土地基在建筑物荷载作用下容易发生大量的下沉和不均匀下沉，地基的排水不畅沉降延续时间长，强度增长缓慢，影响建筑物的工期和工程质量。例如沿海闽、浙一带建筑物在建成 5 年之久的时间后，仍保持着每年 1 cm 左右的沉降速率，某些建筑物则每年下沉 3~4 cm。如珠海某海堤，堤下淤泥层深达 20 m，淤泥含水量在 80% 左右，由于堤身填土高度超过地基极限填土高度而发生滑坡。

3.4.2.5　软土地基的处理措施

软土地基的变形破坏主要是承载力低，地基变形大或发生挤出，造成建筑物的破坏。另外，由于软土成分及结构复杂，平面分布及垂直分布均具有不均匀性，易使建筑物产生不均匀沉降。

一般认为，在软土地区不宜建筑重型建筑物。工业与民用建筑基础埋深大时，软土厚度大则采用桩基础或明挖换土。就工程造价而言，经济合理的措施对交通建筑来说，可以换填，但道路工程不大可能全部换填，采用桩基础，还可以节省土地资源。

软土的工程特性决定了软土地基的沉降是不可避免的，故在软土地基的设计中要设法采取各种工程措施以加速地基的早期沉降，减少后期沉降，缩短沉降时间，尽早达到地基的压密固结稳定。在软土地基的设计中，常见的软土地基的加固措施有以下几种：

（1）砂井排水。在软土地基中按一定规律设计排水砂井（图3.8），井孔直径多在0.4～2.0 m之间，在井孔中灌入中、粗砂。砂井起排水通道作用，从而加快了软土的排水固结过程，使地基土的强度得以提高。

（2）砂垫层。在建筑物（如路堤）底部铺设一层砂垫层（图3.9）。其作用是在软土顶面增加一个排水面。在路堤填筑过程中，由于荷载逐渐增加，软土地基排水固结，渗出的水可以从砂垫层中排出。

（3）生石灰桩。在软土地基中打生石灰桩的原理是，生石灰水化过程中强烈吸水，体积膨胀产生热量，使桩周的温度升高导致软土脱水压密而强度增大。

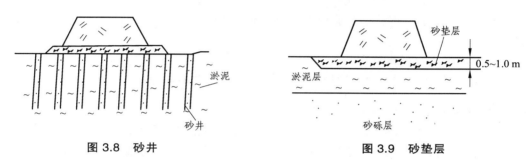

图 3.8　砂井　　　　　　　　　　　　　图 3.9　砂垫层

（4）强夯法。是目前加固软土常用的方法之一。强夯法采用10～20 t重锤，从10～40 m高处自由落下夯实土层，强夯法产生很大的冲击能，使软土迅速排水固结，加固深度可达11～12 m。

（5）旋喷注浆法。将带有特殊喷嘴的注浆管置入软土层的预定深度，以20 MPa左右的压力高压喷射水泥砂浆或水玻璃和氯化钙的混合液，强力冲击土体，使浆液与土搅拌混合，经凝结固化，在土中形成固结体，形成复合地基，提高地基的强度，加固软土地基。

（6）换填法。将软土挖除，换填强度较高的砂、砾石、卵石等渗水土。这一方法从根本上改善了地基土的性质。

此外，软土地基的处理方法还有化学加固、电渗加固、侧向约束加固、堆载预压等。

3.4.3　膨胀土

膨胀土又叫胀缩土，裂隙黏土、裂土，是一种黏性土。当膨胀土遇水时体积显著膨胀，干燥失水时体积又明显收缩。这种具有较明显的膨胀性和收缩性的黏性土即称为膨胀土。

膨胀土干燥时一般强度较高，压缩性低，易被误认为是较好的天然地基。可是当膨胀土受水浸湿或失水干燥后，产生体积变形，最终导致基础破坏，建筑物或地坪开裂。在膨胀土地区发生过不少低层房屋地基变形开裂和路基边坡滑坍等不同程度的病害。如某膨胀土地区自1956年以来建有96幢建筑物，其中82幢因膨胀土胀缩性质的影响，出现不同程度的变形，占全部建筑物的85.4%；又如某地200多幢建筑物，几乎无一不开裂，损坏十分严重，其中被迫拆除的有10多幢，损坏严重不能使用的有40多幢。这两个例子说明，如果对膨胀土的性能认识不足，处理不当，将会对建筑物的安全使用造成严重的危害。因此在膨胀土地区进行建筑时，应着重掌握其工程地质特性并采取相应的处理措施。

3.4.3.1　膨胀土的分布及特征

膨胀土分布很广，全世界都有分布。我国也是一个膨胀土分布很广的国家，从东南沿海到川西平原，从太行山区到云贵高原均有分布，多位于盆地边缘和高阶地上。从沉积时代来看，一般是更新世及以前的残积、坡积和冲积物，常含铁锰或钙质结核。

膨胀土的特征主要有：

（1）颜色有灰白、棕、红、黄、褐及黑色；

（2）粒度成分中以黏土颗粒为主，一般在 50% 以上，最低也要大于 30%，粉粒次之，砂粒最少；

（3）矿物成分中黏土矿物占优势，多为伊利石、蒙脱石，高岭石含量很少；

（4）胀缩强烈，膨胀时产生膨胀压力，收缩时形成收缩裂隙。长期反复胀缩使土体强度产生衰减；

（5）各种成因的大小裂隙发育；

（6）早期（第四纪以前或第四纪早期）生成的膨胀土具有超固结性。

3.4.3.2　膨胀土的成因类型及生成年代

我国膨胀土按成因及特征基本分为三类：第一类为湖相沉积及其风化层，黏土矿物中以蒙托石为主，自由膨胀率、液限、塑性指数都较大，土的膨胀、收缩性最显著；第二类为冲积、冲洪积及坡积物，黏土矿物以伊利石为主，自由膨胀率和液限较大，土的膨胀、收缩性也显著；第三类为碳酸盐类岩石的残积、坡积及洪积的红黏土，液限高，但自由膨胀率常小于 40%，故常被定为非膨胀性土，但其收缩性很显著。生成年代多在晚第三纪末期的上新世 N_2 至更新世晚期的 Q_3 之间。

3.4.3.3　膨胀土的胀缩性指标

评价膨胀土胀缩性的指标很多，但可归纳为直观的和间接的两种。直观指标主要有自由膨胀率、膨胀率和线缩率；间接指标有活动性指数、压实指数、膨胀性指数和吸水性指标等。研究膨胀土地基，首先根据其物理力学指标及有关膨胀性指标，并结合膨胀土的分布规律和外观特征判别其是否属于膨胀土，再按规范确定膨胀土的膨胀性强弱及其胀缩等级，最后采取适当的设计和施工措施，防治膨胀土对工程建筑的危害，确保建筑物的正常使用。

表征膨胀土胀缩性的直观指标：

（1）自由膨胀率 δ_{ef}。指人工制备的通过 0.5 mm 筛的烘干土，在水中吸水后体积增量（$V - V_0$）与原体积（V_0）之比，即：

$$\delta_{ef} = \frac{V - V_0}{V_0} \times 100\% \tag{3.24}$$

《膨胀土地区建筑技术规范》（GB 50112—2013）规定，$\delta_{ef} \geqslant 40\%$ 为膨胀土。

（2）膨胀率 δ_{ef}。人工制备的烘干土，在一定的压力下，侧限浸水膨胀稳定后，试样增加的高度（$h - h_0$）与原高度（h_0）之比，即：

$$\delta_{ep} = \frac{h - h_0}{h_0} \times 100\% \qquad (3.25)$$

当 $\delta_{ef} \geqslant 4\%$ 时为膨胀土。

（3）线缩率 δ_{si}。为土样收缩后高度减小量（$h_0 - h$）与原高度（h_0）之比，即：

$$\delta_{si} = \frac{h_o - h}{h_0} \times 100\% \qquad (3.26)$$

当 $\delta_{si} > 50\%$ 时为膨胀土。

3.4.3.4 膨胀土的工程性质

1. 强亲水性

膨胀土的粒度成分以黏粒含量为主，高达 50% 以上，黏粒粒径（小于 0.02 mm）非常小，接近胶体颗粒，为准胶体颗粒，比表面积大，颗粒表面由游离价的原子或离子组成，即具有较大的表面能，在水溶液中吸引极性水分子和水中离子，呈现强亲水性。

2. 多裂隙性

膨胀土中裂隙十分发育，是区别于其他土的明显标志。膨胀土的裂隙按成因有原生次生之别。原生裂隙多闭合，裂面光滑，常有蜡状光泽，暴露在地表后受风化影响裂面张开；次生裂隙多以风化裂隙为主，在水的淋滤作用下，裂面附近蒙托石含量显著增高，呈白色，构成膨胀土的软弱面，这种软弱面是引起膨胀土边坡失稳滑动的主要原因。

3. 强度衰减性

天然状态下，膨胀土结构紧密，孔隙比小，干密度达 1.6 ~ 1.8 g/cm³，塑性指数为 18 ~ 23，天然含水量与塑限接近，一般为 18% ~ 26%，这时膨胀土的剪切强度、弹性模量都比较高，土体处于坚硬或硬塑状态，常被误认为是良好的天然地基。但膨胀土遇水浸湿后，强度很快衰减，黏聚力小于 100 kPa，内摩擦角小于 10°，有的甚至降低到接近饱和淤泥的强度。

4. 超固结性

膨胀土的超固结性是指在膨胀土受到的应力历史中，曾受到比现在土的上覆自重压力更大的压力，因而土的孔隙比小，压缩性低。但是一旦开挖，卸荷回弹，产生裂隙，遇水膨胀，强度降低，就会造成破坏。膨胀土的固结度用固结比 R 表示，即：

$$R = \frac{P_c}{P_0} \qquad (3.27)$$

式中　P_c——土的前期固结压力（MPa）；

　　　P_0——目前上覆土层的自重压力（MPa）。

正常土层 $R = 1$，超固结膨胀土 $R > 1$，如成都黏土 $R = 2 ~ 4$。成昆铁路的狮子山滑坡就是在成都黏土中发生的，施工后强度衰减，导致滑坡。

5. 弱抗风化性、快速崩解性

膨胀土极易产生风化破坏，土体开挖后，在风化营力的作用下，很快会产生破裂、剥落和泥化甚至崩解等现象，使土体结构破坏，强度降低。

3.4.3.5 膨胀土的工程地质问题及防治措施

只要外界条件的改变引起膨胀土中水分增加或减少，就能使膨胀土地基产生体积变形，促使基础破坏，建筑物、地坪开裂，对轻型建筑物危害更大。如以色列的膨胀土，蒙脱石矿物含量为 40% ~ 80%，$I_P = 25 ~ 60$，自由膨胀率 70% ~ 160%，即使加固了基脚，打桩穿过膨胀土层，地基也常出现纵横向位移，桩被剪断，地下管道破裂，以及地板支梁隆起等破坏现象。

另外，膨胀土的季节性湿度变化常引起道路隆起、路轨移动，泵站、电站地基基础破坏等。总之，膨胀土对工程建筑物带来的危害是严重的。

1. 膨胀土地区的路基防治措施

在膨胀土地区修筑铁路、公路，主要遇到的病害是边坡变形和基床变形。由于膨胀土体抗剪强度的衰减及承载力的降低，造成边坡溜坍、滑坡等失稳现象和路基长期的不均匀下沉、翻浆冒泥等病害，严重影响行车安全。

在膨胀土地区进行建筑施工，首先必须掌握该地区膨胀土的地质特性与工程地质条件判定它们是强膨胀土，还是中等膨胀土或弱膨胀土。然后根据这些资料进行正确的路基设计，确定其边坡形式，高度及坡度，并采取必要的防护措施。

（1）为防止边坡变形，首先要根据路基工程地质条件，合理确定路堑边坡形式。一般情况下，膨胀土边坡要求一坡到顶，坡脚设置侧沟平台；

（2）采取一定的排水措施，防止地表水渗入坡体；

（3）采取支挡措施，设抗滑挡墙、抗滑桩、片石垛、填土反压等；

（4）采取坡面防护措施，常用的有植物防护和骨架防护。

2. 膨胀土地区的地基防治措施

在膨胀土地基上修筑桥涵及房屋等建筑物，随着地基土的胀缩变形而发生不均匀变形，因此膨胀土地基的问题既有承载力的问题，又有引起建筑物变形的问题，其特殊性在于地基承载力较低还要考虑强度衰减，地基变形不仅有土的压缩变形还有湿胀干缩变形。为了防止由膨胀土胀缩变形引起的建筑物的变形破坏及强度衰减，应采取有效的工程措施。常用的措施有：

（1）防水保湿措施。

含水量的变化是引起膨胀土产生胀缩变形的主要外界因素，因此建筑物周围应有较好的排水条件，散水坡应适当加宽并设水平和垂直的隔水层；加强上下水管沟和有水地段的防漏措施；地下热力管道等采用阻热层等工程措施。

（2）建筑物布置和基础设计措施。

① 建筑物的布置应尽量选择地形平坦地段，避免挖填方改变土层埋藏条件和引起湿度的变化；

② 对膨胀土可用增加基础附加荷载的方法来克服土的膨胀，即使基础的附加压力与土自重压力之和大于膨胀土的膨胀力；

③ 适当加大基础的埋深，其作用是相应地减小膨胀土的厚度，增大基础底面以上土的自重；

④ 加强基础、地坪和建筑物的结构刚度，以及增设沉降缝等。

（3）地基处理措施。

① 换填法：将膨胀土全部或部分挖除，用非膨胀土回填夯实；

② 采用支墩板基础或桩基等；

③ 石灰加固法，即将石灰压入膨胀土，胶结土粒提高土的强度等。

由于我国膨胀土分布广泛，情况复杂，因此应结合各地区膨胀土的特性和建筑物的损坏特征，从中找出规律性和有效的处理措施。在处理膨胀土地基时，宜以减少地基土胀缩变形和差异变形、降低胀缩性的地基处理为主，尽量排除促使地基土含水量变化的自然因素和人为因素，辅以上部结构的增强措施，以适应地基不均匀胀缩变形的能力，并做到因地制宜、经济合理、就地取材、综合治理。

3.4.4　冻　土

温度小于 0 ℃，并含有冰的岩土体，称为冻土。冻土常分布在高纬度和海拔较高的高原、高山地区。

3.4.4.1　冻土的类型及分布

冻土根据其冻结时间分为季节性冻土和多年冻土两种。

1. 季节性冻土

受季节影响，冬冻夏融，呈周期性冻结和融化的土称为季节性冻土或暂时冻土。季节性冻土在我国主要分布在东北、华北及西北的广大地区。自长江流域以北向东北、西北方向，随着纬度及地面高度的增加，冬季气温越来越低，冬季时间延续越来越长，因此季节性冻土厚度自南向北越来越大。石家庄以南季节冻土厚度一般小于 0.5 m，北京地区为 1 m 左右，辽源、海拉尔一带则为 2～3 m。因季节性冻土呈周期性的冻融，一般冻结的深度不大，故对地基稳定性和建筑物破坏只有一定的影响，且相对容易防治。

2. 多年冻土

在高纬度地区，年平均气温低于 0 ℃，冬季长，夏季很短，冬季冻结的土层在夏季结束前还未全部融化，又随气温降低开始冻结了。在地面以下一定深度的土层常年处于冻结状态，这就是多年冻土。通常认为冻结状态持续多年（三年以上）或永久不融的土，称为多年冻土或永久冻土。多年冻土往往在地面以下一定深度存在着，其上接近地表的部分，因受季节性影响，也常发生冬冻夏融，这部分通常称为季节性冻结层。因此，多年冻土地区亦常伴有季节性的冻融现象存在。多年冻土在我国主要集中分布在两大地区：一是纬度较高的内蒙古和黑龙江的大小兴安岭一带；二是海拔较高的青藏高原和甘肃、新疆的山区（祁连山、天山、阿尔泰山等）。

由于多年冻土的冻结时间长，厚度大，对地基稳定性和建筑物安全使用有较大影响且难于处理，所以冻土的危害及其防治研究，主要都是针对多年冻土而言的。

3.4.4.2　季节性冻土的分类及工程性质

季节性冻土的主要工程地质问题是冻结时膨胀，融化时下沉。从工程性质上看，液态水转化为冰，膨胀率为 1/11，冻土体积相应也增大，产生类似膨胀土的性质，夏季融化时由于含水量分布不均匀，局部土中含水量增大，土呈软塑或流塑状态，出现融沉，还可以使边坡土体开裂，路面下凹，出现翻浆冒泥。

在地下水埋藏较浅时，季节冻结区不断得到水的补充，地面明显冻胀隆起，形成的冰胀山丘，称冰丘（图 3.10）。

一般来说，土中粉粒或黏粒含量越高，含水量越大，冻胀性越强。季节性冻土可根据土的颗粒组成分为四类，见表 3.5。

1—塔头草层；2—泥炭层；3—黏性土层；4—含水层。

图 3.10　冰丘剖面示意图

表 3.5　土的冻胀性分类

分 类	土的名称	冻胀		融化后土的状态
		冻结期内胀起厚度/cm	为 2 m 冻土层厚度的百分比/%	
不冻胀土	碎石、砾石层，胶结砂砾层			固态特征不变
稍冻胀土	小碎石、砾石、粗砂、中砂	3～7	1.5～3.5	致密的或松散的，外部特征不变
中等冻胀土	细砂、粉砂质砂黏土、黏土	10～20	5～10	致密的或松散的，外部特征不变，可塑结构常被破坏
极冻胀土	粉土、粉质砂黏土、泥炭土	30～50	15～25	塑性流动、结构扰动，在压力下为流砂

3.4.4.3　多年冻土及工程性质

1. 多年冻土的特征

中国的多年冻土按地区分布不同分为两类：一类是高原型多年冻土，主要分布在青藏高原及西部高山地区，这类冻土主要受海拔高度控制。另一类是高纬度型多年冻土，主要分布于东北及大小兴安岭地区，自满洲里—牙石—黑河一线以北广大地区都有多年冻土分布。受纬度控制的多年冻土，其厚度由北向南逐渐变薄，从连续多年冻土区到岛状多年冻土区，最后尖灭到非多年冻土（季节冻土）区，其分布剖面见图 3.11。

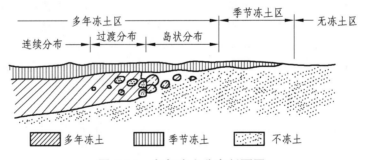

图 3.11　多年冻土分布剖面图

多年冻土具有以下特征：

（1）组成特征。

冻土由矿物颗粒（土粒）、冰、未冻结的水和气体相组成。其中矿物颗粒是主体，它的大小、形状、成分、比表面积、表面活动性等对冻土性质及冻土中发生的各种作用都有重要影响。

冻土中的冰是冻土存在的基本条件，也是冻土各种工程性质的形成基础。

（2）结构特征。

土在冻结时，土中水分有向温度低的地方移动的倾向性，因而冻土的结构与一般土的结构不同。根据土中冰的分布位置、形状特征，可分为三种结构：

① 整体结构：温度骤然下降，冻结很快，水分来不及迁移、集聚，土中冰晶均匀分布于原有孔隙中，冰与土呈整体状态，如图 3.12（a）所示。这种结构使冻土有较高的冻结强度，融化后土的原有结构未遭破坏，一般不发生融沉。因此，具有整体结构的冻土工程性质较好。

② 网状结构：一般发生在含水量较大的黏性土中。土在冻结过程中产生水分转移和集聚，在土中形成交错网状冰晶，使原有土体结构受到严重破坏，如图 3.12（b）所示。这种结构的冻土不仅发生冻胀，更严重的是融化后含水量大，呈软塑或流塑状态，发生强烈融沉，工程性质不良。

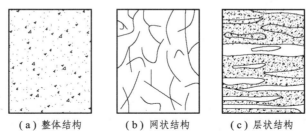

（a）整体结构　　　（b）网状结构　　　（c）层状结构

图 3.12　多年冻土结构类型

③ 层状结构：土粒与冰透镜体和薄冰层相互间层，冰层厚度可为数毫米至数厘米，如图 3.12（c）所示。土在冻结过程中发生大量水分转移，有充分水源补给，而且经过多次冻结—融沉—冻结后形成层状结构，原有的结构完全被冰层分割而破坏。这种结构的冻土冻胀性显著，融化时产生强烈融沉，工程性质不良。

冻土的结构形式对其融沉性有很大的影响。一般来说，整体结构的冻土融沉性不大；层状结构和网状结构的冻土，在融化时都将产生很大的融沉。

（3）构造特征。

多年冻土的构造是指多年冻土与其上的季节性冻土层间的接触关系，有两种构造类型：

① 衔接型构造：季节性冻土的最大冻结深度达到或超过多年冻土层上限，如图 3.13（a）所示。此种构造的冻土属于稳定的或发展型多年冻土。

② 非衔接型构造：在季节性冻土所能达到的最大冻结深度与多年冻土层上限之间有一层不冻土［或称融土层，见图 3.13（b）］。这种构造的冻土多为退化型多年冻土。

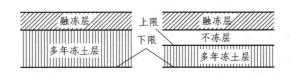

（a）衔接的多年冻土层　（b）不衔接的多年冻土层

图 3.13　多年冻土衔接示意图

2. 冻土的工程性质

（1）物理及水理性质。

冻土应视为土颗粒、未冻结水、冰及气体四相组成的复杂综合体。纯水在 0 ℃ 时就开始结冰，土中水则由于矿物表面能的作用和水中含有一定盐分的原因，其开始冻结的温度均低于 0 ℃。由于土中水分的冻结是从孔隙中的重力自由水开始的，所以土中温度继续下降时，土粒表面的结合水才逐渐被冻结，即使当土中温度降到 −78 ℃ 时，土中仍有部分结合水未被冻结。在一定负温下仍未冻结的水被称为未冻结水，未冻结水量的多少取决于土的粒度成分、负温度、外部压力及水中含盐量。在同样的负温和土质条件下，未冻结水的数量随土中黏粒的增多、外荷载压力及水溶液浓度的增大而增多。未冻结水量的多少直接影响着冻土的工程性质。因此在评价冻土的工程性质时，必然要测定天然冻土结构下的重度、比重、冻土总含水量（包括冰及未冻结水含量）和相对含冰量（土中冰重与总含水量之比）等四项指标。

未冻结水含量 W_c 可由下式计算而得：

$$W_c = K \cdot W_p \tag{3.28}$$

式中　　W_c——未冻结水含量；

　　　　K——温度修正系数，在 0 ~ 1 之间；

　　　　W_p——土的塑限含水量。

（2）力学性质。

由于冰是一种黏滞性物体，冻土具有冻结时体积膨胀，融化时迅速下沉的特性，所以冻土的抗剪强度和抗压强度都与荷载作用时间有密切关系，即冻土具有明显的流变性。长期荷载作用下冻土的持久强度大大低于瞬时强度。应当指出，只有土中所含水量超过某个界限值时，冻土中才出现冻胀现象，这个界限含水量称为起始冻胀含水量，它与土的塑限有密切关系。

冻土的强度和变形特征仍可用抗压强度、抗剪强度和压缩系数表示。由于冰的存在使得冻土的力学性质与温度和含水量有很大的关系，而且与加载的时间也有关。一般来讲，温度越低，含水量越大，强度也越大。

冻土中因有冰和未冻结水的存在，使冻土在长期荷载下有强烈的流变性，其极限抗压强度也比瞬时荷载下的抗压强度要小许多倍，且与冻土的含冰量及温度有关，所以在选用地基容许承载力时必须考虑这一点；在正温条件下冻土融化后的抗压强度与抗剪强度均显著降低，尤其是对含冰量很大的土，融化后的黏聚力仅为冻结时的 1/10，此时建筑物则因地基强度的急剧降低而发生严重的事故。在冻土较厚的地区，修建各类建筑物时，采用桩基础，打穿冻土层，但要求桩自身抗冻性能高，故应做桩自身的冻融力学试验。

（3）冻土的变形性质。

冻土的变形性质，通常分为冻胀性和融沉性两个方面。

① 冻胀性。

冻土作为建筑物的地基，若长期处于稳定冻结状态时，则具有较高的强度和较小的压缩性或不具压缩性，但在冻结过程中却表现有明显的冻胀性，对地基很不利。影响冻土冻胀性的因素，除温度外主要是土的颗粒大小及含水量等。一般来讲，土颗粒越粗，含水量越小，冻胀性就越小；反之越大。

土的冻胀性的大小用冻胀率 n 来表示，n 为土在冻结过程中土体积的相对膨胀量，以百分率表示，即：

$$n = \frac{h_2 - h_1}{h_1} \times 100\% \tag{3.29}$$

式中　　h_1——土体冻结前的高度（cm）；

　　　　h_2——土体冻结后的高度（cm）。

按 n 值的大小，可将冻土分为四类：

强冻胀土　　　　　　$n > 6\%$

冻胀土　　　　　　　$6\% \geqslant n > 3.5\%$

弱冻胀土　　　　　　$3.5\% \geqslant n > 2\%$

不冻胀土　　　　　　$n \leqslant 2\%$

② 融沉性。

冻土在融化后强度大为降低，压缩性急剧增大，使地基产生融化沉陷的现象简称融沉。

冻土地基产生融沉的原因主要是冻土在融化时，土的结构被破坏，融化前后孔隙比发生明显的突变，其中一部分与压力有关，是在外力作用下的压缩变形；另一部分与压力无关，是温度升高引起的自身融化下沉，例如采暖房屋的修建，使地基多年冻土产生融沉。

3.4.4.4 建筑物冻害的防治措施

冻土地区的铁路、工业及民用建筑等都普遍存在严重的冻害问题。冻胀和融沉是建筑物冻害中最普遍的现象，严重威胁着建筑物的稳定和安全。为保证建筑物的稳定和安全必须合理地选址和选线，并确定合理的建筑原则，尽量避免或最大限度地减轻冻害的发生。在不能避免时，必须采取相应的防治措施。防治病害的方法有许多种，但可归纳为两类：一类为消除或削弱冻害的措施，即地基处理措施；另一类是增加建筑物抵抗和适应冻胀融沉变形能力的措施，即结构措施。在此仅介绍地基处理措施。

1. 保温法

在建筑物基础底部或周围设置隔热层以增大热阻，防止冷流进入地基、减少水分迁移以减轻冻害。在路基工程中常用草皮、泥炭、炉渣等作为隔热材料。近年来，在加拿大和美国北部采用聚苯乙烯泡沫塑料做隔热层，据加拿大工程部门的经验，1 cm 厚的泡沫塑料保温层相当 14 cm 厚填土的保温效果。

2. 降温法

在房屋或路基工程中，为保护多年冻土不发生融化，常采取通风基础的形式，在冷季运动的气流将地基中的热量带走，并将冷量输入到地基中去，从而保证地基的稳定。如在修建房屋时将荷载以桩的形式传递到下部土体，将房屋底板架空，使房屋的热量尽量不影响下部的冻土。路基工程中还有块石通风路基、通风管路基、热棒等保护冻土的方式。

3. 换填法

在防治冻害的措施中，换填法是采用最广泛的一种。用粗砂、砾砂、砂卵石等非冻胀性的土置换天然地基的冻胀性土，是防止建筑物基础遭受冻害的可靠措施。一般基底的砂垫层厚度为 0.8 ~ 1.5 m，基侧为 0.2 ~ 0.5 m。在铁路建设中常用砂砾石垫层进行换填，并在换填土层的表面再夯填 0.2 ~ 0.3 m 厚的隔水层，以防止地表水渗入基底。

4. 物理化学法

物理化学法是在土体中加入某些物质，以改变土粒与水之间的相互作用，使土体中的水分迁移强度及其冰点发生变化，从而削弱土冻胀的一种方法。其中常见的处理方法有人工盐渍化法和憎水性物质改良地基土的方法。

人工盐渍化法改良地基土的方法是在土中加入一定量的可溶性无机盐类，如氯化钠（NaCl）、氯化钙（$CaCl_2$）等，使之成为人工盐渍土，从而可使土中水分迁移，强度和冻结温度降低。例如可在地基中采用灌入氯化钠的方法，降低冰点，从而将冻胀变形限制在允许的范围内。

用憎水性物质改良地基土是指在土中掺入少量憎水性物质（石油产品或副产品）和表面活性剂的方法来改良土的性质。由于表面活性剂使憎水的油类物质被土粒牢固吸附，起到削弱土粒与水的相互作用，减弱或消除地表水下渗和阻止地下水上升，使土体含水量减少，从而削弱土体冻胀及地基与基础间的冻结强度。

5. 排水隔水法

水是产生冻胀的决定性因素，因此只要能控制水分条件，就能达到削弱或消除地基土冻胀的目的。排水隔水法的具体措施包括降低地下水位，减少季节融冻层范围内的土体含水量、隔断水的补给来源和排除地表水等方法。因此，在工业及民用建筑物的附近不应有积水坑存在，同时还应设置排水系统，以便及时排除地表水及生产、生活污水；为了降低地下水位和排除基础周围的水分，可采取在基础两侧（或底部）铺填砂砾石料，并用排水管与基础外的排水沟相连等措施。

思 考 题

1. 土是如何形成的？按土的形成可以将土分为哪些类别？
2. 对比分析残积土、坡积土、洪积土和冲积土的工程性质。
3. 土的工程性质包括哪些内容？
4. 土的力学性质包括哪些内容？
5. 土的分类方式有哪几种？
6. 土的颗粒组分如何划分？按土中各粒组的含量可将土分为哪些类型？
7. 我国特殊土主要有哪几种？它们各自最突出的工程性质及工程地质问题是什么？
8. 如何理解黄土、膨胀土、软土和冻土的工程地质应用中的排水问题？

4　水的地质作用

教学重点：暂时性流水的地质作用，包括淋滤作用、洗刷作用、冲刷作用；河流的地质作用，包括河流的侵蚀作用、搬运作用、沉积作用，及其在不同河段河流地质作用的特点；地下水按埋藏条件分类，包括上层滞水、潜水和承压水的埋藏条件及其分布特征；地下水按孔隙性质分类。

教学难点：潜水的等水位线图和承压水的等水压线图；地下水对土木工程的影响。

根据已有资料，地球上总水量约为 145 432.7 万 km^3。在自然界，水有气体、液体和固体三种不同状态，它们存在于大气中，覆盖在地球表面上和存在于地下土、石的孔隙、裂隙或空洞中，可分别称为大气水、地表水和地下水。

自然界中这三部分水之间有密切的联系。在太阳辐射热的作用下，地表水经过蒸发和生物蒸腾变成水蒸气，上升到大气中，随气流移动。在适当条件下，水蒸气凝结成雨、露、雪、雹降落到地面，称为大气降水。降到地面的水，一部分沿地面流动，汇入江、河、湖、海，成为地表水；另一部分渗入地下，成为地下水。地下水沿地下土、石的孔隙、裂隙流动，当条件适合时，以泉的形式流出地表或由地下直接流入海洋。大气水、地表水和地下水之间这种不间断的运动和相互转化，称为自然界中水的循环（图 4.1）。

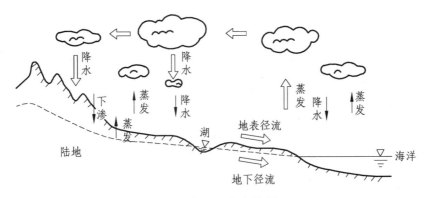

图 4.1　自然界中水的循环

在土木工程建设中，地下水常常起着重要作用。一方面地下水是供水的重要来源，特别是在干旱地区，地表水缺乏，供水主要靠地下水；另一方面，它与土石相互作用，会使土体和岩体的强度和稳定性降低，是威胁施工安全、造成工程病害的重要因素，例如，基坑、隧道涌水、滑坡活动、地基沉陷、道路冻胀变形等都与地下活动直接相关。因此，工程上对地下水问题向来十分重视。通常把与地下水有关的问题称为水文地质问题，把与地下水有关的地质条件称为水文地质条件。

4.1　地表流水的地质作用

地面流水是指沿陆地表面流动的水体。根据流动的特点，地面流水可分为片流、洪流和河流三种类型。沿地面斜坡呈片状流动的叫片流，无固定流路。当片流汇集于沟谷中形成急速流动的水流时，叫作洪流。同片流不同的是，洪流不仅有固定的流路，而且水量集中。片流和洪流仅出现在雨后或冰雪融化时的短暂时间内，因此，它们都称为暂时性流水。暂时性流水的地质作用有淋滤作用、洗刷作用和冲刷作用，可分别形成残积层、坡积层和洪积层。沿着沟谷流动的经常性流水叫河流。河流的地质作用包括侵蚀作用、搬运作用和沉积作用，可形成冲积层。

4.1.1　暂时流水的地质作用

暂时流水是大气降水后短暂时间内在地表形成的流水，因此雨季是它发挥作用的主要时间，特别是在强烈的集中暴雨后，它的作用特别显著，往往造成较大灾害。

1. 淋滤作用

在大气降水渗入地下的过程中，渗流水不仅能把地表附近的细小破碎物质带走，还能把周围岩石中的易溶成分溶解、带走。经过渗流水的这些物理和化学作用后，地表附近岩石逐渐失去其完整性、致密性，残留在原地的则为未被冲走、又不易溶解的松散物质，这个过程称淋滤作用，残留在原地的松散破碎物质称残积层（Q^{el}）。

2. 洗刷作用

大气降水沿地表流动的部分，在汇入洼地和沟谷以前，往往沿整个山坡坡面漫流，把覆盖在坡面上的风化破碎物质洗刷到山坡坡脚处，这个过程称洗刷作用，在坡脚处形成新的沉积层称坡积层（Q^{dl}）。

3. 冲刷作用

地表流水逐渐向低洼沟槽中汇集，水量渐大，携带的泥砂石块也渐多，侵蚀能力加强，使沟槽向更深处下切，同时使沟槽不断变宽，这个过程称为冲刷作用。

由冲刷作用形成的沟底狭窄、两壁陡峭的沟谷叫冲沟。初始形成的冲沟在洪流的不断作用下，可以不断地加深、拓宽和向沟头方向延长，并可在冲沟沟壁上形成支沟，见图 4.2。在降雨量较集中，缺少植被保护，由第四纪松散沉积物堆积的地区，冲沟极易形成。如我国黄土区，冲沟发展迅速，常常把地面切割得支离破碎、千沟万壑。冲沟的发展是以溯源侵蚀的方式由沟头向上逐渐延伸扩展的。冲沟的发展大致可以分为以下四个阶段：

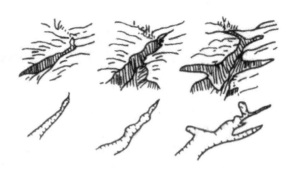

图 4.2　冲沟形成和发展示意

（1）冲槽阶段。坡面径流局部汇流于凹坡，沿凹坡集中冲刷，形成不深的冲沟。沟床的纵剖面与原地面斜坡剖面基本一致，见图 4.3（a）。在此阶段，只要填平沟槽，调节坡面流水不再汇集，种植草皮保护坡面，即可使冲沟不再发展。

（2）下切阶段。由于冲沟不断发展，沟槽汇水增大，沟头下切，沟壁坍塌，使冲沟不断向上延伸和逐渐加宽。此时的沟床纵剖面与原地面斜坡已不一致，出现悬沟陡坎，见图 4.3（b）。在沟口平缓地带开始有洪积物堆积。在此阶段，如果能够采取积极的工程防护措施，如加固沟头、捕砌沟底、设置跌水坎和加固沟壁等，可防止冲沟进一步发展。

（3）平衡阶段。悬沟陡坎已经消失，沟床已下切拓宽，形成凹形平缓的平衡剖面，冲刷逐渐减弱，沟底开始有洪积物堆积，见图 4.3（c）。在此阶段，应注意冲沟发生侧蚀和加固沟壁。

（4）休止阶段。沟头溯源侵蚀结束，沟床下切基本停止，沟底有洪积物堆积，见图 4.3（d），并开始有植物生长。

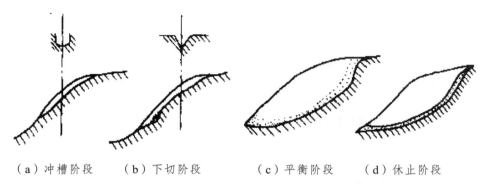

| （a）冲槽阶段 | （b）下切阶段 | （c）平衡阶段 | （d）休止阶段 |

图 4.3　冲沟纵剖面发展阶段

冲沟的发展常使路基被冲毁、边坡坍塌，给道路工程建设和养护带来很大困难。

在冲沟地区修筑道路，首先必须查明该地区冲沟形成的各种条件和原因，特别要研究该地区冲沟的活动程度，分清哪些冲沟正处于剧烈发展阶段，哪些冲沟已处于衰老休止阶段，然后有针对性地进行治理。冲沟治理应以预防为主。通常采用的主要措施是调整地表水流、填平洼地、禁止滥伐树木、人工种植草皮等。对那些处于剧烈发展阶段的冲沟，必须从上部截断水源，用排水沟将地表水疏导到固定沟槽中，同时在沟头、沟底和沟壁受冲刷处采取加固措施。在大冲沟中筑石堰、修梯田，沿沟铺设固定排水槽，也是有效措施。在缺乏石料的地区，则可改用柴捆堰、篱堰等加固设备，效果也较好。某些地区采用种植多年生草本植物防止坡面冲刷效果良好，铁路边坡多已采用。对那些处于衰老阶段的冲沟，由于沟壁坡度平缓，沟底宽平且有较厚沉积物，沟壁和沟底都有植物生长，表明冲沟发展暂时处于休止状态，应当大量种植草皮和多年生植物加固沟壁，以免支沟重新复活。道路通过时应尽量少挖方，新开挖的边坡则还应及时采取保护措施。

4.1.2　河流的地质作用

河流一般发源于山区，从河源到河口一般可分为三段：上游、中游和下游。上游多位于高山峡谷，急流险滩多，河道较直，流量不大但流速很高，河谷横断面多呈 V 字形。中游河谷较宽广，河漫滩和河流阶地发育，横断面多呈 U 字形。下游多位于平原地区，流量大而流速较低，河谷宽广，河曲发育，在河口处易形成三角洲。

一条大河的水源往往是多方面的，其来源主要为大气降雨，其次为冰雪融水以及流出地表的地下水，有时还可以得到湖水的补给。例如长江的发源地是唐古拉山主峰格拉丹东雪山西南麓的冰川，它的融化水形成长江的源头，而沿途不断有雨水、地下水和支流、冲沟的地面水补给，最后形成举世闻名的长江。

河流在重力作用下由高处向低处流动，最终汇入湖、海。这个过程，也就是流水的势能不断转化为动能的过程。河流的动能可用下式表示：

$$P = \frac{1}{2}mv^2$$

式中　*P*——动能；

　　　m——流量；

　　　v——流速。

由上式可知，河流动能的大小主要取决于流速，其次为流量。流速与河床的坡度有关，也与河谷的光滑程度和横剖面形状有关，而流量主要受气候影响。

河流的动能除了一部分用于克服运动阻力外，其余部分则消耗在对河床的剥蚀和对泥砂的搬运上。对河床的剥蚀称为侵蚀作用，对泥砂的搬运则称为搬运作用。当河流的动能减小，不足以搬运河水中所携带的泥砂等碎屑物质时，则发生堆积，称为沉积作用。

河流的侵蚀作用、搬运作用和沉积作用在整条河流上同时进行，相互影响。在河流的不同段落上，三种作用进行的强度并不相同，常以某一种作用为主。

4.1.2.1　河流的侵蚀作用

河水在流动的过程中不断加深和拓宽河床的作用称为河流的侵蚀作用。河水沿河谷流动时，除以自身冲力对河床进行冲蚀外，更主要的是靠携带的碎屑物质对河床进行磨蚀。当河流流经可溶性岩石（如石灰岩、白云岩）地区时，河水还以溶解的方式破坏岩石。河流就是通过磨蚀、冲蚀和溶蚀这三种方式进行侵蚀作用的，但以前两种方式为主，溶蚀作用仅在可溶性岩石地区比较明显。其中，磨蚀和冲蚀也称为机械侵蚀，溶蚀也称为化学侵蚀。

按侵蚀作用的方向，河流的侵蚀作用可分为两种类型，即沿垂直方向进行的下蚀作用和沿水平方向进行的侧蚀作用。下蚀和侧蚀是河流侵蚀过程中互相制约和互相影响的两个方面，不过在河流的不同发展阶段或同一条河流的不同部位，由于河水动力条件的差异，不仅下蚀和侧蚀所显示的优势会有明显的区别，而且河流的侵蚀和沉积优势也会有显著的差别。

1. 下蚀作用

河水在流动过程中使河床逐渐下切加深的作用，称为河流的下蚀作用。河水夹带固体物质对河床的机械破坏，是使河流下蚀的主要因素。其作用强度取决于河水的流速和流量，河水的流速和流量大时，下蚀作用的能量就大，下蚀作用就强。如河流上游区坡度大，河水流速大，搬运力强，下蚀作用明显，常形成横断面呈 V 字形的深切峡谷。同时，下蚀作用强度也与河床的岩性和地质构造有密切的关系，岩石坚硬则下蚀作用较弱，河床下切浅，反之则下蚀作用较强，河床下切深。河流有时在岩石强度差异较大的地段能形成瀑布。如贵州安顺的黄果树瀑布就是下蚀作用形成的，其落差达 74 m，极为壮观。

河流的侵蚀过程总是从河的下游逐渐向河源方向发展的，这种溯源推进的侵蚀过程称为溯源侵蚀，也叫向源侵蚀。有时一条河流的向源侵蚀会将另一条河流切断，将其上游的河水夺过来，这种现象称为河流袭夺。

河流的下蚀作用并不能无止境地进行下去，而以其侵蚀基准面为下限。因为随着下蚀作用的发展，河床不断加深，河流的纵坡不断变缓，流速减低，侵蚀能量削弱，达到一定的基准面后，河流的侵蚀作用将趋于消失。河流下蚀作用消失的平面，称为侵蚀基准面，不入海的河流以其注入的水体表面（如：湖水水面、主流的水面等）为其侵蚀基准面，此类侵蚀基准面又称为局部侵蚀基准面，流入海洋的河流，则海平面及由海平面向大陆内延伸的平面称为其侵蚀基准面。大陆上的河流绝大多数都流入海洋，而且海洋的水面也较稳定，所以又把海平面称为基本侵蚀基准面。侵蚀基准面并不是固定不变的，由于构造运动的区域性和差异性，会引起水系侵蚀基准面发生变化。侵蚀基准面一经变动，则会引起相关水系的侵蚀和堆积过程发生重大的改变。所以，根据河谷侵蚀与堆积地貌组合形态的研究，能够对地区新构造运动的情况做出判断。

2. 侧蚀作用

河流以携带的泥、砂、砾石为工具，并以自身的动能和溶解力对河床两岸的岩石进行侵蚀，使河谷加宽的作用称为侧蚀作用。在河流的上游，一般以下蚀作用为主，侧蚀作用不明显；而在河流的中、下游，由于河床坡度较平缓，侧蚀作用占主导地位。河水在运动过程中横向环流（图 4.4）的作用是河流产生侧蚀的主要原因；另外，河水由于受到河道中堆积物的障碍顶托作用，致使主流流向发生改变，导致对岸产生局部冲刷，是河流产生侧蚀的另一原因。在天然河道上，能形成横向环流的地方很多，但在河湾地带最为显著。

当运动的河水进入河湾后，由于受离心力的作用，表层水流以很大的流速冲向凹岸，产生强烈冲刷，使凹岸岸壁不断坍塌后退，并将冲刷下来的碎屑物质由底层水流带向凸岸堆积下来。由于横向环流的作用，使凹岸不断受到冲刷，凸岸不断发生堆积，结果使河湾的曲率增大，并受纵向水流的影响，使河湾不断向下游移动，因而导致河床发生平面摆动。日积月累，整个河床就被侧蚀作用逐渐地拓宽了（图 4.5）。

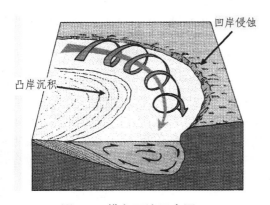

图 4.4　横向环流示意图

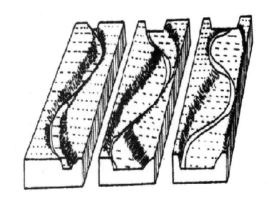

图 4.5　侧蚀作用使河谷加宽

沿河布设的线路，往往由于河流的水位变化及侧蚀，常使路基发生水毁现象，特别是河湾凹岸地段，最为显著。因此，在确定线路具体位置时，必须加以注意。由于在河湾部分横向环流作用明显加强，容易发生塌岸，并产生局部剧烈冲刷和堆积作用，河床容易发生平面摆动，因此对于桥梁建筑，也是很不利的。由于河流侧蚀的不断发展，致使河流一个河湾接着一个河湾［图 4.6（a）］，并使河湾的曲率越来越大，河流的长度越来越长，结果使河床的纵

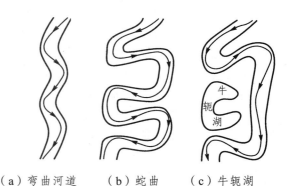

（a）弯曲河道　　（b）蛇曲　　（c）牛轭湖

图 4.6　蛇曲的发展和牛轭湖的形成

坡逐渐减小，流速不断降低，侵蚀能量逐渐削弱，直至常水位时已无能量发生侧蚀为止。这时河流所特有的平面形态，称为蛇曲［图 4.6（b）］。如长江中下游荆江河段从藕池口到城陵矶，直线距离仅 87 km，而河道则长达 239 km，有河湾 16 个，素有"九曲回肠"之称。有些处于蛇曲形态的河湾，彼此之间十分靠近，一旦流量增大，会截弯取直，流入新开拓的河道，而残留的原河湾的两端因逐渐淤塞而与原河道隔离，形成状似牛轭的静水湖泊，称为牛轭湖［图 4.6（c）］。由于它主要承受淤积，最后会逐渐成为沼泽，以至消失。

4.1.2.2　河流的搬运作用

河流将其携带的物质向下游运送的过程称为河流的搬运作用。河流搬运能力的大小，取决于河流的流量和流速，其中流速的影响最大。在一定流量的条件下，河流搬运物的粒径与水流流速的平方成正比。河流的搬运能力十分惊人，尤其是在植被不发育、地表岩性松软的地区。如黄河流经黄土地区时平均含沙量可达 37 kg/m³，最大含沙量竟达 700 kg，有"黄河斗水七升沙"之说。黄河平均年输沙量达 16 亿 t，最大年输沙量达 39.1 亿 t。流水搬运的方式可分为物理搬运和化学搬运两大类。物理搬运的物质主要是泥砂石块，化学搬运的物质则是可溶解的盐类和胶体物质。物理搬运又可分为悬浮式、跳跃式和滚动式三种方式。悬浮式搬运的主要是颗粒细小的砂和黏性土，悬浮于水中或水面，顺流而下。悬浮式搬运是河流搬运的重要方式之一，它搬运的物质数量最大，黄河每年的悬浮搬运量可达 6.72 亿 t，长江每年有 2.58 亿 t。跳跃式搬运的物质一般为块石、卵石和粗砂，它们有时被急流、涡流卷入水中向前搬运，有时则被缓流推着沿河底滚动。滚动式搬运的主要是巨大的块石、砾石，它们只能在水流强烈冲击下，沿河底缓慢向下游滚动。

化学搬运的距离最远，水中各种离子和胶体颗粒多被搬运到湖、海盆地中，当条件适合时，在湖、海盆地中产生沉积。

河流在搬运过程中，随着流速逐渐减小，被携带物质按其大小和质量陆续沉积在河床中，上游河床中沉积物较粗大，越向下游沉积物颗粒越细小。从河床断面上看，流速逐渐减小时，粗大颗粒先沉积下来，细小颗粒后沉积覆盖在粗大颗粒之上，从而在垂直方向上显示出层理。在河流平面上和断面上，沉积物颗粒大小的这种有规律的变化，称为河流的分选作用。另外，在搬运过程中，被搬运物质与河床之间、被搬运物质之间，都不断发生摩擦、碰撞，从而使原来有棱角的岩屑、碎石逐渐磨去棱角而成浑圆形状，具有较高的磨圆度。良好的分选性和磨圆度是河流沉积物区别于其他成因沉积物的重要特征。

4.1.2.3　河流的沉积作用

河流在运动过程中，能量不断受到损失，当河水携带的泥砂、砾石等被搬运物质超过了河水的搬运能力时，被搬运的物质便在重力作用下逐渐沉积下来，称为沉积作用。河流的沉积物称为冲积层。河流沉积物几乎全部是泥砂、砾石等机械碎屑物，而化学溶解的物质多在进入湖盆或海洋等特定的环境后才开始发生沉积。

冲积层的特点从河谷单元来看，可以分为两大部分：河床相和河漫滩相。河床相沉积物颗粒较粗。河漫滩相下部为河床沉积物，颗粒粗；表层为洪水期沉积物，颗粒细，以黏土、粉土为主。这样两种不同特点的沉积层称为"二元结构"。

从河流纵向延伸来看，由于不同地段流速降低的情况不同，各处形成的沉积层就具有不同特点，基本可分为四大类型段：

在山区，河床纵坡陡、流速大，侵蚀能力较强，沉积作用较弱。河床冲积层较薄，且以巨砾、卵石和粗砂为主。

当河流由山区进入平原时，流速骤然降低，大量物质沉积下来，形成冲积扇。冲积扇的形状与洪积扇相似，但冲积扇规模较大，沉积物的分选性及磨圆度更高。例如，北京及其广大地区就位于永定河冲积扇上，该冲积扇总面积达 3 000 km²。冲积扇还分布在大山的山麓地带，例如祁连山北麓、天山北麓和燕山南麓的大量冲积扇。如果山麓地带几个大冲积扇相互连接起来，则形成山前倾斜平原，在山前，河流沉积常与山洪急流沉积共同进行，因此山前倾斜平原也常称为冲洪积平原。

在河流中、下游，则由细小颗粒的沉积物组成广大的冲积平原，例如黄河下游、海河及淮河的冲积层构成的华北大平原。冲积平原上也常分布有牛轭湖相沉积，例如长江的江汉平原。

在河流入海的河口处，流速几乎降到零，河流携带的泥砂绝大部分都要沉积下来。沉积物在水面以下呈扇形分布，扇顶位于河口，扇缘则伸入海中，露出水面的部分形如一个其顶角指向河口的倒三角形，故称河口冲积层为三角洲（图 4.7）。三角洲的内部构造与洪积扇、冲积扇相似：下粗上细，即近河口处较粗，距河口越远越细。随着河流不断带来沉积物，三角洲的范围也不断向海洋方向扩展。例如，天津市在汉代是海河河口，元朝时该地区为一片湿地，现在则已成为距海岸约 90 km 的城市。长江下游自江阴以东地区，就是由大三角洲发展而成的。我国河流中携带泥砂最多的黄河，其三角洲向黄海每年伸进 300 m，现已伸进 480 km。

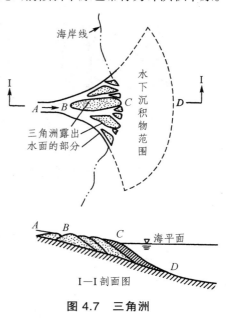

图 4.7　三角洲

4.2　地下水的地质作用

4.2.1　地下水的基本知识

4.2.1.1　地下水及其赋存介质

埋藏和运移在地表以下岩土空隙中的水称为地下水。地壳表层 10 km 以内的范围，都或多或少存在着空隙，特别是浅部 1～2 km 范围内，空隙分布较为普遍。岩石的空隙既是地下水储存场所，又是地下水的渗透通道，空隙的多少、大小及其分布规律，决定着地下水分布与渗透的特点。

根据岩石空隙成因的不同，可把空隙分为松散沉积物（如黏土、砂、砾石等）中的孔隙、坚硬岩石中的裂隙和可溶性岩石中的溶隙（图 4.8）。

孔隙的大小主要取决于沉积物的密实程度、分选性、颗粒形状和胶结程度等。沉积物越疏松、分选性越好，孔隙越大；反之，沉积物越紧密，分选性越差，孔隙越小。孔隙若被胶结物充填，则孔隙变小。通常松散土孔隙的大小和分布比较均匀，且连通性好。岩石裂隙无论其宽度、长度和连通性差异均很大，分布也不均匀。溶隙大小相差悬殊，分布很不均匀，连通性更差。

地下水在重力作用下不停地运动着，其运动特点主要取决于岩土的透水性。岩土的透水性又取决于岩土中空隙的大小、数量和连通程度。岩土按其透水性的强弱分为透水的、半透水的和不透水的三类。透水的（有时包括半透水的）岩土层称透水层。能够给出并透过相当数量重

力水的岩土层称为含水层。构成含水层的条件，一是岩土层中要有空隙存在，并充满足够数量

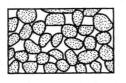 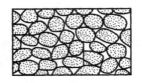 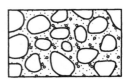

（a）分选良好排列疏松的砂　　　（b）分选良好排列紧密的砂　　　（c）分选不良含泥、砂的砾石

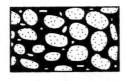 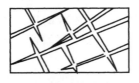 

（d）部分胶结的砂岩　　　　　（e）具有裂隙的岩石　　　　（f）具有溶隙的可溶岩

图 4.8　空隙

的重力水；二是这些重力水能够在岩土空隙中自由运动。不能给出并透过水的岩层称为隔水层。隔水层还包括那些给出与透过水的数量很少的岩土层，也就是说，有的隔水层可以含水，但是不具有允许相当数量的水透过自己的性能，例如黏土就是这样的隔水层。表 4.1 给出常见岩土在常压下按透水程度的分类。

表 4.1　岩土按透水程度的分类

透水程度	渗透系数 k /（m/d）	岩土名称
良透水的	>10	砾石、粗砂、岩溶发育的岩石、裂隙发育且很宽的岩石
透水的	10～1.0	粗砂、中砂、细砂、裂隙岩石
弱透水的	1.0～0.01	黏质粉土、细裂隙岩石
微透水的	0.01～0.001	粉砂、粉质黏土、微裂隙岩石
不透水的	<0.001	黏土、页岩

4.2.1.2　水在岩土中的存在形式

根据水在空隙中的物理状态，水与岩土颗粒的相互作用等特征，一般将水在空隙中存在的形式分为五种，即气态水、结合水、毛细水、重力水、固态水。

（1）气态水。即水蒸气，它和空气一起充满于岩土的空隙中，岩土中的气态水可以由大气中的气态水进入地下形成，也可以由地下液态水蒸发形成。气态水有极大的活动性，受气流或温度、湿度的影响，由蒸汽压力大的地方向蒸汽压力小的地方移动。在温度降低或湿度增大到足以使气态水凝结时，便变成液态水。

（2）结合水。结合水（图 4.9）可以分为强结合水（吸着水）和弱结合水（薄膜水）。强结合水是最接近岩土颗粒表面或隙壁表面的水。其厚度一般认为相当于几十个水分子厚度，但也有人认为可达几十至几百个水分子厚度。岩土颗粒表面往往带

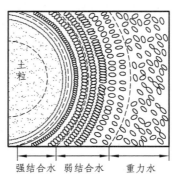

（图中椭圆形小粒代表水分子）

图 4.9　结合水与重力水

电，具有电分子引力，而水分子是偶极分子，它们之间吸引力非常大，约为 $101\,325 \times 10^4\,Pa$，比水分子所受重力大得多。因此，吸着水不同于一般液态水，它不受重力影响，一般情况下不能移动，密度平均为 $2 \times 10^3\,kg/m^3$ 左右，溶解盐类能力弱，不导电， $-78\,°C$ 仍不冻结，有极大黏滞性、弹性和抗剪强度，只有将岩土加热到 $105 \sim 110\,°C$ 才可能转化为气态而运移。这种水不能利用，也不能为植物吸收。

弱结合水是指强结合水外受到颗粒表面或裂隙表面引力显著减弱的那部分水。其厚度相当于几十、几百乃至几千个水分子的厚度。由于引力减小，水分子的排列就不那么紧密规则了。但密度仍较大，具有抗剪强度，其黏滞性及弹性均高于普通液态水，溶解盐类的能力较低，一般不能利用，但外层的水可被植物吸收。当两个颗粒的薄膜水接触后，薄膜水可由水膜厚的地方向水膜薄的地方缓慢移动，直到薄膜厚度接近相等为止。

吸着水和薄膜水在岩土中的含量取决于颗粒的比表面积。颗粒越细小，比表面积越大，强、弱结合水含量就越高。例如，黏土所含强、弱结合水可分别达 18% 和 45%，因此对黏性土和黏土岩的工程性质有决定性的影响。而砂土所含强、弱结合水分别为不到 0.5% 和 2%，对于具有裂隙和溶洞的坚硬岩石来说，所含结合水微不足道，没有实际意义。

（3）毛细水。存在于岩土毛细孔隙和毛细裂隙中受毛细作用控制的水称为毛细水。通常，土中直径小于 1 mm 的孔隙称为毛细孔隙；岩石中宽度小于 0.25 mm 的裂隙称为毛细裂隙。毛细水主要存在于直径 $0.002 \sim 0.5\,mm$ 大小的毛细孔隙中。孔隙更细小者，土粒周围的结合水膜有可能充满孔隙而不能再有毛细水；粗大的孔隙，毛细力极弱，难以形成毛细水，故毛细水主要在砂土、粉土和粉质黏性土中含量较大。毛细水同时受重力和毛细力的作用，毛细力大于重力，水就上升，反之则下降，毛细力与重力相等时，毛细水的上升达到最大高度。毛细水的上升速度及高度，取决于毛细孔隙的大小，而毛细孔隙的大小与土颗粒大小关系密切。土颗粒越细，毛细水上升高度越大，上升速度越慢。如粗砂中的毛细水上升速度较快，几昼夜就可达到最大高度，而黏性土则要几年。表 4.2 给出了几种土的毛细水上升的最大高度。

表 4.2　毛细水上升的最大高度　　　　　　　　　　　单位：cm

土的名称	粗砂	中砂	细砂	黏质粉土	粉质黏土	黏土
最大高度	2 ~ 4	12 ~ 35	35 ~ 120	120 ~ 250	300 ~ 350	500 ~ 600

通常，在地下水面之上，若岩土中有毛细孔隙，则水沿毛细孔隙上升，在地下水面上形成一个毛细水带。毛细水受重力作用能垂直运动，能被植物吸收，对于土的盐渍化、冻胀等有重大影响。

（4）重力水。当薄膜水厚度增大，颗粒与水分子间的引力越来越小，以致水分子不再受这种引力控制的时候，这些水分子形成液态水滴，在重力作用下移动，形成重力水（图 4.9）。在饱和的岩土中，空隙中的水除结合水外都是重力水。重力水在重力作用下可以在岩土空隙中自由流动，又称自由水。它不受静电引力的影响，可传递静水压力。重力水能产生浮托力、孔隙水压力。流动的重力水在运动过程中可产生动水压力。重力水具有溶解能力，对岩土体可产生化学溶蚀、潜蚀作用，导致岩土体成分及结构的破坏。重力水是构成地下水的主要部分，通常所说的地下水就指重力水。

（5）固态水。指岩土空隙中的冰。当温度低于水的冰点时，液态水变为固态冰；温度高于冰点时，固态冰又变为液态水。在多年冻土地区，地下水可以终年以固态冰的形式存在。

各种状态的水在岩土中的存在形式可以下例说明：假设我们从地面向下打一口井，开始挖出的土看起来像干的，实际上土中已有气态水甚至吸着水和薄膜水存在了。继续向下挖，随着薄膜水逐渐增加，挖出的土逐渐潮湿，颜色加深，这样逐渐变化直至见到地下水面为止。如果在地下水面以上存在一个毛细水带，则上述的逐渐变化在到达毛细水位（毛细水的上部界限）时，能够有一个较明显的改变，在毛细带中挖土时，井壁、井底都不断有水渗出来。地下水面以下是自由流动的重力水，称为饱水带；地下水面以上直到地表统称为包气带。

4.2.1.3　地下水运动的基本定律

地下水在松散沉积物中沿着孔隙流动，在坚硬的岩石中沿着裂隙或溶隙中流动。地下水的运动有层流、紊流和混合流三种形式。层流是地下水在岩石的孔隙或微裂隙中渗透，产生连续水流；紊流是地下水在岩土的裂隙或溶隙中流动，具有涡流性质，各流线有互相交错现象；混合流是层流和紊流同时出现的流动形式。

地下水在孔隙中的运动（渗透）属于层流，遵循达西（Darcy）线性渗透定律，其公式如下：

$$Q = KA\frac{H_1 - H_2}{L} = KAI \tag{4.1}$$

或

$$v = \frac{Q}{A} = KI \tag{4.2}$$

式中　　Q——渗透流量（m^3/d）；

H_1、H_2——上、下游过水断面的水头（m）；

L——上、下游过水断面间的水平距离（m）；

A——过水断面的面积（包括岩石颗粒和空隙两部分的面积）（m^2）；

K——渗透系数（m/d）；

I——水力坡度；

v——地下水渗透速度（m/d）。

地下水在多孔介质中的运动称为渗透或渗流。地下水的渗透符合达西定律。由式（4.2）可知：地下水的渗流速度与水力坡度的一次方成正比，也就是线性渗透定律。当 $I = 1$ 时，$v = K$，即渗透系数是单位水力坡度时的渗流速度。在自然条件下，地下水流动时阻力较大，一般流速较小，绝大多数属于层流运动，但在岩石的洞穴及大裂隙中地下水的运动多属于非层流运动。

① 渗流速度 v。在公式（4.2）中，过水断面的面积包括岩石颗粒所占据的面积及空隙所占据的面积，而水流实际通过的过水断面面积为空隙所占据的面积。由此可知，渗流速度 v 并非地下水的实际流速，而是假设水流通过整个过水断面（包括颗粒和空隙所占据的全部空间）时所具有的虚拟流速。

② 水力坡度 I。水力坡度为沿渗流途径的水头损失与相应渗透途径长度的比值。地下水在空隙中运动时，受到空隙壁以及水质点自身的摩擦阻力，克服这些阻力保持一定流速，就要消耗能量，从而出现水头损失。所以，水力坡度可以理解为水流通过某一长度渗流途径时，为克服阻力，保持一定流速所消耗的以水头形式表现的能量。

③ 渗透系数 K。表示含水层透水性能的重要水文地质参数，可通过实验室测定或现场抽水试验求得，一些松散土体的渗透系数参考值见表 3.2。

4.2.2　地下水的物理性质和化学成分

地下水的物理性质受周围环境条件和所含化学成分的影响，地下水的化学成分与流经的岩土性质和成分、地下水的补给条件和气候有密切关系。研究地下水的物理性质和化学成分，对于了解地下水的成因与动态，确定地下水对混凝土等的侵蚀性，进行各种用水的水质评价等，都有着实际的意义。

4.2.2.1　地下水的物理性质

地下水的物理性质包括温度、颜色、透明度、嗅味、口味、比重、导电性及放射性等。

（1）温度。地下水的温度变化范围很大。地下水温度的差异，主要受各地区的地温条件所控制。通常随埋藏深度不同而异，埋藏越深，水温越高。按照地下水的温度高低，可把地下水分为：低于 0 ℃ 的过冷水；0～4 ℃ 的极冷水；4～20 ℃ 的冷水；20～37 ℃ 的温水；37～42 ℃ 的热水；42～100 ℃ 的极热水和高于 100 ℃ 的过热水七种。

（2）颜色。纯水是无色的。地下水的颜色取决于水中的化学成分及悬浮物。地下水颜色与水中所含成分的关系如表 4.3 所示。

表 4.3　地下水所含成分与颜色的关系

所含成分	钙、镁离子	氧化亚铁	氢氧化铁	硫化氢	硫细菌	锰化合物	悬浮物	腐殖物
地下水颜色	浅蓝	浅灰色	锈黄	浅绿色	红	暗红	浅灰	暗黄、灰黑

（3）透明度。纯水是透明的，当水中含有矿物质、机械混合物、有机质及胶体物质时，地下水的透明度就改变，所含各种成分越多，透明度越差。根据透明度可将地下水分为以下几种：透明的、微浑的、浑浊的、极浑浊的。

（4）嗅味。纯水无嗅、无味，但当水中含有某些气体或有机质时就有了某种气味。例如，水中含 H_2S 时有臭鸡蛋味，含腐殖质时有霉味等。

（5）口味。地下水的味道主要取决于水中化学成分。表 4.4 列出一些地下水的成分与口味之间的关系。

表 4.4　地下水所含成分与口味的关系

成分	NaCl	Na_2SO_4	$MgCl_2$ $MgSO_4$	大量有机物	铁盐	腐殖物	H_2S 与碳酸气同时存在	CO_2 与适量 $Ca(HCO_3)_2$、$Mg(HCO_3)_2$
口味	咸	涩	苦	甜	墨水	沼泽	酸	良好适口

（6）相对密度。地下水的相对密度取决于所含各种成分的含量。纯水比重为 1，水中溶解的各种成分较多时可达 1.2～1.3。

（7）导电性。取决于所含电解质的数量与性质（即各种离子的含量与离子价），离子含量越多、离子价越高，水的导电性越强；另外水的导电性也受温度的影响。

（8）放射性。地下水的放射性取决于其中所含放射性元素的数量。地下水均具有或强或弱的放射性，但一般极为微弱。

4.2.2.2　地下水的化学成分及按其分类

1. 地下水的化学成分

地下水沿着岩土体的孔隙、裂隙或溶隙渗流时，能溶解岩土中的可溶物质，而使其含有多种元素，这些元素是以离子、分子或气体状态存在，其中以离子状态为最多。

（1）主要气体成分。地下水中常见的气体有 N_2、O_2、CO_2、H_2S。一般情况下，地下水的气体含量，每升只有几毫克到几十毫克。

（2）主要离子成分。地下水中的阳离子主要有 H^+、Na^+、K^+、NH_4^+、Ca^{2+}、Mg^{2+}、Fe^{3+} 和

Fe^{2+} 等；阴离子主要有 OH^-、Cl^-、SO_4^{2-}、NO_2^-、NO_3^-、HCO_3^-、CO_3^{2-}、SiO_3^{2-} 和 PO_4^{3-} 等。一般情况下在地下水化学成分中占主要地位的是以下七种离子：Na^+、K^+、Ca^{2+}、Mg^{2+}、Cl^-、SO_4^{2-} 和 HCO_3^- 离子。它们是人们评价地下水化学成分的主要项目。

（3）主要分子成分。地下水中的主要分子成分主要有 $Fe(OH)_3$、$Al(OH)_3$ 和 H_2SiO_3 等。

　2. 地下水按化学成分分类

按照不同的化学成分，以其含量多少，可对地下水进行分类。

（1）按照 pH 分类。

水中氢离子浓度的负对数值称水的 pH。根据 pH 可将水分为五类，如表 4.5 所示。

表 4.5　地下水按 pH 的分类

地下水的类型	强酸性水	弱酸性水	中性水	弱碱性水	强碱性水
pH	<5	5 ~ 7	7	7 ~ 9	>9

地下水的氢离子浓度主要取决于水中 HCO_3^-、CO_3^{2-} 和 H_2CO_3 的数量。自然界中大多数地下水的 pH 在 6.5 ~ 8.5 之间。

（2）按总矿化度分类。

水中离子、分子和各种化合物的总量称总矿化度，用 g/L 表示。它表示水的矿化程度。通常以在 105 ~ 110 ℃ 温度下将水蒸干后所得干涸残余物的含量来确定。根据矿化程度可将水分为五类，如表 4.6 所示。

表 4.6　水按矿化度的分类

水的类别	淡水	微咸水（低矿化水）	咸水（中等矿化水）	盐水（高矿化水）	卤水
矿化度	<1	1 ~ 3	3 ~ 10	10 ~ 50	>50

矿化度与水的化学成分之间有密切的关系：淡水和微咸水常以 HCO_3^- 为主要成分，称重碳酸盐水；咸水常以 SO_4^{2-} 为主要成分，称硫酸盐水；盐水和卤水则往往以 Cl^- 为主要成分，称氯化物水。

高矿化水能降低水泥混凝土的强度，腐蚀钢筋，促使混凝土分解，故拌和混凝土时不允许用高矿化水，在高矿化水中的混凝土建筑也应注意采取防护措施。

（3）按硬度分类。

水中的 Ca^{2+}、Mg^{2+} 的总含量称为总硬度。将水煮沸后，水中一部分 Ca^{2+}、Mg^{2+} 与水中重碳酸根离子化合生成碳酸盐沉淀下来，致使水中的 Ca^{2+}、Mg^{2+} 的含量减少，由于煮沸而减少的这部分 Ca^{2+}、Mg^{2+} 的总含量称为暂时硬度。煮沸后仍保留在水中的 Ca^{2+}、Mg^{2+} 含量称永久硬度。总硬度等于暂时硬度与永久硬度之和。根据硬度可将水分为五类，如表 4.7 所示。

暂时硬度较小的水，也就是重碳酸钙含量较小的水，称为软水。水的暂时硬度越高，对水泥石的腐蚀性越小；水质越软，腐蚀性越强。

表 4.7　水按硬度的分类

	水的类型	极软水	软水	微硬水	硬水	极硬水
硬度	Ca^{2+} 和 Mg^{2+} 的毫摩尔数/L	<1.5	1.5 ~ 3.0	3.0 ~ 6.0	6.0 ~ 9.0	>9.0
	德国度	<4.2	4.2 ~ 8.4	8.4 ~ 16.8	16.8 ~ 25.2	>25.2

注：1 德国度 = 每升水中含 0.357 毫克当量的 Ca^{2+} 或 Mg^{2+}。

4.2.3 地下水的类型

地下水的分类方法很多，归纳起来可分为两类：一类是按地下水的某一特征进行分类，如地下水按温度分类，按 pH 分类，按总矿化度分类，按硬度分类等；另一类是综合考虑了地下水的某些特征进行综合分类。下面介绍两种综合分类法：按埋藏条件和按含水层空隙性质的综合分类法。

按地下水的埋藏条件，可将地下水分为上层滞水、潜水和承压水三类；根据含水层的空隙性质，把地下水分为孔隙水、裂隙水和岩溶水三类。上述分类可组成 9 种不同的地下水，如孔隙潜水、岩溶承压水等，见表 4.8。

表 4.8　地下水分类表

按埋藏条件	按含水层空隙性质		
	孔隙水	裂隙水	岩溶水
上层滞水	局部隔水层上季节性重力水	裂隙岩层中局部隔水层上部季节性存在的水	可溶岩层中季节性存在的重力水
潜水	各种成因类型的松散沉积物中的水	裸露于地表的裂隙岩层中的水	裸露的可溶岩层中的水
承压水	由松散沉积物构成的山间盆地、山前平原及平原中的深层水	构成盆地，向斜或单斜构造中层状裂隙岩层中的水，构造破碎带中的水，独立裂隙系统中的脉状水	构造盆地、向斜或单斜构造的可溶岩层中的水

4.2.3.1　地下水按埋藏条件分类及其特征

1. 上层滞水

储存于包气带中局部隔水层之上的重力水称为上层滞水（图 4.10）。上层滞水一般分布不

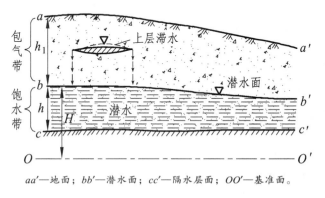

aa'—地面；bb'—潜水面；cc'—隔水层面；OO'—基准面。

图 4.10　上层滞水和潜水示意图

广，埋藏接近地表，接受大气降水的补给，补给区与分布区一致，以蒸发形式或从隔水底板边缘下渗的形式排泄。雨季时获得补给，赋存一定的水量，旱季时水量逐渐消失，季节变化大，容易受到污染，只能用作小型或暂时性供水水源；从供水角度看意义不大，但从工程地质角度看，上层滞水会突然涌入基坑危害基坑施工安全；上层滞水还可减弱地基土强度，引起土质边坡滑坍，黄土路基沉陷；在寒冷的北方地区，则易引起道路的冻胀和翻浆等病害。

2. 潜　水

埋藏在地面以下第一个稳定隔水层之上具有自由水面的重力水叫潜水。潜水主要分布于第四纪松散沉积层中，出露地表的裂隙岩层或岩溶岩层中也有潜水分布。

潜水的自由水面称为潜水面，潜水面的高程称为潜水位（H），潜水面至地面的垂直距离称为潜水埋藏深度（h_1），潜水面到隔水底板的距离为潜水含水层的厚度（h），见图 4.10。

潜水具有自由水面，为无压水。影响潜水面的形状的因素主要有三个：地表地形、含水层厚度及岩土层的透水性能。潜水面的形状主要受地形控制，基本上与地形一致，但比地形平缓［图 4.11（a）］；含水层厚度变大时，潜水面坡度变缓［图 4.11（b）］；岩层透水性变大，潜水面也变缓［图 4.11（c）］。

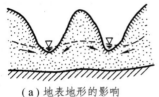 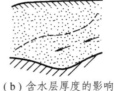 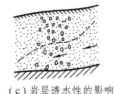

（a）地表地形的影响　　　　　（b）含水层厚度的影响　　　　　（c）岩层透水性的影响

图 4.11　影响潜水面形状的因素示意图

潜水的埋藏深度和含水层的厚度受气候、地形和地质条件的影响，变化甚大。在地形强烈切割的山区，埋藏深度可达几十米甚至更深。含水层厚度差异也大；而在平原地区，埋藏深度较浅，通常为数米至十余米，有时可为零，含水层厚度差异也小。潜水的埋藏深度和含水层的厚度不仅因地而异，就是在同一地区，也随季节不同而有显著变化。在雨季，潜水面上升，埋藏深度变小，含水层厚度随之加大，旱季则相反。

潜水通过包气带与地表相通，所以大气降水、地表水和凝结水可直接渗入补给潜水，成为潜水的主要补给来源。当承压水或河流与潜水联系时，如承压水水位或河流水位高于潜水水位，则承压水或河流也能补给潜水。潜水分布区与补给区常常是一致的。

潜水在重力作用下由高处向低处流动，形成地下径流。地下径流受含水岩土层的性质、潜水面的水力坡度、地形切割程度及气候条件的影响。岩土透水性好、潜水面的水力坡度大、地面被沟谷切割得较深，则潜水径流条件好。

潜水的排泄主要有垂直排泄和水平排泄两种方式。在埋藏浅和气候干燥的条件下，潜水通过上覆岩层不断蒸发而排泄时，称为垂直排泄。垂直排泄是平原地区与干旱地区潜水排泄的主要方式。潜水以地下径流的方式补给相邻地区含水层，或出露于地表直接补给地表水时，称为水平排泄。在地势比较陡峻的河流的中、上游地区以水平排泄为主。

潜水的水质和水量是潜水的补给、径流和排泄的综合反映。当补给来源丰富、径流条件好、以水平排泄为主时，潜水一般水量较大，水质较好；反之，潜水水量小，水质差。在浅水埋藏浅的地区，若以蒸发排泄为主，则随着水分的蒸发，水中所含盐分留在潜水及包气带岩土层内，使潜水矿化度增高，引起土壤的盐渍化。另外，潜水的水质易受地面污染的影响。潜水的动态受气候影响较大，具有明显的季节性变化特征。因为许多与潜水有关的工程病害，都是在显著的潜水动态变化之后不久发生的，因此应注意潜水的动态变化。

潜水面常以潜水等水位线图表示。所谓潜水等水位线图就是潜水面上高程相等各点的连线图

（图 4.12）。绘制时将研究地区的潜水人工露头（如钻孔、探井、水井）和天然露头（如泉、沼泽）的水位同时测定，绘在地形等高线图上，连接水位相等的各点即得潜水等水位线图。由于水位有季节性的变化，编图时必须在同一时间或较短时间内对测区内潜水位进行观测，图上必须要注明测定水位的日期。对同一地区还可测得不同时间的一系列等水位线图，得出该地区潜水面随时间变化的情况。

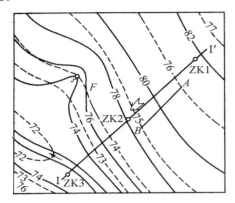

（a）潜水等水位线图

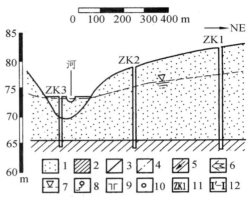

（b）Ⅰ—Ⅰ′剖面的水文地质剖面图

1—砂土；2—黏性土；3—地形等高线；4—潜水等水位线；5—河流及流向；6—潜水流向；7—潜水面；
8—下降泉；9—钻孔（剖面图）；10—钻孔（平面图）；11—钻孔编号；12—Ⅰ-Ⅰ′剖面线。

图 4.12　潜水等水位线图及水文地质剖面图

利用潜水等水位线图可解决以下问题：

（1）确定潜水流向。垂直等水位线方向由高水位流向低水位，图 4.12 箭头所示的方向。

（2）确定潜水面的水力坡度。沿潜水流向上任意两点潜水位之差与该两点间的水平距离之比值，即为该两点间潜水面的水力坡度（近似值）。例如，图 4.12（a）上 A、B 两点的水位差为 1 m，AB 段的距离为 240 m，则 AB 间的水力坡度 I_{AB} 为：

$$I_{AB} = \frac{76-75}{240} \times 100\% = 0.42\%$$

（3）确定潜水与地表水之间的补给关系（图 4.13）。根据河流附近等水位线形状及其流向，可判定两者的补给关系。如潜水流向指向河流，则潜水补给河水；如潜水流向背向河流，则潜水接受河水补给。

（a）潜水补给河水

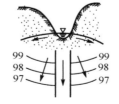

（b）河水补给潜水

（c）左岸河水补给潜水，右岸潜水补给河水

图 4.13　地表水（河流）与潜水之间的补给关系

（4）确定潜水的埋藏深度。某一点的地形等高线高程与潜水等水位线高程之差即为该点潜

水的埋藏深度。

（5）确定泉或沼泽的位置。在潜水等水位线与地形等高线高程相等处，潜水出露，这里即是泉或沼泽的位置。

（6）确定给水和排水工程的位置。水井应布置在地下水流汇集的地方，排（截）水沟应布置在垂直水流的方向上。

3. 承压水

充满于两个稳定的隔水层之间的含水层中的重力水称为承压水。其上部的隔水层称作隔水顶板，下部的隔水层称作隔水底板。顶、底板之间的垂直距离为含水层厚度（M）（图4.14）。承压性是承压水的一个重要特征。当钻孔或打井打穿隔水顶板时，这种水能沿钻孔或井上升；若水压力较大时，甚至能喷出地表形成自流，这时也称自流水。

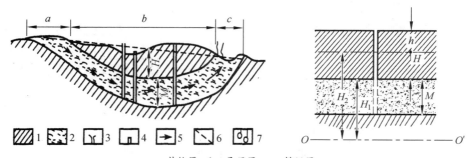

a—补给区；b—承压区；c—排泄区；
1—隔水层；2—含水层；3—喷水钻孔；4—不自喷钻孔；5—地下水流向；6—测压水位；7—泉。

图 4.14　承压盆地构造图

承压水的形成主要取决于地质构造，最适合形成承压水的地质构造是向斜构造和单斜构造。前者称为承压盆地或自流盆地；后者称为承压斜地或自流斜地。

（1）承压盆地。

一个完整的承压盆地可分为补给区［图4.14（a）］、承压区［图4.14（b）］和排泄区［图4.14（c）］三部分。补给区在承压盆地中承压含水层出露地表较高的一端，较低的一端为排泄区，承压含水层上覆隔水层的地区为承压区。在承压区，钻孔钻穿隔水顶板后才能见到地下水，此见水高程（H_1）（即隔水顶板底面高程）称初见水位。此后，承压水在静水压力作用下沿钻孔上升到一定高度停止下来，此高程称承压水位（H_2）或测压水位。承压水位高出隔水顶板底面的距离（H）称作承压水头，地面高程与承压水位的差值称地下水位埋深（h），见图4.14。承压水位高于地表的地区称为自流区，在此区，凡钻到承压含水层的钻孔都能形成自流井，承压水沿钻孔上升喷出地表。将各点承压水位连成的面称承压水面，它只是一个压力面，不是真正的地下水面。

（2）承压斜地。

承压斜地在地质构造上有两种类型，一种为断块构造形成的承压斜地，含水层的上部出露地表，为补给区；下部被断层所切，若断层带导水，则含水层中的水可通过断层带排泄；承压区位于补给区和排泄区之间，见图4.15（a）。若断层带不导水，则承压水无独立的排水通道，此时，补给区即排泄区，承压区位于另一地段，见图4.15（b）。

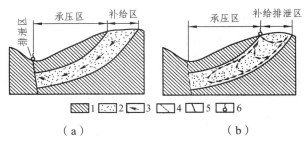

1—隔水层；2—含水层；3—地下水流向；4—不导水断层；5—导水断层；6—泉。

图 4.15　断块构造形成的承压斜地

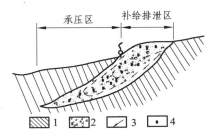

1—隔水层；2—含水层；3—地下水流向；4—泉。

图 4.16　岩性变化形成的承压斜地

另一种情况是含水层岩性发生相变或受各种侵入体阻挡形成的承压斜地，其含水层上部出露地表，为补给区；下部在某一深度处尖灭或突变。此时，含水层的补给区与排泄区一致或相邻，而承压区则位于另一地段，见图 4.16。

承压水的补给来源可以是多方面的，首先是来自补给区大气降水的补给［图 4.17（a）］。如果补给区有地表水体且地表水水位高于承压水水位时，地表水可以成为承压水的补给来源［图 4.17（b）］。当潜水与承压水相连通且潜水水位高于承压水水位时，潜水也可补给承压水［图 4.17（c）］。

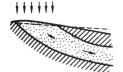  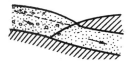

（a）大气降水补给承压水　　　（b）地表水补给承压水　　　（c）潜水补给承压水

隔水层　第四纪含水层　基岩含水层　地下水水位　地下水流向

图 4.17　承压水的补给

承压水的径流条件主要取决于补给区与排泄区的水位差、两区间的距离和含水层的透水性等因素。一般来说，两区的水位差越大、距离越短、含水层透水性越好，则径流条件越好；反之，径流条件越差。承压水的排泄方式也很多，如地面切割使含水层在低于补给区的位置出露于地表，承压水往往以泉或泉群的形式排泄［图 4.18（a）］；当承压水排泄点位于河床或潜水层以下时，承压水可直接泄入河水或潜水层中［图 4.18（b）、（c）］。承压水的涌水量与含水层的分布范围、厚度、透水性及补给区和补给水源的大小等因素有关。含水层分布范围广、

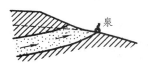  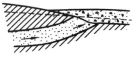

（a）以泉的形式排泄　　　（b）向地表水排泄　　　（c）向潜水排泄

隔水层　第四纪含水层　基岩含水层　地下水水位　地下水流向

图 4.18　承压水的排泄

厚度大、透水性好、补给区面积大、补给水源充足，涌水量就大。同时，由于承压水上有隔水顶板，基本上不受承压区以上地表气候、水文因素的影响，动态比较稳定。承压水水质不易受地面污染，且径流路程一般较长，故水质较好。

承压水面在平面图上用承压水等水压线图表示。所谓等水压线图就是承压水面上高程相等点的连线图（图4.19）。等水压线图上必须附有地形等高线和顶板等高线。承压水等水压线图可以判断承压水的流向及计算水力坡度，确定初见水位、承压水位的埋深及承压水头的大小等。

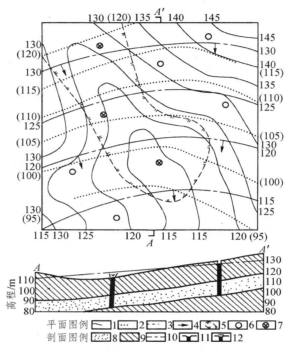

1—地形等高线（m）；2—含水层顶板等高线（m）；3—等水压线（m）；4—地下水流向；
5—等压水自溢区；6—钻孔；7—自流井；8—含水层；9—隔水层；
10—承压水水位线；11—钻孔；12—自流井。

图4.19　承压水等水压线图

规模大的承压含水层是很好的供水水源；承压水的水头压力能引起基坑突涌，破坏基底的稳定性；承压水一般水量较大，隧道和桥基施工若钻透隔水顶板，会造成突然而猛烈的涌水，处理不当将会给工程带来重大损失。

4.2.3.2　地下水按含水层性质分类及其特征

1. 孔隙水

在孔隙含水层中储存和运移的地下水称孔隙水。孔隙含水层主要是第四纪的松散沉积物，但某些胶结程度不好的碎屑沉积岩，也能成为孔隙含水层。孔隙水多呈均匀而连续的层状分布。孔隙水的存在条件和特征主要取决于岩石的孔隙情况，因为岩石孔隙的大小、多少和连通性，不仅关系到岩石透水性的好坏，而且也直接影响到岩石中地下水量的多少，以及地下水在岩石中的运移条件和地下水的水质。一般情况下，颗粒大而均匀，则含水层孔隙也大、透水性好，地下水水量大、运动快、水质好；反之，则含水层孔隙小、透水性差，地下水运移慢、水质差、水量也小。另外，岩土的成因和成分以及颗粒的胶结情况对孔隙水也有较大影响。

根据孔隙含水层埋藏条件的不同，有孔隙-上层滞水、孔隙-潜水和孔隙-承压水三种基本类型。

2. 裂隙水

赋存并运移于裂隙介质中的地下水称裂隙水。它主要分布在山区和第四系松散覆盖层下的基岩中，裂隙的性质和发育程度决定了裂隙水的存在和富水性。在裂隙发育地区，含水丰富；反之，含水甚少。所以在同一构造单元或同一地段内，富水性有很大变化，因而形成了裂隙水分布的不均一性。有时，可使相距很近的钻孔，水量相差达数十倍。

岩石的裂隙按成因可分为风化裂隙、成岩裂隙和构造裂隙三种类型，相应地也将裂隙水分为三种，即风化裂隙水、成岩裂隙水和构造裂隙水。

（1）风化裂隙水。赋存在风化裂隙中的水为风化裂隙水。风化裂隙是由岩石的风化作用形成的，其特点是沿地表分布广泛，无一定方向，密集而均匀，延伸不远，互相连通，发育程度随深度而减弱，一般发育深度为几米到几十米，少数也可深达百米以上。因此，风化裂隙水常埋藏于地表浅处，含水层厚度不大，水平方向透水性均匀，垂直方向透水性随深度而减弱，逐渐过渡到不透水的未风化的岩石。风化裂隙水多为裂隙-潜水型，具有统一的水面。

风化裂隙水的补给来源主要为大气降水，其补给量的大小受气候及地形因素的影响很大，在气候潮湿多雨和地形平缓地区，风化裂隙水较丰富，常以泉的形式排泄于河流中；在地形起伏大，沟谷发育的山区，径流和排泄条件好，不利于风化裂隙水的储存，所以除了雨季短时期外，水量不大。

（2）成岩裂隙水。储存并运移在成岩裂隙中的地下水称为成岩裂隙水。成岩裂隙是岩石在成岩过程中产生的原生裂隙。当成岩裂隙岩层出露于地表，接受大气降水或地表水补给时，形成裂隙-潜水型地下水；当成岩裂隙岩层被隔水层覆盖时，则形成裂隙-承压水型地下水。成岩裂隙一般常见于岩浆岩中，喷出岩类的成岩裂隙以玄武岩最为发育，这一类裂隙在水平和垂直方向上都比较均匀，呈层状分布，彼此相互连通，裂隙不随深度减弱，水量往往较大，下伏隔水层往往是其他的不透水层。侵入岩中的裂隙，通常在其与围岩接触处最发育，在此形成富水带。

我国西南地区分布大面积二叠系峨眉山玄武岩，其中某些地区成岩裂隙很发育，含有丰富的成岩裂隙水，泉流量一般为 0.1 ~ 0.6 L/s，在疏干或利用时，应予以重视。

（3）构造裂隙水。构造裂隙是由于岩石受构造运动应力作用所形成的，而赋存和运移于其中的地下水就称为构造裂隙水。不同的构造裂隙所含的构造裂隙水特征各不相同。压性、扭性或压扭性的构造裂隙，如逆断层、逆掩断层及密闭节理，裂隙多为密闭型，透水性差，含水量小，可以起隔水作用；张性或张扭性构造裂隙，如正断层、某些平移断层和张节理，裂隙多为张开型，透水性好，蓄水量大，起良好的含水和过水作用，这类裂隙水对地下工程建设危害较大，应予以高度重视。

由于构造裂隙较为复杂，构造裂隙水的变化也较大，呈现出不均匀性和各向异性的主要特点。一般按裂隙分布的产状，将构造裂隙水分为层状裂隙水和脉状裂隙水两类。层状裂隙水埋藏于沉积岩、变质岩的节理及片理等裂隙中，这类裂隙常发育均匀，能形成相互连通的含水层，具有统一的水面，可视为潜水含水层；当其上部被新的沉积层所覆盖时，就可以形成层状裂隙承压水。脉状裂隙水往往存在于断层破碎带中，通常为承压水性质，一般由大气降水及地表水补给，在地形低洼处，常沿断层带以泉的形式排泄，通常水量大、延伸远、水位一致，其富水性取决于断层性质、两盘岩性及次生充填情况等。

3. 岩溶水

赋存和运移于可溶岩的孔隙、裂隙以及溶洞中的地下水叫岩溶水。它可以是潜水，也可以是承压水。一般来说，在裸露的石灰岩分布区的岩溶水主要是潜水；当岩溶化岩层被其他岩层所覆盖时，岩溶潜水可能转变为岩溶承压水。岩溶水受岩溶作用规律的控制，其埋藏分布、运移、水量动态变化和水质等与其他类型地下水都有明显差异。岩溶水具有以下基本特征和规律：含水层系统独立完整，孔隙、裂隙、竖井、落水洞中水向支流管道汇集，支流管道向暗河集中，与地表水的流域系统相似；岩溶水空间分布极不均匀，主要集中于岩溶管道或暗河系统中，地表及地下岩溶现象不发育地区则严重缺水；岩溶管道和暗河中水流运动迅速，运动规律与地表河流相似；水量在时间上变化大，受气候影响明显，雨季水量大、旱季明显减小，水位年变幅有时可达数十米；大量岩溶水以地下径流的形式流向低处，集中排泄，即在谷地或在与非岩溶化岩层接触处以成群的泉水出露地表，水量可达每秒几百升，甚至每秒几立方米；水的矿化度低，但易污染。总的来看，岩溶水虽属地下水，但许多特征与地表水相近，因埋藏于地下则比地表水更为复杂。

在工程建筑地基内有岩溶水活动，不但会在施工中出现突然涌水的事故，而且对建筑物的稳定性也有很大影响。因此在建筑场地和地基选择时应进行工程地质勘察，针对岩溶水的情况，用排除、截源、改道等方法处理，如修造排水、截水沟，筑挡水坝，开凿输水隧洞等。

4.2.4 地下水对土木工程的影响

在土木工程建设中，地下水常常起着重大作用。地下水对土木工程的不良影响主要有：地下水位上升，可引起浅基础地基承载力降低；地下水位下降会使地面产生附加沉降；不合理的地下水流动会诱发某些土层出现流砂现象和机械潜蚀；地下水对位于水位以下的岩土层和建筑物基础会产生浮托作用；某些地下水会对混凝土产生腐蚀等。

1. 地面沉降

松软土地区大面积抽取地下水，将造成大规模的地面沉降。由于抽水引起含水层水位下降，导致土层中孔隙水压力降低，颗粒间有效应力增加，地层压密超过一定限度，即表现出地面沉降。我国许多沿海城市，如上海、宁波、天津等，前些年均发生了严重的地面沉降现象。天津市由于抽水使地面最大沉降速率高达 262 mm/a，最大沉降量达 2.16 m。

地面沉降是一个环境工程地质问题。它给建筑物、上下水管道及城市道路都带来很大危害。地面沉降还会引起向沉降中心的水平移动，使建筑物基础、桥墩错动，铁路和管道扭曲拉断。

控制地面沉降最好的方法是合理开采地下水，多年平均开采量不能超过平均补给量。在地面沉降已经严重发生的地区，对含水层进行回灌可使地面沉降适当恢复。

2. 地面塌陷

地面塌陷是松散土层中所产生的突发性陷落，多发生于岩溶地区。地面塌陷多为人为局部改变地下水位引起的，如地面水渠或地下输水管道渗漏可使地下水位局部上升，基坑降水或矿山排水疏干引起地下水位局部下降，这些现象都可导致在短距离内出现较大的水位差，水力坡度变大，从而增强地下水的潜蚀能力，对地层进行冲蚀、掏空，形成地下洞穴。当穴顶失去平衡时便发生地面塌陷。地面塌陷危害很大，破坏农田、水利工程、交通线路，引起房屋破裂倒塌、地下管道断裂。

为杜绝地面塌陷的发生，在重大工程附近应严格禁止能引起地下水位大幅度改变的工程施工，如必须施工时，应进行回灌，以保持附近地下水位不要有大的变化。

3. 流　砂

流砂是指松散细小的土颗粒在动水压力下产生的悬浮流动现象。地下水自下而上渗流时，当地下水的动水压力大于土粒的浮容重或地下水的水力坡度大于临界水力坡度时，使土颗粒的有效应力等于零，土颗粒悬浮于水中，随水一起流出就会产生流砂。在地下水位以下的颗粒级配均匀的细砂、粉砂、粉质黏土中进行工程活动，如开挖基坑、埋设地下管道、打井等容易引起流砂。流砂在工程施工中能造成大量的土体流动，使地表塌陷或建筑物的地基破坏，给施工带来很大困难，或直接影响建筑工程及附近建筑物的稳定。如果在沉井施工中，产生严重流砂，此时沉井会突然下沉，无法用人力控制，以致沉井发生倾斜，甚至发生重大事故。

在可能产生流砂的地区，若上覆有一定厚度的土层，应尽量利用上覆土层做天然地基，或者用桩基础穿过易发生流砂的地层，应尽可能地避免开挖。如果必须开挖，可用以下方法处理流砂：

（1）人工降低地下水位，使地下水位降至可能产生流砂的地层以下，然后开挖。

（2）打板桩。在土中打入板桩，它一方面可以加固坑壁，另一方面增长了地下水的渗流路径，减小了水力坡度。

（3）冻结法。用冷冻方法使地下水结冰，然后开挖。

（4）水下挖掘。在基坑（或沉井）中用机械在水下挖掘，为避免因排水导致流砂的水头差，增加砂土层的稳定，也可向基坑中注水并同时进行挖掘。

此外，处理流砂的方法还有化学加固法、爆炸法及加重法等。在基槽开挖的过程中局部地段出现流砂时，立即抛入大块石等，可以阻止流砂的进一步发展。

4. 管　涌

管涌也称为潜蚀作用，可分为机械潜蚀和化学潜蚀两种。机械潜蚀是指土粒在地下水的动水压力作用下受到冲刷，将细的土颗粒带走，使土的结构破坏，形成一种近似于细管状的渗流通道，从而掏空地基或坝体，使地基或斜坡变形、失稳；化学潜蚀是指地下水溶解水中的盐分，使土粒间的结合力和土的结构破坏，土粒被水带走，形成洞穴的作用。这两种作用一般是同时进行的。在地基土层内如发生地下水的潜蚀作用，将会破坏地基土的强度，形成空洞，产生地表塌陷，影响建筑工程的稳定。在我国的黄土及岩溶地区的土层中，经常有潜蚀现象产生，修建建筑物时应予以注意。

对潜蚀的处理可以采用堵截地表水流入土层、阻止地下水在土层中流动、设置反滤层、改造土的性质、减小地下水流速和降低水力坡度等措施。

5. 浮托作用

当建筑物基础底面位于地下水位以下时，地下水对基础底面产生静水压力，即产生浮托力。地下水不仅对建筑物基础产生浮托力，同样对其水位以下的岩石、土体也产生浮托力。

6. 基坑突涌

当基坑下伏有承压含水层时，开挖基坑减小了隔水层顶板的厚度。当隔水层较薄经受不住承压水头压力作用时，承压水的水头压力会冲破基坑底板，这种工程地质现象称为基坑突涌。

为避免基坑突涌的发生，必须验算基坑底层的安全厚度 M。基坑底层厚度与承压水头压力的平衡关系式为：

$$\gamma M = \gamma_{w} H \tag{4.3}$$

式中　　γ、γ_{w} ——黏性土的重度和地下水的重度（kN/m^3）；

　　　　H ——相对于含水层顶板的承压水头值（m）；

　　　　M ——基坑开挖后黏土层的厚度（m）。

所以，基坑底部黏土层的厚度必须满足式（4.4），如图 4.20 所示。

$$M > \frac{\gamma_{w}}{\gamma} H \tag{4.4}$$

如果 $M < \dfrac{\gamma_{w}}{\gamma} H$，为防止基坑突涌，则必须对承压含水层进行预先排水，使其承压水头下降至基坑底能够承受的水头压力（图 4.21）。而且，相对于含水层顶板的承压水头 H_{w} 必须满足式（4.5）：

$$H_{w} < \frac{\gamma}{\gamma_{w}} M \tag{4.5}$$

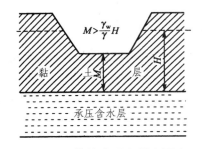

图 4.20　基坑底隔水最小厚度

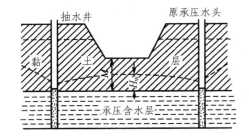

图 4.21　防止基坑突涌的排水降压

7. 地下水对混凝土的侵蚀

土木工程建筑物，如房屋及桥梁基础、地下洞室衬砌和边坡支挡建筑物等，都要长期与地下水相接触，地下水中各种化学成分与建筑物中的混凝土产生化学反应，使混凝土中某些物质被溶蚀，强度降低，结构遭到破坏；或者在混凝土中生成某种新的化合物，这些新化合物生成时体积膨胀，使混凝土开裂破坏。

地下水对混凝土的侵蚀有以下几种类型：

（1）溶出侵蚀。硅酸盐水泥遇水硬化，生成氢氧化钙 [$Ca(OH)_2$]、水化硅酸钙（$2CaO \cdot SiO_2 \cdot 12H_2O$）、水化铝酸钙（$2CaO \cdot Al_2O_3 \cdot 6H_2O$）等。地下水在流动过程中对上述生成物中的 $Ca(OH)_2$ 及 CaO 成分不断溶解带走，结果使混凝土强度下降。这种溶解作用不仅与混凝土的密度、厚度有关，而且与地下水中 HCO_3^- 含量关系密切，因为水中 HCO_3^- 与混凝土中 $Ca(OH)_2$ 化合生成 $CaCO_3$ 沉淀。

$$Ca(OH)_2 + Ca(HCO_3)_2 \longrightarrow 2CaCO_3 \downarrow + 2H_2O$$

$CaCO_3$ 不溶于水，既可充填混凝土孔隙，又可在混凝土表面形成一个保护层，防止 $Ca(OH)_2$ 溶出，因此 HCO_3^- 含量越高，水的侵蚀性越弱，当 HCO_3^- 含量低于 2.0 mg/L 或暂时硬度小于 3 度时，地下水具有溶出侵蚀性。

（2）碳酸侵蚀。几乎所有的水中都含有以分子形式存在的 CO_2，常称游离 CO_2。水中的 CO_2 与混凝土中的 $CaCO_3$ 的化学反应是一种可逆反应。

$$CaCO_3+CO_2+H_2O \rightleftharpoons Ca(HCO_3)_2 \rightleftharpoons CO^{2+}2HCO_3^-$$

当 CO_2 含量过多时，反应向右进行，使 $CaCO_3$ 不断被溶解；当 CO_2 含量过少，或水中 HCO_3^- 含量过高时，反应向左进行，析出固体的 $CaCO_3$。只有当 CO_2 与 HCO_3^- 的含量达到平衡时，化学反应停止进行，此时所需的 CO_2 含量称平衡 CO_2。若游离 CO_2 含量超过平衡 CO_2 所需含量，则超出的部分称侵蚀性 CO_2，它使混凝土 $CaCO_3$ 被溶解，直到形成新的平衡为止。可见，侵蚀性 CO_2 越多，对混凝土侵蚀性越强。当地下水流量、流速都较大时，CO_2 容易不断得到补充，平衡不易建立，侵蚀作用不断进行。

（3）硫酸盐侵蚀。水中 SO_4^{2-} 含量超过一定值时，对混凝土造成侵蚀破坏。一般 SO_4^{2-} 含量超过 250 mg/L 时，就可能与混凝土中的 $Ca(OH)_2$ 作用生成石膏。石膏在吸收 2 分子结晶水、生成二水石膏（$CaSO_4 \cdot 2H_2O$）的过程中，体积膨胀到原来的 1.5 倍。SO_4^{2-}、石膏还可以与混凝土中的水化铝酸钙作用，生成水化硫铝酸钙结晶，其中含有多达 31 个分子的结晶水，又使新生成物增大到原来体积的 2.2 倍。反应如下：

$$3(CaSO_4 \cdot 2H_2O)+3CaO \cdot Al_2O_3 \cdot 6H_2O+19H_2O \longrightarrow 3CaO \cdot Al_2O_3 \cdot 3CaSO_4 \cdot 31H_2O$$

水化硫铝酸钙的形成使混凝土严重溃裂，现场称之为水泥细菌。

当使用含水化硫铝酸钙极少的抗酸水泥时，可大大提高抗硫酸盐侵蚀的能力，当 SO_4^{2-} 含量低于 3 000 mg/L 时，不具有硫酸盐侵蚀性。

（4）一般酸性侵蚀。地下水的 pH 较小时，酸性较强，这种水与混凝土中 $Ca(OH)_2$ 作用生成 $CaCl_2$、$CaSO_4$、$Ca(NO_3)_2$ 等各种盐，若生成物易溶于水，则混凝土被侵蚀。一般认为 pH 小于 5.2 时具有侵蚀性。

（5）镁盐侵蚀。地下水中的镁盐（$MgCl_2$、$MgSO_4$ 等）与混凝土中的 $Ca(OH)_2$ 作用生成易溶于水的 $CaCl_2$ 及易产生硫酸侵蚀的 $CaSO_4$，使 $Ca(OH)_2$ 含量降低，引起混凝土中水化物的分解破坏。一般认为 Mg^{2+} 含量大于 1 000 mg/L 时有侵蚀性。通常地下水中 Mg^{2+} 的含量都低于此值。

地下水对混凝土的侵蚀性除与水中各种化学成分的单独作用及相互影响有密切关系外，还与建筑物所处环境、使用的水泥品种等因素有关，必须综合考虑。

思 考 题

1. 暂时性流水的地质作用包括哪几种作用？分别形成什么沉积物？
2. 河流的地质作用有哪几种类型？在河流的不同段落，各自以哪种地质作用为主？
3. 何谓地下水？地下水的物理性质包括哪些方面？地下水的化学成分有哪些？
4. 地下水按埋藏条件可以分为哪几种类型？它们有何不同？试简述之。
5. 潜水等水位线图的用处有哪些？
6. 地下水按含水层空隙性质可以分为哪几种类型？它们有何不同？试简述之。
7. 试说明地下水对土木工程的影响。
8. 某地区潜水等水位线图如图 4.22 所示，比例尺 1：5 000，等高线及等水位线高程以米计。试确定：（1）潜水与河水之间的补排关系；（2）A、B两点间的平均水力坡度；（3）若在C点处凿水井，多深可见到潜水面；（4）D点处有何水文地质现象？

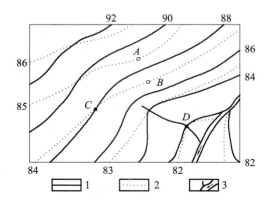

1—— 地形等高线；2—等水位线；3—河流。

图 4.22　某地区潜水等水位线图

5 地 貌

教学重点：地貌形态特征和形态测量特征；地貌的分级与分类；山岭地貌、河谷地貌、黄土地貌。

教学难点：垭口、阶地的类型及其与线路布置的关系。

5.1 概 述

由于内、外力地质作用，地壳表面形成各种不同成因、不同类型、不同规模的起伏形态，称为地貌。专门研究地壳表面各种起伏形态及其形成、发展和空间分布规律的科学称地貌学。

"地形"和"地貌"是两个不同的概念。"地形"是专指地表既成形态的某些外部特征，如高低起伏、坡度大小和空间分布等。这些形态在地形图上以等高线表达。"地貌"则含义广泛，它不仅包括地表形态的全部外表特征，更重要的还要分析和研究这些形态的成因和发展。

地貌条件与铁路及公路工程的建设及运营有着密切的关系，道路常穿越不同的地貌单元，地貌条件是评价道路工程地质条件的重要内容之一。它关系到道路勘测设计，道路选线、桥隧位置选择等技术经济问题和养护管理等。

5.1.1 地貌的形成和发展

5.1.1.1 地貌形成和发展的动力

地壳表面的各种地貌都在不断地形成和发展变化。促使地貌形成和发展变化的动力，是内、外力地质作用。

内力地质作用形成了地壳表面的基本起伏，对地貌的形成和发展起决定性作用。首先，地壳的构造运动不仅使地壳岩层受到强烈的挤压、拉伸或扭动而形成一系列褶皱带和断裂带，而且还在地壳表面造成大规模的隆起区和沉降区，隆起区将形成大陆、高原、山岭；沉降区则形成海洋、平原、盆地。其次，地下岩浆的喷发活动对地貌的形成和发展也有一定的影响，火山喷发可形成火山锥和熔岩盖等堆积物，后者的覆盖面积可达几百以至几十万平方千米，厚度可达几百米、几千米。内力地质作用不仅形成了地壳表面的基本起伏，而且还对外力地质作用的条件、方式及过程产生深刻的影响。例如，地壳上升，侵蚀、剥蚀、搬运等作用增强，堆积作用就变弱；地壳下降，则相反。

外力地质作用根据其作用过程可分为风化、剥蚀、搬运、堆积和成岩等作用，根据其动力性质可分为风化、重力、风力、流水、冰川、冻融溶蚀等作用。外力地质作用对由内力地质作用所形成的基本地貌形态，不断地进行雕塑、加工，起着改造作用，其总趋势是削高补低，力图把地表夷平，即把由内力地质作用所造成的隆起部分进行剥蚀破坏，同时把破坏的碎屑物质搬运堆积到由内力地质作用所造成的低地和海洋中去。如同内力地质作用会引起外力地质作用加剧一样，在外力地质作用把地表夷平的过程中，也会改变地壳已有的平衡，从而又为内力地质作用产生新的地面起伏提供新的条件。

综上所述，地貌的形成和发展是内、外力地质作用共同产生的结果。我们现在看到的地貌形态，就是地壳在内、外力地质作用下发展到现阶段的形态表现。

5.1.1.2　地貌形成、发展的规律和影响因素

地貌的形成和发展变化，首先取决于内、外力地质作用之间的量的对比。例如，在内力地质作用使地表上升的情况下，如果上升量大于外力地质作用的剥蚀量，地表就会升高，最后形成山岭地貌；反之，如果上升量小于外力地质作用的剥蚀量，地表就会降低或被削平，最后形成剥蚀平原。同样，在内力地质作用使地表下降的情况下，如果下降量大于外力地质作用的堆积量，地表就会下降，形成低地；反之，如果下降量小于外力地质作用所造成的堆积量，地表就会被填平甚至增高，形成堆积平原或各种堆积地貌。

此外，地貌的形成和发展变化也决定于地貌水准面。当内力地质作用造成地表基本起伏后，如果地壳运动由活跃期转入宁静期，此时内力地质作用变弱，但外力地质作用并未因此变弱，它的长期继续作用最终将把地表夷平，形成一个夷平面，这个夷平面是高地被削平，凹地被填充的水准面，所以被称为地貌水准面。地貌水准面也是外力地质作用力图最终达到的剥蚀界面，所以也称为侵蚀基准面。在此过程中，由外力地质作用所形成的各种地貌，其形成和发展均要受它的控制。地貌水准面并非一个，一般认为有多少种外力作用，就有多少相应的地貌水准面，这些地貌水准面可以是单因素的，但在更多情况下为多种因素共同形成的，因为在同一地区各种外力地质作用常是同时进行的。地貌水准面有局部地貌水准面与基本地貌水准面之分，如果地貌水准面不与海平面发生联系，则它只能控制局部地区地貌的形成和发展，这种地貌水准面称为局部地貌水准面；如果地貌水准面和海平面发生联系，那么海平面就成为控制整个地区地貌形成和发展的地貌水准面，所以海平面也称为基本地貌水准面。当某一地区地貌的发展达到它的地貌水准面时，特别是许多河流穿插切割时，地表会变成波状起伏的侵蚀平原，称为准平原。

地貌的形成和发展除受上述规律制约外，还受地质构造、岩性、气候条件等因素的影响。外力地质作用改造地表的能力，常常是与地质构造和岩石性质相联系的。地质构造对地貌的影响，明显地见于山区及剥蚀地区。例如，各种构造破碎带是外力地质作用表现最强烈的地方，而单斜山、桌状山等也多是岩层产状在地貌上的反应。岩性不同，其抵抗风化和剥蚀的能力也就不同，从而形成不同的地貌；影响岩石抵抗风化和剥蚀能力的主要因素，是由岩石成分、结构和构造等所决定的岩石的坚硬程度。气候条件对地貌形成和发展的影响也是显著的，例如，高寒的气候地带常形成冰川地貌，干旱地带则形成风沙地貌，等等。此外，除重力作用外，任何一种外力作用所形成的地貌，也都在一定程度上受到气候条件的影响。

5.1.2　地貌形态

5.1.2.1　地貌基本要素

地貌形态是由地貌基本要素所构成的。地貌基本要素包括地形面、地形线和地形点，它们是地貌形态的最简单的几何组分，决定了地貌形态的几何特征。

（1）地形面。可以是平面，也可以是曲面或波状面。例如，山坡面、阶地面、山顶面和平原面等。

（2）地形线。两个地形面相交构成地形线（或一个地形带）。地形线可以是直线，也可以是曲线或折线。例如，分水线、谷底线、坡折线等。

（3）地形点。两条（或多条）地形线的交点，或由孤立的微地形体构成地形点。例如，山脊线相交构成山峰点或山鞍点、山坡转折点等。

5.1.2.2 地貌基本形态和形态组合

通常把较简单的小地貌形态，例如，冲沟、沙丘、冲积锥等，称为地貌基本形态。若干地貌基本形态的组合体，称为地貌形态组合。地貌形态组合可以是简单的同一年代同一类型的地貌组合；也可以是复杂的不同年代不同成因的地貌组合。规模较大的地貌一般都是复杂的地貌形态组合体。

5.1.2.3 地貌形态特征和形态测量特征

任何一种地貌形态的特点，都可以通过描述其地貌形态特征和测量特征反映出来。

（1）地貌形态特征。地貌基本形态具有一定的简单几何形状，但是地貌形态组合特征，就不能用简单的集合形状来表示，应考虑这一形态组合的总体起伏特征、地形类别和空间分布形状。例如，山前由若干洪积扇所构成的洪积平原，这是一种地貌形态组合，其中每一个洪积扇作为一个基本地貌形态，具有扇形几何特征；但这一形态组合的特征是纵向倾斜，横向平缓起伏，呈条状分布的洪积倾斜平原。

（2）地貌形态测量特征。反映地貌形态的数量特征，即地貌形态测量特征。主要的形态测量特征有高度、坡度和地面切割程度等。

① 高度。分绝对高度和相对高度，是最主要的形态测量数值。特别是各种地貌之间的相对高度更为重要，是分析地貌成因和发展的重要依据。这些数值必须在野外实际测定。

② 坡度。是指地貌形态某一部分地面的倾斜度，仅次于高度的形态测量数值。如山坡、阶面、夷平面的倾斜度等。坡度对于阐明地形成因、山坡稳定性和地貌发展阶段有重要意义。坡度有陡缓之分，应当实际测量坡度值。

③ 地形切割程度。常用单位面积水文网长度、地面破坏百分比描述地面切割程度。使用"强烈""中等"和"微弱"三级分类。

地貌形态特征和形态测量特征相结合，可以全面表现一种地貌形态的立体特征。用图片（普通照片、航片和卫片）、等高线图及普通地图编绘法和素描图，结合某些形态测量数值（主要是高度），并加以文字描述，是科学描述地貌形态的方法。

5.1.3 地貌的分级与分类

5.1.3.1 地貌分级

不同等级的地貌，其成因不同，形成的主导因素也不同。地貌等级一般划分为四级：

（1）巨型地貌。大陆与海洋，大的内海及大的山系都是巨型地貌。巨型地貌几乎完全是由内力作用形成的，所以又称大地构造地貌。

（2）大型地貌。山脉、高原、山间盆地等为大型地貌，基本上也是由内力作用形成的。

（3）中型地貌。河谷及河谷之间的分水岭等为中型地貌，主要由外力作用造成。内力作用产生的基本构造形态是中型地貌形成和发展的基础，而地貌的外部形态决定于外力作用的特点。

（4）小型地貌。残丘、阶地、沙丘、小的侵蚀沟等为小型地貌，基本上受着外力作用的控制。

5.1.3.2 地貌的形态分类

地貌的形态分类，就是按地貌的绝对高度、相对高度及地面的平均坡度等形态特征进行分类。表 5.1 是大陆上山地和平原的一种常见的分类方案。

表 5.1　大陆地貌的形态分类

形态类型		绝对高度/m	相对高度/m	平均坡度/(°)	举　例
山地	高山	>3 500	>1 000	>25	喜马拉雅山、天山
	中山	3 500~1 000	1 000~500	10~25	大别山、庐山
	低山	1 000~500	500~200	5~10	川东平行岭谷、华蓥山
	丘陵	<500	<200		闽东沿海丘陵
平原	高原	>600	>200		青藏高原、黄土高原、云贵高原
	高平原	>200			成都平原
	低平原	0~200			东北、华北、长江中下游平原
	洼地	低于海平面高度			吐鲁番盆地

5.1.3.3　地貌的成因分类

目前还没有公认的地貌成因分类方法，这里介绍以地貌形成的主导因素作为分类基础的方案，这个方案比较简单实用。

1. 内力地貌

以内力作用为主所形成的地貌为内力地貌，它又可分为：

（1）构造地貌。由地壳的构造运动所造成的地貌，其形态能充分反映原来的地质构造形态。如高地符合于构造隆起和上升运动为主的地区，盆地符合于构造坳陷和下降运动为主的地区。如褶皱山、断块山等。

（2）火山地貌。由火山喷发出来的熔岩和碎屑物质堆积所形成的地貌为火山地貌，如熔岩盖、火山锥等。

2. 外力地貌

以外力地质作用为主所形成的地貌为外力地貌。根据外动力的不同它又分为以下几种：

（1）水成地貌。以水的作用为地貌形成和发展的基本因素。它又可分为面状洗刷地貌、线状冲刷地貌、河流地貌、湖泊地貌与海洋地貌等。

（2）冰川地貌。以冰雪的作用为地貌形成和发展的基本因素。它又可分为冰川剥蚀地貌与冰川堆积地貌，前者如冰斗、冰川槽谷等，后者如侧碛、终碛等。

（3）风成地貌。以风的作用为地貌形成和发展的基本因素。它又可分为风蚀地貌和风积地貌，前者如风蚀洼地、蘑菇石等，后者如新月形沙丘、沙垄等。

（4）岩溶地貌。由地表水和地下水的溶蚀作用形成的地貌。如溶沟、石芽、溶洞、峰林、地下暗河等。

（5）重力地貌。以重力作用为地貌形成和发展的基本因素。如崩塌、滑坡等。

此外，还有黄土地貌、冻土地貌等。

地貌类型众多，下面仅介绍与线路工程关系密切的山岭地貌、平原地貌和河谷地貌。

5.2　山岭地貌

5.2.1　山岭地貌的形态要素

山岭地貌具有山顶、山坡、山脚等明显的形态要素。

山顶是山岭地貌的最高部分，山顶呈长条状延伸时称山脊。山脊标高较低的鞍部，即相连的两山顶之间较低的部分称为垭口。一般来说，山体岩性坚硬、岩层倾斜或因受冰川侵蚀时，多呈尖顶或很狭窄的山脊，如图 5.1（a）所示；在气候湿热，风化作用强烈的花岗岩或其他松软岩石分布地区，岩体经风化剥蚀，多呈圆顶，如图 5.1（b）所示；在水平岩层或古夷平面分布地区，则多呈平顶，如图 5.1（c）所示，典型的如方山、桌状山（图 5.2）。

　　山坡是山岭地貌的重要组成部分。在山岭地区，山坡分布的面积最广。山坡的形状有直线形、凹形、凸形以及复合形等各种类型，这取决于新构造运动、岩性、岩体结构及坡面剥蚀和堆积的演化过程等因素。

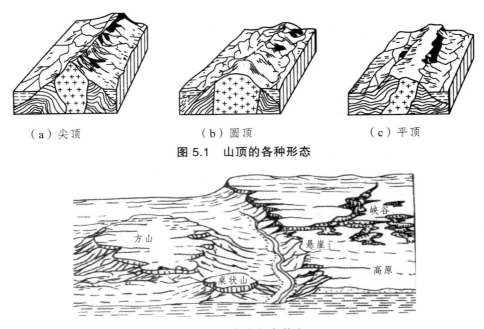

（a）尖顶　　　　　　　　　（b）圆顶　　　　　　　　　（c）平顶

图 5.1　山顶的各种形态

图 5.2　方山和桌状山

　　山脚是山坡与周围平地的交接处。由于坡面剥蚀和坡脚堆积，使山脚在地貌上一般并不明显，在那里通常有一个起着缓和作用的过渡地带，它主要是由一些坡积裙、冲积锥、洪积扇及岩堆、滑坡堆积体等流水堆积地貌和重力堆积地貌组成。

5.2.2　山岭地貌的类型

　　根据地貌成因，可以将山岭地貌划分为以下类型：

　　1. 构造作用形成的山岭

　　（1）平顶山。平顶山是由水平岩层构成的一种山岭（图 5.2），多分布在顶部岩层坚硬（如灰岩、胶结紧密的砂岩或砾岩）和下卧层软弱（如页岩）的硬软相互层发育地区，在侵蚀、溶蚀和重力崩塌作用下，使四周形成陡崖或深谷，由于顶面硬岩抗风化能力强而兀立如桌面。

　　（2）单面山。单面山是由单斜岩层构成的沿岩层走向延伸的一种山岭，如图 5.3（a）所示，它常常出现在构造盆地的边缘、舒缓的穹隆、背斜和向斜的翼部，其两坡一般不对称。与岩层倾向相反的一坡短而陡，称为前坡，它多是经外力的剥蚀作用所形成，故又称为剥蚀坡；与岩层倾向一致的一坡长而缓，称为后坡或构造坡。如果岩层倾角超过 40°，则两坡的坡度和长度均相差不大，其所形成的山岭外形很像猪背，所以又称猪背岭，如图 5.3（b）、（c）所示。单面山的发育，主要受构造和岩性控制。如果各个软硬岩层的抗风化能力相差不大，则上下界限分明，前后坡面不对称，上为陡崖，下为缓坡；若软岩层抗风化能力很弱，则陡坡不明显，上部出现凸坡，下部出现凹坡。如果上部硬岩层很薄，下部软岩层很厚，则山脊走线比较弯曲；反之若上厚下薄，则山脊走线比较顺直，陡崖很高。如果岩层倾角较小，则山脊走线弯曲；反之，若倾角较大，则山脊走线顺直。此外，顺岩层走向流动的河流，河谷一侧坡缓，另一侧坡陡，称为单斜谷。猪背岭由硬岩层构成，山脊走线很平直，顺岩层倾向的河流，可以将岩层切成深的峡谷。

（a）单面山　　　　（b）猪背岭　　　（c）猪背岭

图 5.3　单面山与猪背岭

　　单面山的前坡（剥蚀坡）由于地形陡峻，若岩层裂隙发育，风化强烈，则容易产生崩塌，且其坡脚常分布有较厚的坡积物和岩堆，稳定性差，故对布设线路不利。后坡（构造坡）由于山坡平缓，坡积物较薄，故常常是布设线路的理想部位。不过在岩层倾角大的后坡上深挖路堑时，应注意边坡的稳定性问题，因为开挖路堑后，与岩层倾向一致的一侧，会因坡脚开挖而失去支撑，特别是当地下水沿着其中的软弱岩层渗透时，容易产生顺层滑坡。

　　（3）褶皱山。由褶皱岩层所构成的一种山岭。在褶皱形成的初期，往往是背斜形成高地（背斜山），向斜形成凹地（向斜谷），地形是顺应构造的，所以称为顺地形。但随着外力剥蚀作用的不断进行，有时地形也会发生逆转变化，背斜因长期遭受强烈剥蚀而形成谷地，而向斜则形成山岭，这种与地质构造形态相反的地形称为逆地形。一般在年轻的褶曲构造上顺地形居多，在较老的褶曲构造上，由于侵蚀作用进一步发展，逆地形则比较发育。此外，在褶曲构造上还可能同时存在背斜谷和向斜谷，或者演化为猪背岭或单斜山、单斜谷。

　　（4）断块山。由断裂构造所形成的山岭。它可能只在一侧有断层，也可能两侧均为断裂所控制。断块山在形成初期可能有完整的断层面及明显的断层线，断层面构成了山前的陡崖，断层线控制了山脚的轮廓，使山地与平原或山地与河谷间的界限相当明显而且比较顺直。以后由于剥蚀作用的不断进行，断层面便可能遭到破坏而后退，崖底的断层线也被巨厚的风化碎屑物所掩盖。此外，由断层面所构成的断层崖，也常受垂直于断层面的流水侵蚀，因而在谷与谷之间就形成一系列断层三角面，它常是野外识别断层的一种地貌证据。

　　（5）褶皱断块山。由褶皱和断裂构造的组合形态构成的山岭称为褶皱断块山，这里曾经是构造运动剧烈和频繁的地区。

　　2. 火山作用形成的山岭

　　火山作用形成的山岭，常见有锥状火山和盾状火山。锥状火山是多次火山活动造成的，其熔岩黏性较大、流动性小，冷却后便在火山口附近形成坡度较大的锥状外形。盾状火山是由黏性较小，流动性大的熔岩冷凝形成，故其外形呈基部较大、坡度较小的盾状。

　　3. 剥蚀作用形成的山岭

　　这种山岭是在山体地质构造的基础上，经长期外力剥蚀作用形成的。例如，地表流水地质作用所形成的河间分水岭。冰川刨蚀作用所形成的刃脊、角峰，地下水溶蚀作用所形成的峰林等，都属于此类山岭。由于此类山岭的形成是以外力剥蚀作用为主，山体的构造形态对地貌形成的影响已退居不明显地位，所以此类山岭的形态特征主要取决于山体的岩性、外力的性质及剥蚀作用的强度和规模。

5.2.3 垭 口

对于越岭的铁路、公路线路若能寻找到合适的垭口，可以降低铁路、公路高程和减少展线工程量，所以，对于铁路、公路工程来说，研究山岭地貌重点应该研究垭口。从地质作用来看，可以将垭口归纳为如下三个基本类型：

1. 构造型垭口

这是由构造破碎带或软弱岩层经外力剥蚀所形成的垭口。常见的有下列三种：

（1）断层破碎带型垭口（图 5.4）。这种垭口的工程地质条件比较差，岩体的整体性被破坏，经地表水侵入和风化，岩体破碎严重，一般不宜采用隧道方案。如采用路堑，也需控制开挖深度或考虑边坡防护，以防止边坡发生崩塌。

（2）背斜张裂带型垭口（图 5.5）。这种垭口虽然构造裂隙发育，岩层破碎，但工程地质条件较断层破碎带型要好。这是因为垭口两侧岩层外倾，有利于排出地下水和边坡稳定，一般可采用较陡的边坡坡度，使挖方工程量和防护工程量都比较小。若选用隧道方案，施工费用和洞内衬砌也比较节省，是一种较好的垭口类型。

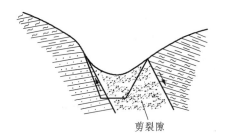

图 5.4　断层破碎带型垭口

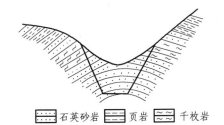

图 5.5　背斜张裂带型垭口

（3）单斜软弱层型垭口（图 5.6）。这种垭口主要由页岩、千枚岩等易于风化的软弱岩层构成。两侧边坡多不对称，一坡岩层外倾可略陡一些。由于岩性松软，风化严重，稳定性差，故不宜深挖。如采取路堑深挖方案，与岩层倾向一致的一侧边坡的坡角应小于岩层的倾角，两侧坡面都应有防风化的措施，必要时应设置防护墙或挡土墙。穿越这一类垭口，宜优先考虑隧道方案，可以避免因风化带来的路基病害，还有利于降低线路高程，缩短展线工程量或提高线形标准。

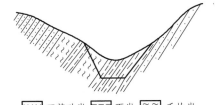

图 5.6　单斜软弱层型垭口

2. 剥蚀型垭口

这是以外力强烈剥蚀为主导因素所形成的垭口，其形态特征与山体地质结构无明显联系。此类垭口的共同特征是松散覆盖层很薄，基岩多半裸露。垭口的形态特征主要取决于岩性、气候和外力的切割深度等。在气候干燥寒冷地带，岩性坚硬和切割较深的垭口，本身较薄，宜采用隧道方案；采用路堑深挖也比较有利，是一种良好的垭口类型。在气候温湿地区和岩性较软弱的垭口，则本身较平缓宽厚，采用深挖路堑或隧道都比较稳定，但工程量比较大。在石灰岩地区的溶蚀性垭口，无论是明挖路堑或开凿隧道，都应注意溶洞或其他地下溶蚀地貌的影响。

　　3. 剥蚀-堆积型垭口

　　这是在山体地质结构的基础上，以剥蚀和堆积作用为主导因素所形成的垭口。其开挖后的稳定性主要决定于堆积层的地质特征和水文地质条件。这类垭口外形浑缓、宽厚，易于展线，但松散堆积层的厚度较大，有时还发育有湿地或高地沼泽，水文地质条件较差，故不宜降低过岭高程，通常多以低填或浅挖的断面形式通过。

5.2.4　山　坡

　　山坡是山岭地貌形态的基本要素之一。无论是越岭线或山脊线，线路的绝大部分都是设置在山坡或靠近岭顶的斜坡上的，所以在线路勘测中总是把越岭垭口和展线山坡作为一个整体通盘考虑的。山坡的形态特征是新构造运动、山坡的地质结构和外动力地质条件的综合反映，对线路位置的选择有着重要意义。

　　山坡的外部形态特征包括山坡的高度、坡度及纵向轮廓等。山坡的外形是各种各样的，下面根据山坡纵向轮廓和山坡的坡度，将山坡简略地概括为以下几种类型：

　　1. 按山坡的纵向轮廓分类

　　（1）直线形坡。直线形山坡，一般可分为三种情况。第一种是山坡岩性单一，经长期的强烈冲刷剥蚀，形成纵向轮廓比较均匀的直线形山坡，这种山坡的稳定性一般较高。第二种是由单斜岩层构成的直线形山坡，这种山坡在介绍单面山时已经指出过，其外形在山岭的两侧不对称，一侧坡度陡峻，另一侧则与岩层层面一致，坡度均匀平缓，从地形上看，有利于布设线路，但开挖路基后遇到的均为顺倾向边坡，在不利的岩性和水文地质条件下，很容易发生大规模的顺层滑坡，因此不宜深挖。第三种是由于山体岩性松软或岩体相当破碎，在气候干旱，物理风化强烈的条件下，经长期剥蚀碎落和坡面堆积而形成的直线形山坡，这种山坡稳定性最差，选作傍山线路的路基时，应注意避免挖方内侧的塌方和路基沿山坡的滑坍。

　　（2）凸形坡［图5.7（a）、（b）］。这种山坡上缓下陡，从上而下坡度渐增，下部甚至呈直立状态，坡脚界限明显。这类山坡往往是由于新构造运动加速上升，河流强烈下切所造成的。其稳定性主要决定于岩体结构，一旦发生山坡变形，则会形成大规模的崩塌。线路一般设于凸形坡上部的缓坡，但应注意考察岩体结构，避免因人工扰动和加速风化导致失去稳定。

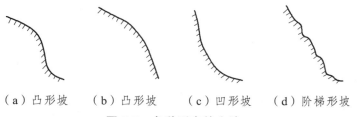

　　（a）凸形坡　　（b）凸形坡　　（c）凹形坡　　（d）阶梯形坡

图5.7　各种形态的山坡

　　（3）凹形坡［图5.7（c）］。这种山坡上部陡，下部急剧变缓，坡脚界限很不明显。山坡的凹形曲线可能是新构造运动的减速上升所造成的，也可能是山坡上部的破坏作用与山麓风化产物的堆积作用相结合的结果。分布在松软岩层中的凹形山坡，许多都是在过去特定条件下由大规模的滑坡、崩塌等山坡变形现象所形成的，凹形坡面往往就是古滑坡的滑动面或崩塌体的依附面。地震后的地貌调查表明，凹形山坡在各种山坡地貌形态中是稳定性比较差的一种。在凹形坡的下部缓坡上，也可进行线路的布设，但设计路基时，应注意路基稳定平衡；沿河谷的路基应注意冲刷防护。

（4）阶梯形坡［图 5.7（d）］。阶梯形山坡有两种不同的情况：一种是由软硬不同的水平岩层或微倾斜岩层组成的基岩山坡，由于软硬岩层的差异风化而形成阶梯状山坡外形，山坡的表面剥蚀强烈，覆盖层薄，基岩外露，稳定性一般比较高；另一种由于山坡曾经发生过大规模的滑坡变形，由滑坡台阶组成的次生阶梯状斜坡，多存在于山坡中下部，如果坡脚受到强烈冲刷或不合理的切坡，或者受到地震的影响，可能引起古滑坡复活，威胁建筑物的稳定。

2. 按山坡的纵向坡度分类

山坡的纵向坡度小于 15° 的为微坡，介于 16° ~ 30° 的为缓坡，介于 31° ~ 70° 的为陡坡，山坡坡度大于 70° 的为垂直坡。

稳定性高、坡度平缓的山坡便于展线，对于布设线路是有利的，但应注意考察其工程地质条件。平缓山坡特别是在山坡的一些凹洼部分，通常有厚度较大的坡积物和其他重力堆积物分布，坡面径流也容易在这里汇聚。当这些堆积物与下伏基岩的接触面因开挖而被揭露后，遇到不良水文情况，就可能引起堆积物沿基岩顶面发生滑动。

5.3　平原地貌

平原地貌是地壳在升降运动微弱或长期稳定的条件下，经外力作用的充分夷平或补平而形成的。其特点是地势开阔、地形平坦、地面起伏不大。一般来说，平原地貌有利于选线，在选择有利地质条件的前提下，可以设计成比较理想的线形。

按高程，平原可分为高原、高平原、低平原和洼地；按成因，平原可分为构造平原、剥蚀平原和堆积平原。

5.3.1　构造平原

构造平原主要是由地壳构造运动形成而又长期稳定的结果。其特点是微弱起伏的地形面与岩层面一致，堆积物厚度不大。构造平原可分为海成平原和大陆拗曲平原。海成平原是因地壳缓慢上升、海水不断后退所形成，其地形面与岩层面基本一致，上覆堆积物多为泥砂和淤泥，工程地质条件不良，并与下伏基岩一起略微向海洋方向倾斜。大陆拗曲平原是因地壳沉降使岩层发生扭曲所形成，岩层倾角较大，在平原表面留有凸状的起伏形态，其上覆堆积物多与下伏基岩有关。

由于基岩埋藏不深，所以构造平原的地下水一般埋藏较浅。在干旱或半干旱地区，若排水不畅，常易形成盐渍化。在多雨的冻土地区则常易造成道路的冻胀和翻浆。

5.3.2　剥蚀平原

剥蚀平原是在地壳上升微弱、地表岩层高差不大的条件下，经外力的长期剥蚀夷平所形成。其特点是地形面与岩层面不一致，上覆堆积物很薄，基岩常裸露于地表；在低洼地段有时覆盖有厚度稍大的残积物、坡积物、洪积物等。按外力剥蚀作用的动力性质不同，剥蚀平原又可分为河成剥蚀平原、海成剥蚀平原、风力剥蚀平原和冰川剥蚀平原，其中较为常见的是前面两种。河成剥蚀平原是由河流长期侵蚀作用所造成的侵蚀平原，也称准平原，其地形起伏较大，并沿河流向上游逐渐升高，有时在一些地方则保留有残丘。海成剥蚀平原由海流的海蚀作用所造成，其地形一般极为平缓，微向现代海平面倾斜。

剥蚀平原形成后，往往因地壳运动变得活跃，剥蚀作用重新加剧，使剥蚀平原遭到破坏，故其分布面积常常不大。剥蚀平原的工程地质条件一般较好。

5.3.3　堆积平原

堆积平原是地壳在缓慢而稳定下降的条件下，经各种外力作用的堆积填平所形成，其特点是地形开阔平缓，起伏不大，往往分布有厚度很大的松散堆积物。按外力堆积作用的动力性质不同，堆积平原又可分为河流冲积平原、山前洪冲积平原、湖积平原、风积平原和冰碛平原，其中常见的是前三种。

1. 河流冲积平原

河流冲积平原系由河流改道及多条河流共同沉积所形成。它大多分布于河流的中、下游地带，因为在这些地带河床常常很宽，堆积作用很强，且地面平坦，排水不畅，每当雨季洪水溢出河床，其所携带的大量碎屑物质便堆积在河床两岸，形成天然堤。当河水继续向河床以外的广大面积淹没时，流速不断减小，堆积面积越来越大，堆积物的颗粒更为细小。经过长期堆积，形成广阔的冲积平原。

河流冲积平原地形开阔平坦，具有良好的工程地质条件，对道路选线也十分有利。但其下伏基岩埋藏一般很深，第四纪堆积物很厚，细颗粒多，地下水位浅，地基土的承载力较低。在冰冻潮湿地区，道路的冻胀翻浆问题比较突出，而低洼地面容易遭受洪水淹没。在道路勘测设计和路基、桥梁基础工程中，应注意选择较有利的工程地质条件，采取可靠的工程技术措施。

2. 山前洪冲积平原

山前区是山区和平原的过渡地带，一般是河流冲刷和沉积都很活跃的地区。汛期到来时洪水冲刷，在山前堆积了大量的洪积物；汛期过后，河流中冲积物增加。洪积物或冲积物多沿山麓分布，靠近山麓地形较高，环绕山前成一狭长地带，形成规模大小不一的山前洪冲积平原。由于山前平原是由多个大小不一的洪（冲）积扇相互连接而成，因而呈高低起伏的波状地形。在新构造运动上升的地区，堆积物随洪（冲）积扇向山的下方移动，使山前洪冲积平原的范围不断扩大；如果山区在上升过程中曾有过间歇，在山前平原上就产生了高差明显的山麓阶地。

山前冲洪积平原堆积物的岩性与山区岩层的分布有密切关系，其颗粒为砾石和砂，以至粉粒或黏粒。由于地下水埋藏较浅，常有地下水溢出，水文地质条件较差，往往对工程建设不利。

3. 湖积平原

湖积平原是由河流注入湖泊时，将所携带的泥砂堆积在湖底使湖底逐渐淤高，湖水溢出、干涸所形成。其地形之平坦为各种平原之最。

湖积平原中的堆积物，由于是在静水条件下形成的，故淤泥和泥炭的含量较多，其总厚度一般也较大，其中往往夹有多层呈水平层理的薄层细砂或黏土，很少见到圆砾或卵石，且土颗粒由湖岸向湖心逐渐由粗变细。

湖积平原地下水一般埋藏较浅。其沉积物由于富含淤泥和泥炭，常具可塑性和流动性，孔隙度大，压缩性高，承载力也很低。

5.4　河谷地貌

河流所流经的槽状地形称为河谷，河谷地貌是在流域地质构造的基础上，经河流的长期地质作用——侵蚀、搬运和堆积作用逐渐形成和发展起来的一种地貌。线路沿河谷布设，可具有线形舒顺、纵坡平缓、工程量小等优点，所以河谷通常是山区铁路、公路争取利用的一种地貌类型。

5.4.1　河谷地貌的形态要素

河谷地貌受基岩性质、地质构造和河流地质作用等因素的控制，其形态是多种多样的。在平原地区，由于水流缓慢，多以沉积作用为主，河谷纵断面较平缓，河流在其自身沉积的松散沉积层上发育成曲流和岔道，河谷形态与基岩性质和地质构造等关系不大；在山区，由于复杂的地质构造和软硬岩石性质的影响，河谷形态不单纯由水流状态和泥砂因素所控制，地质因素起着更重要的作用，因此河谷纵横断面比较复杂，具有波状与阶梯状的特点。

典型的河谷地貌，一般都具有如图 5.8 所示的几个形态部分。

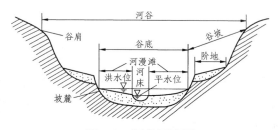

图 5.8　河谷要素图

（1）谷底。谷底是河谷地貌的最低部分，地势一般比较平坦，其宽度为两侧谷坡坡麓之间的距离。谷底上分布有河床及河漫滩。河床是在平水期间被河水所占据的部分，或称河槽。河漫滩是在洪水期间被河水淹没的河床以外的平坦地带。其中，每年都能被洪水淹没的部分称为低河漫滩；仅为周期性多年一遇的最高洪水所淹没的部分称为高河漫滩。

（2）谷坡。谷坡是高出谷底的河谷两侧的坡地。谷坡上部的转折处称为谷缘或谷肩，下部的转折处称为坡麓或坡脚。

（3）阶地。阶地是沿着谷坡走向呈条带状或断断续续分布的阶梯状平台（图 5.9）。阶地可能有多级，此时，从河漫滩向上依次称为Ⅰ级接地、Ⅱ级阶地、Ⅲ级阶地等。每一级阶地都有阶地面、阶地斜坡、阶地前缘、阶地后缘和阶地陡坎等要素（图 5.9）。阶地面就是阶地平台的表面，它实际上是原来老河谷的谷底，大多向河谷轴部和河流下游微作倾斜。阶地面并不十分平整。因为在它的上面，特别是在它的后缘，常常由于崩塌物、坡积物、洪积物的堆积而呈波状起伏。此外，地表径流也对阶地面起着切割破坏作用。阶地斜坡是指阶地面以下的坡地，是河流向下深切后所造成的。阶地斜坡倾向河谷轴部，并常被地表径流切割破坏。阶地一般不被洪水淹没。

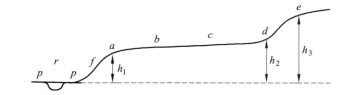

r—河床；p—河漫滩；f—阶地斜坡；a—阶地前缘；d—阶地后缘；e—第二级阶地前缘；
abcd—阶地面；de—阶地陡坎；h_1—阶地前缘高度；
h_2—阶地后缘高度；h_3—第二阶地前缘高度。

图 5.9　河流阶地形态要素

5.4.2　河谷地貌的类型

1. 按河谷走向与地质构造的关系分类

（1）背斜谷。背斜谷是沿背斜轴伸展的河谷，是一种逆地形。背斜谷多是沿张裂隙发育而成，虽然两岸谷坡岩层与坡向倾向一般相反，但因纵向构造裂隙发育，谷坡陡峭，故岩体稳定性差，容易产生崩塌。

（2）向斜谷。向斜谷是沿向斜轴伸展的河谷，是一种顺地形。向斜谷的两岸谷坡岩层与坡向倾向大都相同，在不良的岩性和倾角较大的条件下，容易发生顺层滑坡等病害。但向斜谷一般都比较开阔，使线路位置的选择有较大的回旋余地，应选择有利地形和抗风化能力较强的岩层修筑路基。

（3）单斜谷。单斜谷是沿单斜岩层走向伸展的河谷。单斜谷在形态上通常具有明显的不对称性，岩层反倾的一侧谷坡较陡，不宜于公路布线，顺倾的一侧谷坡较缓，但应注意采取可靠的防护措施，防止坡面顺层坍塌。

（4）断层谷。断层谷是沿断层走向延伸的河谷。河谷两岸常有破碎带存在，岸坡岩体的稳定性取决于构造破碎带岩体的破碎程度。

上面四种构造谷的共同点，是河床的走向与构造线的走向一致，也可以把它们称为纵谷。

（5）横谷与斜谷。与纵谷不同，横谷与斜谷是河谷的走向与构造线大体垂直或斜交，它们一般是在横切或斜切岩层走向的横向或斜向断裂构造的基础上，经河流的冲刷侵蚀逐渐发展而成的，就岩层的产状条件来说，它们对谷坡的稳定性是有利的，但谷坡一般比较陡峻，在坚硬岩石分布地段，多呈峭壁悬崖地形。例如，四川北碚附近的嘉陵江河段，横切三个背斜，形成了著名的小三峡。

2. 按发展阶段分类

河谷的形态是多种多样的，按其发展阶段可分为未成形河谷、河漫滩河谷和成形河谷三种类型。

（1）未成形河谷。未成形河谷也叫 V 字形河谷。在山区河谷发育的初期，河流处于以垂直侵蚀为主的阶段，由于河流下切很深，故常形成断面为 V 字形的深切河谷。其特点是两岸谷坡陡峻甚至壁立，基岩直接出露，谷底较窄，常为河水充满，谷底基岩上缺乏河流冲积物。

（2）河漫滩河谷。河漫滩河谷断面呈 U 字形。它是河谷经河流侵蚀，谷底拓宽发展而形成的。特点是谷底不仅有河床，而且有河漫滩，河床只占据谷底的最低部分。

（3）成形河谷。成形河谷是河流经历了比较漫长的地质时期后，具有复杂形态的河谷。阶地的存在就是成形河谷的显著特点。

5.4.3 河流阶地

5.4.3.1 阶地的成因

河流阶地是在地壳的构造运动与河流的侵蚀、堆积作用的综合作用下形成的。当河漫滩、河谷形成之后，由于地壳上升或侵蚀基准面相对下降，原来的河床或河漫滩遭受下切，而没有受到下切的部分就高出洪水水位，变成阶地，于是河流又在新的平面上下切河床。此后，当地壳构造运动处于相对稳定期或下降期时，河流纵剖面坡度变小，流水动能减弱，河流下蚀作用变弱或停止，侧蚀和沉积作用增强，于是又重新扩宽河谷，塑造新的河漫滩。在长期的地质历史过程中，若地壳发生多次升降运动，则引起河流侵蚀与堆积交替发生，从而在河谷中形成多级阶地。紧邻河漫滩的一级阶地形成的时代最晚，一般保存较好；依次向上，阶地的形成时代越老，其形态的完整性相对越差。

5.4.3.2 阶地的类型

由于构造运动和河流地质过程的复杂性，河流阶地的类型是多种多样的。一般可以将其分为下列三种主要类型：

1. 侵蚀阶地

侵蚀阶地主要是由河流的侵蚀作用形成的，基岩裸露，其上没有或仅有很少的冲积物，多发育在构造抬升的山区河谷中，如图 5.10（a）所示。

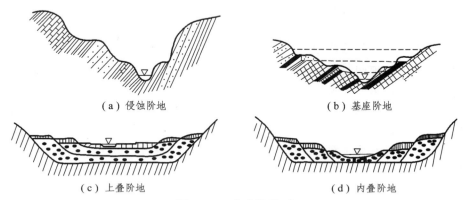

（a）侵蚀阶地　　　　　　　　　（b）基座阶地

（c）上叠阶地　　　　　　　　　（d）内叠阶地

图 5.10　阶地的类型

2. 侵蚀-堆积阶地

这种阶地上部的组成物质是河流的冲积物，下部是基岩，通常基岩上部冲积物覆盖厚度不大，整个阶地主要由基岩组成，所以又称为基座阶地，如图 5.10（b）所示。它是由于后期河流的下蚀深度超过原有河谷谷底的冲积物厚度，切入基岩内部而形成，分布于地壳经历了相对稳定、下降及后期显著上升的山区。

3. 堆积阶地

堆积阶地是由河流的冲积物组成的，所以又叫冲积阶地。当河流侧向侵蚀扩宽河谷后，由于地壳下降，逐渐有大量的冲积物发生堆积，待地壳上升，河流在堆积物中下切，形成堆积阶地。堆积阶地在河流的中、下游最为常见。

第四纪以来形成的堆积阶地，除下更新统的冲积物具有较低的胶结成岩作用外，一般的冲积物都呈松散状态，容易遭受河水冲刷，影响阶地稳定。

堆积阶地根据形成方式可分为以下两种：

（1）上叠阶地。河流在切割河床堆积物时，切割的深度逐渐减小，侧向侵蚀也不能达到它原有的范围，新阶地的堆积物完全叠置在老阶地的堆积物上，这种形式的堆积阶地称为上叠阶地，如图 5.10（c）所示。

（2）内叠阶地。河流切割河床堆积物时，每次下切的深度大致相同，而堆积作用逐次减弱，每次河流堆积物分布的范围均比前次小，新的阶地套在老的阶地之内，这种形式的堆积阶地称为内叠阶地，如图 5.10（d）所示。

由于河流的长期侵蚀和堆积，成形的河谷一般都存在不同规模的阶地，它一方面缓和了山谷坡脚地形的平面曲折和纵向起伏，有利于线路平纵面设计和减少工程量；另一方面又不易遭受山坡变形和洪水淹没威胁，容易保证路基稳定。所以在通常情况下，阶地是河谷地貌中布设线路的理想地貌部位。当有几级阶地时，除考虑过岭高程外，一般以Ⅰ、Ⅱ级阶地布设线路为好。

根据阶地的形成过程，在野外辨认河流阶地时应注意下述两方面的特征：形态特征和物质组成特征。从形态上看，阶地表面一般较平缓，纵向略向下游倾斜，倾斜度与本段河床底坡接近，横向微向河中心倾斜。河床两侧同一级阶地，其阶地表面距河水面的高差相近。某些较老的阶地，由于长时间受到地表水的侵蚀作用，平整的阶地表面遭到破坏，形成高度大致相等的小山包。应当指出，不能只从形态上辨认阶地，以免与人工梯田、台坎混淆，还必须从物质组成上研究，由于阶地是由老的河漫滩形成，具有二元结构，表层由黏性土组成，下部由砂、卵石等冲积层组成。就侵蚀阶地而言，在基岩表面上也应或多或少地保留冲积物。因此，冲积物是阶地物质组成中最重要的物质特征。

以上都是顺着河流方向延伸的阶地，也称纵向阶地。此外，还有与河流流向垂直的阶地，称横向阶地。事实上，横向阶地只不过是河谷中一种具有一定高差的跌水或瀑布地形。高差很大的横向阶地，多由横贯河谷垂直断距很大的断裂构造形成，此外如河床岩性软硬不同，由于河流的差异侵蚀，也能形成一些高差不大的横向阶地。横向阶地在河谷中的分布不具普遍性，只有在一定的岩性和构造条件下才能形成，且多出现在山区河谷或河流的上游。横向阶地使沿河线路的地势发生突然变化，对道路纵坡设计不利。

5.5　黄土地貌

黄土地貌是中国半干旱区的主要地貌，在黄土高原地区最为典型。其地貌特点是千沟万壑、丘陵起伏、梁峁逶迤；即使部分地区有平坦的顶部，也因受沟谷分割呈现桌状。黄土地貌一方面受现代的流水侵蚀作用和重力作用的影响；另一方面也有风积黄土覆盖在古地貌之上，是古代和现代地貌综合作用的产物。按主导地质营力分有黄土堆积地貌、黄土侵蚀地貌、黄土潜蚀地貌和黄土重力地貌。黄土堆积地貌、黄土侵蚀地貌是黄土地貌的主体，潜蚀地貌和重力地貌是重叠发生在前两者之上的。

5.5.1　黄土堆积地貌

大型黄土堆积地貌有黄土高原和黄土平原。

1. 黄土高原

分布在新构造运动的上升区，如陕北、陇东和山西高原，是由黄土堆积形成的高而平坦的地面。黄土高原受现代水流切割，形成下列地貌：

（1）黄土塬。是黄土高原受现代沟谷切割后，保存下来的大型平坦地面。塬的中心部分，地势极平坦，斜度不到 1°，塬的边缘地带的斜度可增至 5°。塬的四周为沟谷环绕，受沟谷的沟头的蚕蚀，在平面图上呈花瓣状。有些黄土塬的面积可达 2 000 ~ 3 000 km²。现有面积较大的塬有陇东的董志塬、陕北的洛川塬等。

黄土塬受沟谷长期切割，面积逐渐缩小，这时两沟头向中心伸展而很接近，沟头之间剩下一条极窄的长脊，同时也变得比较破碎，形成"破碎塬"。如甘肃合水、陕西定边和山西吕梁山西侧的一些小型塬。

（2）黄土梁。由两条平行沟谷分割的长条状的黄土高地。根据梁的形态可分为平顶梁和斜梁两种。

平顶梁顶部比较平坦，宽度有限、几十米到几百米，长度可达几百米、几千米甚至几十千米。其横剖面略呈穹形，坡度多在 1° ~ 5°，沿分水线的纵向斜度不过 1° ~ 3°。梁顶以下，是坡长很短的梁坡，坡度大概在 10° 以上，两者之间有明显的坡折。在梁坡以下，即为沟坡，其坡度更大。

斜梁是黄土高原最常见的沟间地，梁顶宽度较小，常呈明显的穹形。沿分水线有较大起伏，梁顶横向和纵向坡度，由 3°～5° 到 8°～10°。梁顶坡折以下直到谷缘的梁坡坡长很长，坡度变化于 15°～35°。梁坡的坡形随其所在部位而有不同。在沟头的谷缘上方为凹形斜坡。在梁尾（沟口两侧）为凸形斜坡。梁坡以下，就是沟坡。

（3）黄土峁。是孤立的黄土丘，在平面图上呈圆形或椭圆形，常成群出现。峁顶面积不大，呈明显的穹起，坡度约 3°～10°。四周峁坡均为凸形斜坡，坡度变化于 10°～35°；峁顶地形呈圆穹形，整个峁的外形很像馒头。峁与峁之间为地势稍凹下的宽浅分水鞍部。

黄土梁、峁地形常常相伴出现，形成黄土丘陵。

据研究，黄土塬出现在基岩低洼而平坦的地区，而在基底起伏强烈的丘陵区则是黄土梁、峁地形。此外，黄土塬经历流水的长期侵蚀后，也可以演变为黄土梁、峁地形。但不能简单地把黄土地形发育过程理解为由塬变梁，由梁再变峁。

2. 黄土平原

分布于新构造下降区，如渭河平原。是由黄土堆积形成的低平原，是在局部倾斜地面发育沟谷系统，但无黄土梁、峁发育。

5.5.2 黄土侵蚀地貌

1. 黄土区大型河谷

黄土区大型河谷地貌是长期发展的结果，如黄河、渭河、洛河、泾河等。其形成发展与一般侵蚀河谷发展相似。

2. 黄土区冲沟

由地表流水冲刷作用形成的沟底狭窄、两壁陡峭的沟谷叫冲沟。在降雨量较集中缺少植被保护的黄土地区，冲沟极易形成，且发展迅速。黄土冲沟的发展过程与一般正常流水冲沟的发展相似，其过程大致可以分为以下四个阶段：

（1）冲槽阶段。坡面径流局部汇流于凹坡，沿凹坡集中冲刷，形成不深的冲沟。沟床的纵剖面与原地面斜坡剖面基本一致，见图 5.11（a）。在此阶段，只要填平沟槽，调节坡面流水不再汇集，种植草皮保护坡面，即可使冲沟不再发展。

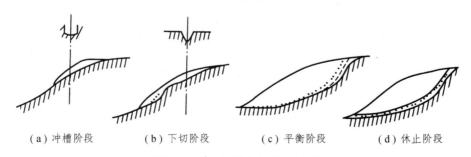

| （a）冲槽阶段 | （b）下切阶段 | （c）平衡阶段 | （d）休止阶段 |

图 5.11　冲沟纵剖面发展阶段

（2）下切阶段。由于冲沟不断发展，沟槽汇水增大，沟头下切，沟壁坍塌，使冲沟不断向上延伸和逐渐加宽。此时的沟床纵剖面与原地面斜坡已不一致，出现悬沟陡坎，见图 5.11（b）。在沟口平缓地带开始有洪积物堆积。在此阶段，如果能够采取积极的工程防护措施，如加固沟头、铺砌沟底、设置跌水坎和加固沟壁等，可防止冲沟进一步发展。

（3）平衡阶段。悬沟陡坎已经消失，沟床已下切拓宽，形成凹形平缓的平衡剖面，冲刷逐渐减弱，沟底开始有洪积物堆积，见图 5.11（c）。在此阶段，应注意冲沟发生侧蚀和加固沟壁。

（4）休止阶段。沟床下切基本停止，沟底有洪积物堆积，见图 5.11（d），并开始有植物生长。

冲沟的发展常使路基被冲毁、边坡坍塌，给道路工程建设和养护带来很大困难。因此，在冲沟地区修筑道路，首先必须查明该地区冲沟形成的各种条件和原因，特别要研究该地区冲沟的活动程度、发展阶段，然后有针对性地进行治理。冲沟治理应以预防为主，通常采用的主要措施是调整地表水流、填平洼地、禁止滥伐树木、人工种植草皮等。对那些处于剧烈发展阶段的冲沟，必须从上部截断水源，用排水沟将地表水疏导到固定沟槽中；同时在沟头、沟底和沟壁受冲刷处采取加固措施。在大冲沟中筑石堰、修梯田，沿沟铺设固定排水槽，也是有效的措施。在缺乏石料的地区，则可改用柴捆堰、篱堰等加固设备，效果也较好。某些地区采用种植多年生草本植物防止坡面冲刷效果良好，铁路边坡多已采用。对那些处于衰老阶段的冲沟，由于沟壁坡度平缓，沟底宽平且有较厚沉积物，沟壁和沟底都有植物生长，表明冲沟发展暂时处于休止状态，应当大量种植草皮和多年生植物加固沟壁，以免冲沟重新复活。道路通过时应尽量少挖方，新开挖的边坡则还应及时采取保护措施。

5.5.3　黄土潜蚀地貌

地表水沿黄土中的裂隙或孔隙下渗，对黄土进行溶蚀和侵蚀，称为潜蚀。潜蚀过程中，黄土颗粒流失，造成洞穴，引起黄土的陷落而形成的各种地貌，称黄土潜蚀地貌。潜蚀地貌有以下几种：

（1）黄土碟。是一种圆形或椭圆形的浅洼地，深数米，直径 10～20 m，是地表水侵蚀黄土后，在重力作用下黄土发生压缩使地面沉陷而成。这种地貌常常形成于平缓的地面上。

（2）黄土陷穴。黄土陷穴是一种比较深的圆形或椭圆形洼地。陷穴是由流水沿着黄土中节理裂隙进行潜蚀作用而成，通常是黄土碟进一步沉陷的结果。陷穴多分布在地表水容易汇集的沟间地边缘地带和谷坡的上部，特别是冲沟的沟头附近最发育。根据陷穴形态可分三种：① 漏斗状陷穴，呈漏斗状，深度不超过 10 m，主要分布在谷坡上部和梁峁的边缘地带；② 竖井状陷穴，呈井状，口径小而深度大。深度可超过 20～30 m，主要分布在塬的边缘地带；③ 串珠状陷穴，几个陷穴连续分布成串珠状，陷穴的底部常有孔道相通，它常见于沟谷的沟床上或坡面长、坡度大的梁峁斜坡上。串珠状陷穴进一步发展，每个陷穴相互连接起来便形成沟壑，称陷沟。

（3）黄土井。黄土陷穴向下发育，形成深度大于宽度若干倍的陷阱，称为黄土井。

（4）黄土桥、黄土柱。黄土中经地下水溶蚀和侵蚀所形成的地下洞穴，在重力作用下发生崩塌，而残余的洞顶形如拱桥，称为黄土桥。黄土桥沿垂直节理面继续崩塌，最后残留下来的孤立土柱，叫黄土柱。黄土柱常常分布在沟边，其形状有柱状和尖塔形的，其高度一般为几米到十几米。

以上各种黄土潜蚀形态，又称"黄土喀斯特"。

此外，在黄土地区还经常发育黄土重力地貌，如黄土滑坡及黄土崩塌等。

思 考 题

1. 试说明地貌是如何形成的？
2. 试说明地貌的分级与分类？
3. 地貌按形态和成因可划分为哪几种类型？它们各自的特征是什么？
4. 山岭地貌有哪些形态要素？
5. 山坡和垭口各有哪些基本类型？它们和线路建设有何关系？
6. 按成因平原地貌可分为哪几种？它们的工程地质条件如何？
7. 河谷地貌有哪些要素？
8. 何谓河流阶地？它有哪些要素？它是如何形成的？按物质组成可划分为哪几种类型？
9. 按主导地质营力，黄土地貌有哪些类型？

6　物理地质灾害

教学重点：滑坡、崩塌、泥石流、岩溶与地震的定义、分类、形成条件、防治措施。

教学难点：滑坡、泥石流的治理原则与工程措施；地震震级与烈度及其工程应用。

　　地质灾害是指地球在内动力、外动力或人类工程动力作用下，发生的危害人类生命财产、生产生活活动或破坏人类赖以生存与发展的资源和环境的、不幸的地质事件。这个定义强调了三个方面的内容，首先是致灾条件，即不仅包含源于自然能量的地质作用引起的灾害如火山爆发、地震等，而且将人类生产和工程活动对地质环境的作用也考虑在内，突出了目前关于地质灾害有很大比例是不合理的工程活动引起的重要认识。例如，有人估计，我国大约有 50% 以上的地质灾害，虽然表面上看是由自然原因引起的，但是深入地调查研究之后不难发现，其实主要都是因人为的生产和工程活动而引起，如工程开挖诱发的山体松动、滑坡和崩塌；修建水库诱发的地震；城市过量抽取地下水引起的地面沉降；水土流失加剧的洪涝灾害等。其次，突出了灾害的后果，说明只有那些造成人员伤亡、经济损失和人们赖以生存的资源、环境恶化或破坏的地质事件，才能称之为地质灾害。例如，发生在无人区的地震、滑坡或泥石流，只能是地质体或地质环境的灾变现象，而不能叫作地质灾害。最后，还强调了这种类型的地质事件不仅包含其发育、发生和致灾的地质过程，也是指处于不同阶段时的地质现象。例如，滑坡既可以指发生的过程及灾害后果，也可以从地质环境或地质体的角度，将那些发生过滑动或将来可能发生滑动的岩土体定义为滑坡，即在某一时段所存在的一种地质现象。其他类型的地质灾害如地震、泥石流、岩溶等也大致类似。其中，仅将内外动力地质作用造成的地质灾害称为物理地质现象，以区别于人类工程活动所造成或诱发的地质灾害。根据我国自然资源部发布的最新的行业标准《地质灾害分类分级》，将地质灾害定义为"地球在内动力、外动力或人类工程活动作用下，发生的危害人类生命财产、生产生活活动或破坏人类赖以生存与发展的资源与环境的不幸的地质事件"。

　　地质灾害的种类很多，根据致灾成因及发生的处所可大致划分为几十种之多。例如，地壳活动引起的地震和火山喷发，斜坡岩土体运动造成的崩塌、滑坡和泥石流，地面变形类型的塌陷、沉降、地裂缝等，矿山与地下工程建设中发生的煤层自燃、瓦斯爆炸、高温、塌方、岩爆、突水、大变形等，特殊土类型的灾害如黄土湿陷、膨胀土胀缩、冻土冻融、软土触变、砂土液化、盐渍土侵蚀等，土地和水资源变异类型的灾害如岩溶、水土流失、土地沙漠化、盐碱化、沼泽化、水质污染、地下水位下降等，以及河流、湖泊、水库、海洋类型的灾害如塌岸、淤积、渗漏、浸没、海水入侵、海岸侵蚀、水下滑坡等。一般地，常见的由内外动力地质作用造成的地质灾害包括滑坡、崩塌、泥石流、岩溶、地震等几种，或称之为狭义的地质灾害；其他类型的地质灾害可称之为广义的地质灾害，或称环境地质灾害及工程地质灾害等。

　　地质灾害的破坏作用主要表现在：造成人员伤亡；破坏房屋、厂房等建筑物及设施；威胁城镇安全；破坏铁路、公路、航道、水库等交通和水利设施，破坏土地资源、矿产资源、水资源、旅游资源等；破坏生态环境；影响工农业生产及其他经济活动等。

据统计，发展中国家每年由地质灾害和地质环境恶化所造成的经济损失，达到国民生产总值的 5% 以上。我国的地质灾害种类繁多，分布广泛，活动频繁，是世界上地质灾害较为严重的国家之一。例如，在东、中部地区，由于大量抽取地下水和大规模开采矿产资源，导致地下水资源平衡破坏和岩土构造应力状态发生变化，诱发并加剧了地面沉降、地面塌陷、地裂缝、土地盐渍化、沼泽化、崩塌、滑坡、泥石流、矿山灾害等地质灾害的发生；在西部地区，由于超量开发土地、草原、森林和水资源，加速了水土流失、土地沙漠化等灾害的发展，崩塌、滑坡、泥石流等灾害也随之增多，同时，地壳活动产生的地震活动也时有发生。

中国是一个多灾多难的国家，在 5 000 年的文明历史长河中，几乎无年无灾，也几乎无年无荒，在与灾害顽强的抗争中，中华民族为人类留下了许多灾害认知和与灾害抗争的伟大实践。我国国土陆地面积达 960 多万平方千米，而近 65% 的国土都是山地和丘陵，由于强降雨等灾害性天气的频发，使得滑坡、崩塌、泥石流和地面塌陷四种灾害类型，成为我国经常发生和重点防御的灾害类型。我国每年因地质灾害而造成的伤亡人数与经济损失情况排在世界前列（表 6.1）。基于 2009—2019 年《中国统计年鉴》和《全国地质灾害公报》中发布的数据（表 6.2），2009—2019 年我国发生的地质灾害共达到 133 899 处，其中滑坡占 71%，崩塌占 19%，泥石流占 8%，地面塌陷占 2%。从地质灾害发育的时间规律看，每年 5 月到 9 月为地质灾害多发期；在空间分布上，整体呈现出"西群东单，南多北少，中西南频繁"的规律。相应地，地质灾害造成的伤亡人数与直接经济损失，在年际变化上是剧烈波动起伏的，在空间分布上呈现出明显的地域性与差异性。

本章将重点介绍在工程建设中最常见的几种地质灾害，即滑坡、崩塌、泥石流、岩溶和地震。

表 6.1 2009—2019 年我国地质灾害损失与防治情况统计

年份	人员伤亡 /人	死亡人数 /人	直接经济损失 /亿元	地灾防治项目数 /百个	地质防治投资 /亿元
2009	845	331	19.01	280.61	54.32
2010	3 445	2 244	63.85	281.06	115.98
2011	413	244	41.32	208.71	92.81
2012	636	293	62.52	268.82	102.42
2013	929	482	104.35	369.84	123.53
2014	637	360	56.71	320.19	163.41
2015	422	226	25.05	262.89	176.27
2016	593	362	35.42	281.90	136.02
2017	523	929	35.94	176.02	163.59
2018	185	105	14.7	—	—
2019	88	211	27.7	—	—
总计	8 716	5 787	486.57	2 450.04	1 128.26

注：以上数据来源于《中国统计年鉴 2010—2019》，未包括港澳台地区。"—"表示数据未公布。

表 6.2　2009—2019 年我国主要地质灾害数量统计

年份	地质灾害发生数量/起				
	地质总数	滑坡	崩塌	泥石流	地面塌陷
2009	10 580	6 310	2 378	1 442	326
2010	30 670	22 250	5 688	1 981	478
2011	15 804	11 504	2 445	1 356	386
2012	14 675	11 112	2 152	952	364
2013	15 374	9 832	3 288	1 547	385
2014	10 907	8 128	1 872	543	302
2015	8 224	5 616	1 801	486	278
2016	10 997	8 194	1 905	652	225
2017	7 521	5 524	1 356	387	206
2018	2 966	1 631	858	339	138
2019	9 181	4 220	1 238	599	121
总计	133 899	94 321	24 981	10 284	3 209

注：① 数据来源于《中国统计年鉴 2010—2019》与《全国地质灾害公报 2019》；② 未包括港澳台地区数据。

6.1　滑　坡

6.1.1　滑坡及其形态特征

6.1.1.1　滑坡的概念

斜坡上大量的岩土体，在一定的自然条件（地质结构、岩性和水文地质条件等）及其重力的作用下，使部分岩土体失去稳定性，沿斜坡内部一个或几个滑动面（带）整体地向下滑动，且水平位移大于垂直位移的现象，称之为滑坡（图 6.1）。这个定义包含滑坡的作用过程及其结

图 6.1　2010 年 4 月 25 日发生在我国台湾高速公路的滑坡
（长度约 200 m，宽约 100 m，厚度约 20 m）

果；说明滑坡区别于其他岩土体运动灾害类型的主要特征：第一是强调"大量的岩土体"，这里的"大量"，根据晏同珍教授的观点，即是指"相当规模"，在工程上就是指运用现代施工机具与方法难以将其滑体全部剥离，或者剥离时影响其周围斜坡向不稳定方向发展，从而导致次生的危害；第二是要在岩土体内先存的已有滑动面（带）上发生运动，这种已有的滑动面（带）主要是由自然原因引起的，包括古地形面、岩层层面、不整合面、断层面、贯通的节理裂隙面等，若是沿着由人类开挖或堆填引起的新生滑动面（带）发生滑动，则只能称之为边坡或工程滑坡；第三是在滑坡运动时斜坡岩土体是整体移动的，除局部土石可能发生破碎、位移和翻转之外，滑坡体上各部分之间的相对位置在滑坡活动的前后变化不大，这是与崩塌等相区别；最后，强调的是其水平位移要大于垂直位移，即主要朝着某一个主导的方向发生水平运动。

　　滑坡是山区铁路、公路、水库及城市建设中经常遇到的一种地质灾害，给世界各国带来的危害和损失可能仅次于地震，但是滑坡所发生的频率和范围却又远远超过地震。如欧洲的意大利、奥地利、瑞士、捷克、斯洛伐克、英国、俄罗斯等，美洲的美国、加拿大、智利等，亚洲的中国、日本、印度等，都是滑坡比较多的国家。我国滑坡的分布至今难以有精确的数量统计。根据中国科学院成都山地灾害与环境研究所的估算，全国的滑坡总数约150万个，每年造成的经济损失约20亿~30亿元。已有调查资料显示，滑坡遍布全国各地，其中以西南、西北分布广、规模大，受滑坡灾害严重威胁的有500多个县市、20多条铁路干线，近万千米线路，60多个大型矿山和100多家大型企业，山区公路普遍遭受危害。四川、重庆、云南、贵州、西藏、甘肃、陕西、青海、新疆等地均为我国滑坡灾害较为严重的频发区。

　　无论是从单个滑坡所造成的危害，还是从区域性的宏观角度看，滑坡的灾害性都是极其惊人的。例如，1963年发生在意大利瓦依昂（Vaiont）大坝南侧的大规模滑坡的滑移，给大坝及其下游的居民带来了毁灭性的灾难。瓦依昂大坝于1960年修建在意大利东北部靠近奥地利和斯洛文尼亚的深山峡谷里，水库库容为 $10 \times 10^8 \ \text{m}^3$，坝址区河谷两侧为高角度易滑的沉积岩出露区，并发育有密集的裂隙和古滑动面。大坝修建后，水库水体使坡脚处的岩石饱和、孔隙水压力上升。1963年8—10月的大暴雨诱发了10月9日晚的大滑坡，瓦依昂水库南侧发生快速的大规模坍塌滑动，滑体长1.8 km、宽1.6 km，体积约 $2.6 \times 10^8 \ \text{m}^3$，一部分水库被岩石碎屑填充，并高出水面150 m，滑坡冲击地面使欧洲大部分地区都感觉好像发生了地震一样。整个滑动的持续时间不足30 s，运动速率达30 m/s，滑体前锋形成的巨大气流掀翻了房屋。滑坡涌入水库内，使得水柱高出水面260 m，以高出坝顶100 m的波浪冲出水库，并以70多 m高的水墙沿瓦依昂河谷向下游的隆加罗内（Longarone）冲去。大部分伤亡损失是由于库水涌浪造成的，仅6 min时间，隆加罗内就被大水淹没，约3 000名居民被洪水淹死。这一事件被看作是世界上最大的水库大坝灾难。

　　我国的滑坡灾害也是多不胜数。新中国成立后不久就建成的宝成铁路宝鸡—广元段247 km，自1957年交付运营至1984年，整治滑坡和崩塌为主的地质灾害的费用已高达3.85亿元，几乎等于该线修建时的造价。1981年，我国四川盆地因暴雨诱发大小不等的滑坡有6万多处，直接经济损失超过3亿元人民币。1982年，长江岸边重庆市云阳县鸡扒子滑坡的整治费用竟高达1亿元人民币。1983年，发生在甘肃东乡县果园乡的洒勒山滑坡，约5 000万 m^3 的岩土体从300 m高处滑下，1 min内滑移了近700~800 m，造成4个村庄被掩埋，227人死亡。

　　滑坡有的易于识别，但有的受到自然界各种外动力地质作用的影响或破坏，往往较难鉴别。为了准确地鉴别滑坡，首先必须了解滑坡的形态特征及其内部结构。在研究滑坡时，可通过其外部形态判断滑坡存在的可能性。因此，只有识别了滑坡之后，才能对滑坡的问题做出合乎客观的分析和结论，从而采取针对性的措施防治处理。

6.1.1.2 滑坡的形态特征

一个典型的比较完全的滑坡，在地表会显现出一系列滑坡形态特征，这些形态特征成为正确识别和判断滑坡的主要标志，一般地，滑坡通常有如下一些组成要素及名称，如图6.2所示。

（1）滑坡体。沿滑动面向下滑动的那部分岩土体，可简称滑体。滑坡体的规模不等，体积小的只有十几立方米，大的可达几百万甚至几千万立方米。

（2）滑动面。滑坡体向下滑动的界面。此面是滑动体与下面不动的滑床之间的分界面。

（3）滑坡床和滑坡周界。滑动面下稳定不动的岩土体称为滑坡床。平面上，滑坡体与周围稳定不动的岩土体的分界线称滑坡周界。

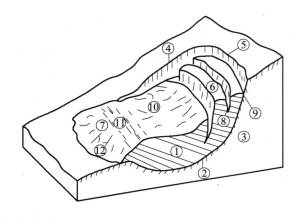 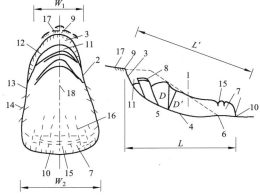

①—滑坡体；②—滑动面；③—滑坡床；④—滑坡周界；
⑤—滑坡壁；⑥—滑坡台阶；⑦—滑坡舌；
⑧—张裂隙；⑨—主裂隙；⑩—剪裂隙；
⑪—鼓胀裂隙；⑫—扇形裂隙。

1—滑坡体；2—滑坡周界；3—滑坡壁；4—滑动面；
5—滑坡床；6—滑坡剪出口；7—滑坡舌与滑坡鼓丘；
8—滑坡台阶；9—滑坡后缘；10—滑坡前缘；
11—滑坡洼地（滑坡湖）；12—拉张裂缝；
13—剪切裂缝；14—羽状裂缝；15—鼓胀
裂缝；16—扇形张裂缝；
17—牵引性张裂缝；
18—主滑线。

（a）滑坡要素立体示意图　　　　　（b）滑坡要素平、剖面示意图

图 6.2　滑坡的形态特征

（4）滑坡壁。滑体后缘与母体脱开的分界面，平面上多呈围椅状，是滑动面上部出露地表的部分。

（5）滑坡台阶。由于滑坡体上各段运动速度的差异致使滑坡体断开，或滑坡体沿不同滑面多次滑动，都会在滑坡上形成多级台阶。每一台阶由滑坡平台及陡壁组成。

（6）滑坡舌和滑坡鼓丘。滑坡体前缘形如舌状伸入沟壑或河道中的部分叫滑坡舌。如滑坡体前缘受阻，被挤压鼓起成丘状者称为滑坡鼓丘。

（7）滑坡裂隙。滑坡体内出现的裂隙。有的呈环形，有的呈放射状，有的呈羽毛状。它们有的是拉张力造成的，有的是剪切力造成的，滑坡裂隙常发生在滑坡的初期和中期。

此外，在滑坡体上还常见一些特殊的地貌、地物特征，它们也可作为确定滑坡存在的重要参考依据。例如：滑坡体上房屋开裂甚至倒塌；滑坡周界处有"双沟同源"现象；滑坡体表面坡度比周围未滑动斜坡坡度变缓；滑坡体上的"醉林""马刀树"等现象。树木东倒西歪

者称为醉林（图 6.3），它显示不久前曾发生过比较剧烈的滑坡。滑坡体上因受滑坡滑动影响而歪斜的树体，当滑坡体固定后又继续向上生长，故树体下部歪斜而上部直立，称为马刀树，如图 6.4 所示。

图 6.3 醉林   图 6.4 马刀树

对滑坡结构特征的了解，有助于认识和判断滑坡的发生发展过程。如果上述这些特征同时具备，那么滑坡已经发生。如果斜坡岩体上开始出现裂缝，可能预示着将要发生滑坡。

6.1.2 滑坡的形成条件

6.1.2.1 滑坡形成的几何边界条件

滑坡形成的几何边界条件是指构成可能滑动岩体的各种边界面及其组合关系。几何边界条件通常包括滑动面、切割面和临空面。它们的性质及所处的位置不同，在稳定性分析中的作用也是不同的。

（1）滑动面。一般都是斜坡岩体中最薄弱的面，它分割了滑坡体与滑坡床之间的联结，是对边坡的稳定起决定作用的一个重要的边界条件。滑动面可能是基岩侵蚀面，上覆第四纪松散沉积物作为滑坡体，沿着滑动面向下滑动；在基岩内部产生的滑坡一般是某一软弱夹层面作为滑动面，如在砂岩中夹着的页岩层；有的倾角很小的断层带也可成为滑动面；在均质土层中滑动面也常常是两种岩性有差异的接触面。有的滑坡有明显的一个或几个滑动面，有的滑坡没有明显的滑动面，而是由一定厚度的软弱岩土层构成的滑动带。如图 6.5 所示。

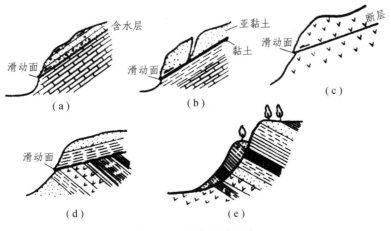

图 6.5 滑动面的形态

（2）切割面。是指起切割岩体作用的面，分割了滑坡体与其周围岩土（母岩）之间的联结，如平面滑动的侧向切割面。由于失稳岩体不沿该面滑动，因而不起抗滑作用。因此在稳定性系数计算时，常忽略切割面的抗滑能力，以简化计算。

滑动面与切割面的划分有时也不是绝对的，如楔形体滑动的滑动面，就兼有滑动面和切割面的双重作用，具体各种面的作用应结合实际情况做具体分析。

（3）临空面。是滑坡体滑动后的堆积场所，是滑坡体向下游滑动时能够自由滑出的面。它的存在为滑动岩体提供活动空间，临空面常由地面或开挖面组成。

滑动面、切割面、临空面是滑坡形成必备的几何边界条件。分析它们的目的是用来确定边坡中可能滑动岩体的位置、规模及形态，定性地判断边坡岩体的破坏类型及主滑方向。为了分析几何边界条件，就要对边坡岩体中结构面的组数、产状、规模及其组合关系，以及这种组合关系与坡面的关系进行分析研究。初步确定作为滑动面和切割面的结构面的形态、位置及可能滑动的方向。

6.1.2.2　滑坡形成的力学条件

常见的滑动面的形态有：直线形［图6.5（a）~（d）］，或折线形［图6.5（e）和6.6（b）］中的，还有弧形［图6.6（a）］等，取决于岩土体的强度及其完整性，特别是其中的控制性的滑动面。

为了说明滑坡形成的力学条件，现以圆弧形滑动面为例，进行滑坡受力状态分析。如图6.6（a）所示，假设滑动面为圆弧形，圆心为 O，OD 为半径，滑体的自重 W 是使滑坡体产生滑动的力，沿滑动面 AD 弧存在着抵抗滑动的抗剪应力 τ。当斜坡岩土体处于极限平衡状态时，所有作用在滑动体上的力矩应处于平衡状态，所以

$$W \cdot a = \sum \tau \cdot R$$

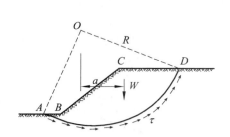
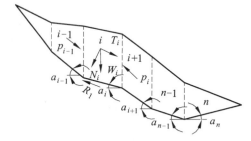

（a）圆弧形滑面的受力分析　　　　（b）折线形滑面的受力分析

图6.6　滑坡的受力状态

若设

$$k = \frac{抗滑力矩}{下滑力矩} = \frac{\sum \tau \cdot R}{W \cdot a}$$

则当 $k > 1$ 时，斜坡稳定；当 $k = 1$ 时，斜坡处于极限平衡状态；当 $k < 1$ 时，滑体下滑。其中 k 称为滑坡的安全系数。

对于直线形和折线形滑面［图6.6（b）］的滑坡力学分析，目前我国主要采用传递系数法（也称不平衡推力法）进行分析，详见有关规范和手册。其安全系数的定义为：

$$k = \frac{抗滑力}{下滑力} = \frac{\sum T_i}{\sum R_i}$$

当平行滑面方向的下滑力大于等于抗滑力时，$k \geqslant 1$，即认为滑坡可能会产生活动。

由此可以得出滑坡产生的力学条件是：在贯通的滑动面上，总下滑力（矩）大于总抗滑力（矩）。通常，形成贯通的滑动面是一个渐进的过程，首先是最危险滑动面附近的某些点的剪应力超过该点的抗剪强度，该点处发生剪切破坏形成裂隙，随后此裂隙不断扩展，最终沿潜在的滑动面全部贯通断裂，滑坡随即发生。

6.1.3 影响滑坡形成和发展的因素

影响滑坡形成和发展的因素比较复杂，概括起来主要表现在地形地貌、地层岩性、地质构造、地下水和人为因素等方面。

1. 地形地貌

斜坡的高度、坡度和形态影响着斜坡的稳定性。高而陡峻的斜坡较不稳定，因为地形上的有效临空面提供了滑动的空间，成为滑坡形成的重要条件。

2. 地层岩性

沉积物和岩石是产生滑坡的物质基础。松散沉积物尤其是黏土与黄土容易发生滑坡，坚硬岩石较难发生滑坡。基岩区的滑坡常和页岩、黏土岩、泥岩、泥灰岩、板岩、千枚岩、片岩等软弱岩层的存在有关。当组成斜坡的岩石性质不一，特别是当上层为松散堆积层，而下部是坚硬岩石时，则最容易沿两者接触面产生滑坡。

3. 地质构造

滑坡的产生与地质构造关系极为密切。滑动面常常是构造软弱面，如层面、断层面、断层破碎带、节理面、不整合面等。另外，岩层的产状也影响滑坡的发育。如果岩层向斜坡内部倾斜，斜坡比较稳定；如果岩层的倾向和斜坡坡向相同，就有利于滑坡发育，特别是当倾斜岩层中有含水层存在时，滑坡最易形成。

4. 水的作用

绝大多数滑坡的发生发育都有水的参与。丰富的雨水以及雪融水，可润湿斜坡上的岩土，当水进入滑动体，会使滑动体自重增大；当水下浸到达滑动面，会使滑动面抗剪强度降低，再加上水对滑动体的静、动水压力作用，都会成为诱发滑坡形成和发展的重要因素，这就是为什么雨后常会产生滑坡的原因。如贵州某地区，发生在雨后的滑坡占 94%。在均质土层中，如黄土中，往往在岩层变化的接触面附近，由于地表水渗入并在接触面附近聚集，使其软化或形成流塑状态，有时在滑动面附近能露出稀泥，或在斜坡上有渗水现象，这些都是形成滑坡的有利条件。

5. 人为因素及其他因素

人为因素主要是指人类工程活动不当引起滑坡，如人工切坡，开挖渠道等工程活动，如果设计或施工不当，也可造成斜坡平衡破坏而引起滑坡。

此外，地震、海啸、风暴潮、冻融、大爆破以及各种机械振动也都可能诱发滑坡。

6.1.4 滑坡分类

为更好地研究、治理滑坡，并为工程建筑物的设置及防治提供依据，根据滑坡的不同特征，对滑坡进行分类是必要的。目前滑坡的分类方法较多，现介绍常用的几种分类。

6.1.4.1 按岩土类型分类

（1）黏性土滑坡：发生在均质或非均质黏土层中的滑坡。黏性土滑坡的滑动面呈圆弧形，滑动带呈软塑状。黏土的干湿效应明显，干缩时多张裂，遇水后又呈软塑或流动状态，抗剪强度急剧降低，所以黏土滑坡多发生在久雨或受水作用之后，多属中、浅层滑坡。

（2）黄土滑坡：发生在不同时期的黄土层中的滑坡。它的产生常与裂隙及黄土对水的不稳定性有关，多见于河谷两岸高阶地的前缘斜坡上，常成群出现，且大多为中、深层滑坡。其中有些滑坡的滑动速度很快，变形急剧，属于崩塌性的滑坡。

（3）堆积性滑坡：发生在各种成因堆积层中的滑坡。它是线路工程中经常碰到的一种滑坡类型，多出现在河谷缓坡地带或山麓的坡积、残积、洪积及其他重力堆积层中。它的产生往往与地表水和地下水的直接参与有关。滑坡体一般多沿下伏的基岩顶面、不同地质年代或不同成因堆积物的接触面，以及堆积层本身的松散层面滑动。

（4）岩层滑坡：发生在各种基岩岩层中的滑坡，属岩石滑坡，它多沿岩层层面或其他构造软弱面滑动。岩层滑坡多发生在由砂岩、页岩、泥岩、泥灰岩以及片理化岩层（片岩、千枚岩等）组成的斜坡上。

（5）填土滑坡：发生在路堤或人工弃土堆中的滑坡。此类滑坡多沿老地面或基底以下松软层滑动。

（6）破碎岩石滑坡：发生在构造破碎带或严重风化带形成的凸形山坡上的滑坡。此类滑坡的规模较大。

6.1.4.2 按滑坡力学特征分类

（1）牵引式滑坡：滑体下部先失去平衡发生滑动，逐渐向上发展，使上部滑体受到牵引而跟随滑动。这类滑坡主要是由坡脚受河流冲刷或人工开挖使斜坡下部先变形滑动，因而使斜坡的上部失去支撑，引起斜坡上部相继向下滑动。牵引式滑坡的滑动速度比较缓慢，但会逐渐向上延伸，规模越来越大。

（2）推动式滑坡：滑体上部局部破坏，上部滑动面局部贯通，向下挤压下部滑体，最后整个滑体滑动。这类滑坡主要是由于斜坡上部不恰当地加荷（修建建筑物、填堤、弃渣等）或在自然因素作用下，斜坡的上部先变形滑动，并挤压推动下部斜坡向下滑动。推动式滑坡的滑动速度一般很快，但其规模在通常情况下不再有较大发展。

此外，有时还有上述两种受力方式共同形成的复合式滑坡，即上部推动，下部牵引。

6.1.4.3 按滑动面与地质构造特征分类

（1）均质滑坡：多发生在均质土体或破碎的、强烈风化的岩体中的滑坡。滑动面不受岩体中结构面的控制，多为近圆弧形滑面，在黏土岩和土体中常见，如图 6.7 所示。

（2）顺层滑坡：沿岩层面或软弱结构面形成滑面的滑坡。多发生在岩层面与边坡面倾向接近，而岩层面倾角小于边坡坡度的情况下，如图 6.8 所示。

（3）切层滑坡：滑动面切过岩层面的滑坡。多发生在沿倾向坡外的一组或两组节理面形成贯通滑动面的滑坡，如图 6.9 所示。

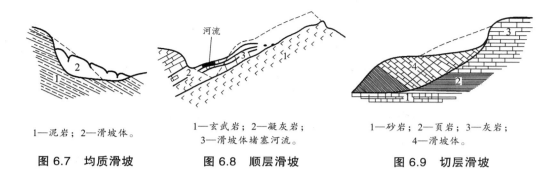

1—泥岩；2—滑坡体。

图 6.7 均质滑坡

1—玄武岩；2—凝灰岩；
3—滑坡体堵塞河流。

图 6.8 顺层滑坡

1—砂岩；2—页岩；3—灰岩；
4—滑坡体。

图 6.9 切层滑坡

6.1.5 滑坡防治

对滑坡的防治应当坚持以防为主、整治为辅；查明影响因素，采取综合整治方案；一次性根治，不留后患的原则。在工程位置选择阶段，应尽量避开可能发生滑坡的区域，特别是大型、巨型滑坡区域；在工程场地勘测设计阶段，必须进行详细的工程地质勘测，对可能产生的新滑坡，采取正确、合理的工程设计，避免新滑坡的产生；对已有的老滑坡要防止其复活；对正在发展的滑坡进行综合整治。整治方案和措施应在查明滑坡的滑动原因、滑动面位置及其稳定程度等主要问题的基础上有针对性地提出。常用的整治措施包括以下几个方面：

1. 排 水

（1）排除地表水。排除地表水是整治滑坡不可缺少的辅助措施，而且应是首先采取并长期运用的措施。其目的在于拦截、旁引滑坡外的地表水，避免地表水流入滑坡区，或将滑坡范围内的雨水及泉水尽快排除，阻止雨水、泉水进入滑坡体内。因此可在滑坡边界处设环形截水沟，滑坡内修筑树枝状排水沟，见图 6.10。截水沟横断面构造如图 6.11 所示。此外还应整平地面，堵塞、夯实滑坡裂缝，防止地表水渗入滑坡内。在滑坡体及四周植树种草等方法也有显著效果。

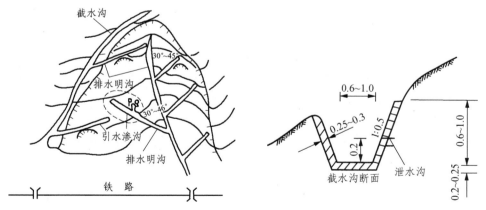

图 6.10 滑坡地表排水系统示意图　　**图 6.11 截水沟断面构造图**（尺寸单位：m）

（2）排除地下水。对于地下水，可疏而不可堵。其主要工程措施是采用截水盲沟，用于拦截和旁引滑坡外围的地下水，其横断面构造如图 6.12 所示。盲沟的迎水面应是渗水的，并作反滤层；背水面是隔水的，防止水渗入滑坡体内，为了防止地表水和泥砂渗入盲沟内，沟顶部可设隔水层。另外还可设置支撑盲沟，如图 6.13 所示。

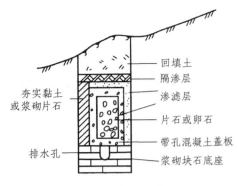

夯实黏土
或浆砌片石

回填土
隔渗层
渗滤层
片石或卵石
带孔混凝土盖板
排水孔
浆砌块石底座

图 6.12　截水盲沟

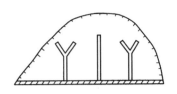

图 6.13　支撑盲沟

支撑盲沟既有支撑作用又有排水作用，这种方法一般在滑坡床较浅，滑坡体内有大量积水或地下水分布层次多的滑坡中采用。支撑盲沟常见的结构类型有拱形、Y 形和其他类型等。此外还有盲洞、渗管、渗井、垂直钻孔等排除滑体内地下水的工程措施。

2. 刷方减载

凡属头重脚轻的滑坡以及有可能产生滑坡的高而陡的斜坡，可将滑坡上部或斜坡上部的岩土体削去一部分，减轻上部荷载，这样可减小滑坡或斜坡上的滑动力，因而增加了稳定性。若将上部削除的岩土堆于坡脚处，还可以增加滑坡或斜坡内的抗滑力，进一步提高滑坡或斜坡的稳定性，见图 6.14。

3. 修建支挡工程

因失去支撑而引起滑动的滑坡，或滑坡床陡、滑动可能较快的滑坡，采用修筑支挡工程的办法，可增加滑坡的重力平衡条件，使滑体迅速恢复稳定。

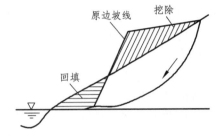

原边坡线
挖除
回填

图 6.14　刷方减载

支挡建筑物种类主要有：抗滑挡墙、抗滑桩、锚固工程等。

抗滑挡墙应用广泛，属重型支挡工程，是防治滑坡常用的有效措施之一，常与排水等措施联合使用。它是借助于自身的重量来支挡滑体的下滑力的，因此，采用抗滑挡墙时必须计算出滑坡的滑动推力、查明滑动面的位置，将抗滑挡墙的基础砌置于最低的滑动面之下，以避免其本身滑动而失去抗滑作用，见图 6.15。

抗滑桩是用以支挡滑体下滑力的桩柱，是近二十多年来逐渐发展起来的抗滑工程，已被广泛采用。桩材料多用钢筋混凝土，桩横断面可为方形、矩形或圆形。抗滑桩一般集中设置在滑坡的前缘附近。这种支挡工程对正在活动的浅层和中厚层滑坡效果较好，见图 6.16。

锚固工程也是近二十多年来发展起来的新型抗滑加固工程，包括锚杆加固和锚索加固。通过对锚杆或锚索预加应力，增大了垂直滑动面的法向压应力，提高了滑动面的抗剪强度，从而阻止滑坡的发生，见图 6.17。

4. 土质改良

土质改良的目的在于提高岩土体的抗滑能力，主要用于土体性质的改善。一般有电化学加固法、硅化法、水泥胶结法、冻结法、焙烧法、石灰灌浆法及电渗排水法等。土质改良的方法在我国应用尚不广泛，有待于进一步研究和工程实践。

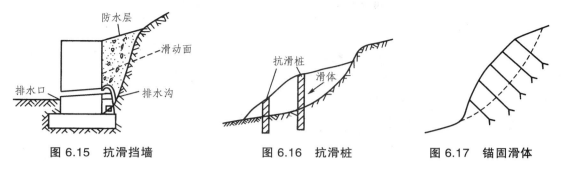

图 6.15　抗滑挡墙　　　　　图 6.16　抗滑桩　　　　　图 6.17　锚固滑体

5. 防御绕避

当线路工程遇到严重不稳定斜坡地段，处理又很困难时，则可采用防御绕避措施。

应该指出，防治滑坡的措施很多，但是具体采用哪种方法比较经济合理，则应考虑滑坡的具体的地质条件、滑坡的特征，分析滑坡产生的主要因素及次要因素，因地制宜地选用某种防治方法，才能达到处理滑坡的目的。

6.2　崩　塌

崩塌指陡峻斜坡上的岩土体在重力作用下突然脱离母体，迅速崩落滚动，而后堆积在坡脚或沟谷，危害人类生命财产安全的灾害，如图 6.18 所示。产生在土体中者称土崩，产生在岩体中者称岩崩。崩塌的规模大小相差悬殊。若陡峻斜坡上个别、少量岩块、碎石脱离坡体向下坠落，称为落石；小型崩塌，称为坠石；规模巨大的山区崩塌称为山崩。崩塌时破碎岩块倾倒、翻滚、跳跃、撞击，最后坠落堆积在坡脚，形成的锥状堆积物，称为崩积物，有时也称为岩堆或倒石堆。

图 6.18　2008 年四川汶川地震时宝成铁路 109 隧道上方岩体崩塌

崩塌的发生是突然的猛烈的，具有强烈的冲击破坏力，常发生在新近上升的山体边缘、坚硬岩石组成的悬崖峡谷地带，河、湖、海岸的陡岸等。大规模的崩塌能摧毁铁路、公路、隧道、桥梁；破坏工厂、矿山、城镇、村庄和农田，直至危及人民的生命安全，造成巨大灾害，被视为"山区病害"之一。

例如：1967 年，四川雅砻江某地发生的一次大崩塌使得 6 800 万 m^3 的土石顷刻间滑入河谷，形成高达175～355 m的天然石坝。雅砻江被堵，断流九天九夜，随后溢流溃坝，形成40 m高的洪水，冲毁了下游的农田和房屋。由于事先做好搬迁工作，才避免了人身伤亡。再如2005年5月9日23时，山西省吉县吉昌镇桥南村水洞沟209国道右侧发生了一起大型黄土崩塌地质灾害。崩塌体长约220 m，宽约15～30 m，崩塌体高度约80 m，体积约60万 m³。此次灾害造成24人被掩埋，209国道吉县至乡宁段完全中断。

6.2.1　崩塌的形成条件及影响因素

1. 地形地貌条件

地形是引起崩塌的基本因素。江、河、湖（水库）、沟的岸坡及各种山坡、铁路、公路边坡、工程建筑物边坡及其各类人工边坡都是有利崩塌产生的地貌部位，坡度大于45°的高陡斜坡、孤立山嘴或凹形陡坡均为崩塌形成的有利地形。

2. 岩土类型

一般而言，各类岩、土都可以形成崩塌，但类型不同，所形成崩塌的规模大小不同。通常，岩性坚硬的各类岩浆岩、变质岩及沉积岩类的碳酸盐岩、石英砂岩、砂砾岩、初具成岩性的石质黄土、结构密实的黄土等易形成规模较大的崩塌，页岩、泥灰岩等互层岩石及松散土层等往往以小型坠落和剥落为主，如图6.19（a）所示。另外，硬、软岩相间构成的边坡，因风化的差异性造成硬岩突出、软岩内凹，这样突出悬空的硬岩也易于发生崩塌，如图6.19（b）所示。此外如沿着垂直节理破坏而形成的黄土崩塌，如图6.19（c）所示。

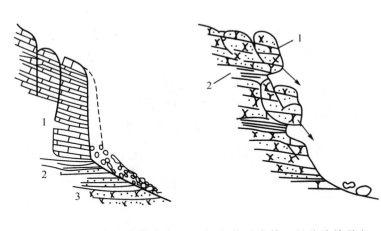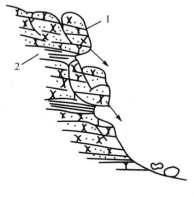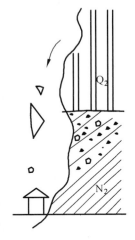

（a）坚硬岩石组成的陡坡前缘
卸荷裂隙导致崩塌示意图
1—灰岩；2—砂页岩互层；3—石英岩。

（b）软硬岩性互层的陡坡局部
崩塌示意图
1—砂岩；2—页岩。

（c）沿黄土垂直节理
土体坠落

图6.19　不同岩性情况下的崩塌类型示意图

3. 地质构造

岩体中的各种不连续面，如节理、裂隙面、岩层界面、断层等，对坡体的切割、分离，为崩塌的形成提供了脱离母体（山体）的边界条件。坡体中裂隙越发育，越易产生崩塌；岩石中层理、片理、劈理的倾向如与斜坡倾向一致，沿这些构造面也容易发生崩塌。当各种不连续面的产状和组合有利于崩塌时，就成为发生崩塌的决定性因素。

　　坚硬岩石中节理的大量存在有利于岩石的崩塌，而岩石陡坎发生崩塌前常因临空释重，易于产生与陡坡平行的节理，而这种陡倾构造面最有利于崩塌的形成。随着风化作用的进行，节理发育和扩大，使陡岩边坡越来越趋于不稳定状态，一旦遇到地震、暴雨、地表水冲击或人工开挖及爆破等因素的触发，就会沿裂隙发生崩落。

4. 水的条件

　　水是诱发崩塌的必要条件。一般来说，崩塌绝大多数发生在雨季。融雪、降雨特别是大雨、暴雨和长时间的连续降雨，使地表水渗入坡体，软化了岩、土及其中软弱面，增大了岩体重量，增加了水的静、动水压力，从而诱发崩塌。如图 6.20 所示，宝成铁路崩塌落石发生频率最高的是在每年的 6～8 月，即雨季，说明降雨是产生崩塌落石等灾害的主要诱发因素。

　　另外，河流等地表水体不断地冲刷坡脚或浸泡坡脚、削弱坡体支撑或软化岩土体，降低坡体强度，也能诱发崩塌。

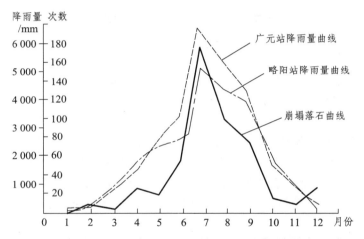

图 6.20　宝成铁路按月累积的崩塌落石次数与降雨量的关系曲线

5. 气候因素

　　高寒地区冰劈作用广泛发育，干旱、半干旱气候区昼夜温差及年温差较大，这些地区物理风化强烈，岩石易破碎成碎块，崩塌极为盛行。湿润气候区的河、湖、海岸岸边，在暴雨时或雨后不久，也容易产生崩塌，这是因为下渗的雨水增加了岩石和土体的负荷，破坏了它们的结构，并软化了其中的黏土夹层，使上覆岩体和土体失去支撑所致。

6. 其他条件

　　主要是人为因素和振动影响。不合理的人类活动如开挖坡脚、地下采空、水库蓄水、泄水等改变坡体原始平衡状态的人类活动，都会诱发崩塌；地震、列车、爆破施工引起的振动，也是诱发崩塌的因素。

　　湖北远安县盐池河磷矿崩塌是各种条件制约崩塌形成的典型实例。如图 6.21 所示，该磷矿位于一峡谷中。岩层组分布分别为厚层块状白云岩、含磷矿层的薄至中厚层白云岩、白云质泥岩及砂质页岩。岩层中发育 2 组垂直节理，使得山顶部的厚层白云岩三面临空。地下采矿平巷使地表沿两组垂直节理追踪发展成为张裂缝。1980 年 6 月 8—10 日连续两天大雨的触发，使山体顶部前缘厚层白云岩沿层面滑出形成崩塌，体积约 100 万 m³，死亡人数 284 人。

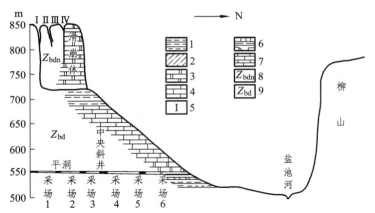

1—灰黑色粉砂质页岩；2—磷矿层；3—厚层块状白云岩；4—薄至中厚层白云岩；5—裂缝编号；
6—白云质泥岩及砂质页岩；7—薄至中厚层板状白云岩；
8—震旦系上统灯影组；9—震旦系上统陡山沱组。

图 6.21 湖北远安县盐池河崩塌山体地质剖面图

6.2.2 崩塌的防治

要有效地防治崩塌，首先必须先查清崩塌形成的条件和诱因、发生的规模以及危害程度，有针对性地采取防治措施。

1. 绕 避

对可能发生的大规模崩塌地段，即使是采用坚固的建筑物，也经受不了这样大规模崩塌的巨大破坏力时，必须设法绕避。对河谷线来说，线路工程可以将线路改移到河对岸，或将线路内移以隧道方式通过。采用隧道方案绕避崩塌时，要注意使隧道有足够的长度，防止隧道在运营以后，由于长度不够使隧道进出口受到崩塌的威胁，而后不得不接长明洞，造成浪费和增大投资。

2. 排 水

水的参与加大了发生崩塌的可能性，所以要在可能发生崩塌的地段上方修建截水沟，防止地表水流入崩塌区内。崩塌地段地表岩石的节理、裂隙可用黏土或水泥砂浆填封，防止地表水下渗。

3. 清除危岩

若山坡上部可能的崩塌物数量不大，而且母岩的破坏不太严重，则以全部清除为宜。并在清除后，对母岩进行适当的防护加固。

4. 加固边坡

邻近建筑物边坡的上方，如有悬空的危岩或巨大块体的危石威胁到建筑物或行车的安全而又不便清除时，则可根据地形特点，采用浆砌片石垛、钢轨插别、支护墙、锚杆等方法支撑加固可能崩落的岩体，见图6.22。对坡面深凹部分也可以进行嵌补，对危险裂缝可进行灌浆。

5. 修建防护、拦挡建筑物

对于中型崩塌地段，如绕避不经济时，可采用明洞或棚洞等重型防护工程，见图6.23。若山坡的母岩风化严重、崩塌物质来源丰富或崩塌规模虽然不大但可能频繁发生，则可采用拦截建筑物，如落石平台、落石槽、拦石堤或拦石网（钢轨背后加钢丝网，见图6.24）等设施，拦挡崩落石块，定期清除，不使其落到道路和建筑物之上。

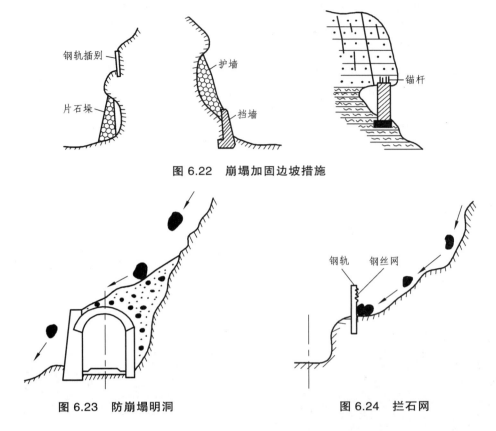

图 6.22　崩塌加固边坡措施

图 6.23　防崩塌明洞

图 6.24　拦石网

6.2.3　崩塌与滑坡的关系

　　滑坡和崩塌常常相伴而生，产生于相同的地质构造环境、相同的地层岩性和构造条件，且有着相同的触发因素，容易产生滑坡的地带也是崩塌的易发区。崩塌、滑坡在一定条件下可互相诱发、互相转化。有时岩土体的重力运动形式介于崩塌和滑坡之间，以至人们无法区别此运动是崩塌还是滑坡。因此地质工作者称此为滑坡式崩塌，或崩塌型滑坡。另外，滑坡和崩塌也有着相同的次生灾害和相似的发生前兆。

　　从严格的定义出发，崩塌与滑坡既有相似性也有区别，其区别主要表现在以下几方面：

　　（1）崩塌发生之后，崩塌物常堆积在山坡坡脚，呈锥形体，结构凌乱，毫无层序；而滑坡堆积物常具有一定的外部形状，滑坡体的整体性较好，反映出层序和结构特征。也就是说，在滑坡堆积物中，岩土体的上下层位和新老关系没有多大的变化，仍然是有规律的分布。

　　（2）崩塌体完全脱离母体（山体），而滑坡体则很少是完全脱离母体的，多属部分滑体残留在滑床之上。

　　（3）崩塌发生之后，崩塌物的垂直位移量远大于水平位移量，其重心位置降低了很多；而滑坡则不然，通常是滑坡体的水平位移量大于垂直位移。多数滑坡体的重心位置降低不多，滑动距离却很大。

　　（4）崩塌堆积物表面基本上不见裂缝分布。而滑坡体表面，尤其是新发生的滑坡，其表面有很多具有一定规律性的纵横裂缝。例如：分布在滑坡体上部（也就是后部）的弧形拉张裂缝；

分布在滑坡体中部两侧的剪切裂缝（呈羽毛状）；分布在滑坡体前部的横张裂缝，其方向垂直于滑坡方向，也即受压力的方向；分布在滑坡体中前部，尤其是分布在滑坡舌部的扇形张裂缝，或者称为滑坡前缘的放射状裂缝。

（5）滑坡与崩塌的破坏作用大都是急促、短促而猛烈的，但有的滑坡却以较为缓慢的速率产生活动，特征不如崩塌那么明显。

（6）滑坡和崩塌产生的地质环境常常相同或近似，但在地形坡度和高度上有一定的差别，崩塌一般发生在坡度大于50°、高度大于30 m的陡坡上，而滑坡则多发生在坡度小于50°的斜坡上。

6.3 泥石流

6.3.1 泥石流及其分布

泥石流是指在山区沟谷中，由暴雨、冰雪融水或江湖、水库溃决后的急速地表径流激发的含有大量泥砂、石块等固体碎屑物质，并有强大冲击力和破坏作用的特殊洪流，如图6.25（a）所示。

（a）肆虐的泥石流　　　　　　（b）被泥石流冲翻的列车及冲毁的路轨

图6.25　泥石流的破坏作用

泥石流常常是突然爆发的，历时短暂，来势凶猛。爆发时山谷雷鸣，地面振动，巨量的水体携带着几十万甚至几百万立方米的土石，依仗着陡峻的山势，沿着峡谷深涧，前推后拥，猛冲下来，在很短时间内将大量的泥砂石块冲出沟外，横冲直撞、漫流堆积，破坏性极大。它常冲毁交通线路［图6.25（b）］和耕地、堵塞河道，大的泥石流甚至掩埋村庄、摧毁城镇，破坏沿途一切工程建筑物，给人民生命财产和国民经济建设带来严重危害。例如，1970年5月30日，秘鲁因地震诱发的泥石流，流速达80～90 m/s，搬运土石量达5 000×10⁴ m³，搬运距离达160 km，造成18 000人死亡，为世所罕见。1985年11月13日，哥伦比亚火山喷发的熔岩熔化山顶积雪导致泥石流爆发，冲击和掩埋了沉睡中的村镇，导致25 000人死亡。1999年12月中旬，委内瑞拉北部加勒比海沿岸连降暴雨（按常规已进入旱季），特别是北部沿海地区3天内降雨量相当于平常年份的80%左右，导致发生大规模的泥石流，冲毁沿海城市，80%的公路被破坏，市区水、电中断，国际机场关闭，数百幢民房被卷走。据统计，该次泥石流造成委内瑞拉3万人死亡，14万人无家可归，33.7万人受灾，财产损失超过百亿美元。

我国山地面积占国土面积的三分之二，自然地理和地质条件复杂，许多山区近期构造活动强烈，加之人类活动的影响，成为世界上泥石流爆发频率高、规模大、灾害最为严重的国家。据不完全统计，全国有近6万多条泥石流沟，其中具有明显危害性的约8 500条，广泛分布在青藏高原、川滇山区、云贵高原、黄土高原、四川盆地、秦巴山地地区，涉及24个省、市、自治区，其中尤以四川、云南、甘肃、陕西和西藏等地最为严重。每年6—8月的暴雨季节，泥石流灾害频繁发生，近年来造成的人民生命财产损失相当严重。如云南东川蒋家沟泥石流每年要发生10次以上，最长的一次活动过程达82 h，峰值流量可达2 812 m^3/s，大于其沟口干流小江实测最大洪峰流量的5倍，多次堵断干流，回水淹没大量的农田、公路、铁路和厂矿等，造成了严重的损失。西藏波密古乡沟1953年爆发的冰川泥石流洪峰流量达2.86×10^4 m^3/s，搬运了1 700×10^4 m^3的岩土体，堵断了雅鲁藏布江，这用一般的水文概念是难以解释的。1981年7月9日，成昆铁路利子依达沟发生的一次泥石流，将一列正从隧道中驶出的客车的两辆机车和前两节车厢，连同桥梁一起冲入大渡河，另两节车厢颠覆于桥下，一个小时内冲出的固体物质达84万 m^3，筑起最高达26 m的坝体，堵塞了120 m宽的大渡河，使其断流长达4 h以上。致使275人死亡，直接经济损失2 000万元，交通阻断达半年之久，是我国铁路史上最惨重的泥石流灾害。

自20世纪90年代后期以来，随着我国工程建设的大范围展开，泥石流发生的频率迅速增长，泥石流导致的人员和财产损失也大大增加。据不完全统计，1990—1995年平均每年死亡372人，1996—2000每年死亡1 156人，地质灾害给国民经济造成的损失高达200亿/年。特别是2010年8月7日晚，甘肃舟曲县城北三眼峪爆发的特大规模泥石流，冲出物体约100万 m^3以上，堆积物总量约65万 m^3，最大流量为1 394 m^3/s，沟内最大搬运岩块直径12.9 m，体积799 m^3，重达2 118 t，沟口堆积扇区最大块石直径7.5 m，体积290 m^3，重约770 t。截至10月11日，共有1 501人遇难，失踪264人。由于这次泥石流流速快、破坏力强，受泥石流冲击的区域被夷为平地，居民住房大量损毁，交通、水、电、通信等基础设施陷于瘫痪，白龙江河道严重堵塞，堰塞湖致使大片城区长时间被水淹没，造成了严重损失，是新中国成立以来最为严重的泥石流灾害。

6.3.2 泥石流的形成条件

泥石流与一般洪流的不同之处在于它含有大量的固体物质。泥石流的形成必须具备丰富的松散固体物质、足够的突发性水源和陡峻的地形三个基本条件。另外，某些人为因素对泥石流的形成也有不可忽视的影响。

1. 松散固体物质（地质条件）

在形成区内有大量易于被水流侵蚀冲刷的疏松土石堆积物，是泥石流形成的最重要的条件。地质条件决定了这些松散固体物质的来源。若形成区的物质供应区内有大量松散堆积物质且分布广、厚度大，或岩石风化剧烈，构造活动频繁，断裂节理发育，岩石遭受剧烈切割破碎，从而产生大量滑坡、崩塌等现象，或人类活动造成大量松散物质，如废泥土或石渣等，给泥石流发生提供了丰富的物质资源。

2. 地形条件

形成泥石流的地形条件要求大气降水能迅速汇聚，并拥有巨大动能。为此，沟上游应有一个汇水面积较大，地形、沟床坡度比较陡的区域。

典型的泥石流流域可划分为形成区、流通区和沉积区三个区段，如图6.26所示。

图 6.26　泥石流流域分区示意图

（1）形成区。

一般位于泥石流沟的上、中游。该区多为三面环山、一面出口的半圆形宽阔地段，周围山坡陡峻（大多 30°～60°），沟谷纵坡降可达 30° 以上。斜坡常被冲沟切割，且崩塌、滑坡发育；坡体光秃，无植被覆盖，这样的地形，有利于汇集周围山坡上的水流和固体物质。

（2）流通区。

该区是泥石流搬运通过的地段，多为狭窄而深切的峡谷或冲沟，谷壁陡峻而纵坡降较大，常出现陡坎和跌水，所以泥石流物质进入本区后具有极强的冲刷能力。流通区形似颈状或喇叭状。非典型的泥石流沟，可能没有明显的流通区。

（3）沉积区。

该区是泥石流物质的停积场所。一般位于山口外或山间盆地的边缘，地形较平缓。泥石流至此速度急剧变小，最终堆积下来，形成扇形、锥状堆积体，有的堆积区还直接为河漫滩或阶地。

3. 水源条件

泥石流形成必须有强烈的地表径流，地表径流是爆发泥石流的动力条件。泥石流的地表径流来源于暴雨、高山冰雪强烈融化或水库溃决等。因此，在时间上多发生在降雨集中的雨季或高山冰雪消融季节，主要是在每年的夏季。

4. 人为因素

人类工程活动的不当可促进泥石流的发生、发展、复活或加重其危害程度。山区滥伐森林，不合理开垦土地，破坏植被和生态平衡，造成水土流失，并产生大面积山体崩塌和滑坡；开矿采石，筑路中任意堆放弃渣等都直接或间接地为泥石流提供了固体物质来源和地表流水迅速汇聚的条件。

6.3.3　泥石流分类

泥石流产生的地形地质条件有差别，故泥石流的性质、物质组成、流域特征及其危害程度等，也随地形地质的不同而变化。因此，对泥石流类型的划分目前尚未统一，仍处于探索中。几种较为常见的分类方法简述如下：

1. 按所含固体物质成分分类

（1）泥流：以黏性土为主，含少量砂粒、石块，黏度大，呈稠泥状的叫泥流。我国主要分布于甘肃天水、兰州及青海的西宁等黄土高原山区和黄河的各大支流，如渭河、湟水、洛河、泾河等地区。

（2）泥石流：由大量黏性土和粒径不等的砂粒、石块组成的叫泥石流。基岩裸露剥蚀强烈的山区产生的泥石流多属此类。我国主要发生在西藏波密、四川西昌、云南东川、贵州遵义等地区。

（3）水石流：由水和大小不等的砂粒、石块组成的叫水石流。水石流主要分布于石灰岩、石英岩、大理岩、白云岩、玄武岩及坚硬的砂岩地区，如陕西华山、山西太行山、北京西山、辽宁东部山区的泥石流多属此类。

2. 按其地貌特征分类

（1）标准型泥石流：具有明显的形成区、流通区、沉积区三个区段。形成区多崩塌、滑坡等地质灾害，地面坡度陡峻；流通区较稳定，沟谷断面多呈 V 形；沉积区一般呈现扇形，沉积物棱角明显。此类泥石流破坏能力强，规模较大。

（2）沟谷型泥石流：流域呈狭长形，形成区则分散在河谷的中、上游；固体物质补给远离堆积区，沿河谷既有堆积又有冲刷；沉积物棱角不明显。此类泥石流破坏能力较强，周期较长，规模较大。

（3）山坡型泥石流：沟小流短，沟坡与山坡基本一致，没有明显的流通区，形成区直接与堆积区相连。洪积扇坡陡而小，沉积物棱角分明；冲击力大，淤积速度较快，但规模较小。

3. 按流体性质分类

（1）黏性泥石流：含黏性土的泥石流或泥流。其特征一是黏性大，固体物质占 40% ~ 60%，最高达 80%。水不是搬运介质，而是组成物质；二是稠度大，石块呈悬浮状态，爆发突然，持续时间短，破坏力大。

（2）稀性泥石流：以水为主要成分，黏性土含量少，固体物质占 10% ~ 40%，有很大的分散性。水为搬运介质，石块以滚动或跳跃方式前进，具有强烈的下切作用。其堆积物在堆积区呈扇状散流，沉积后似"石海"。

以上分类是我国泥石流最常见的几种分类方法。除此之外还有其他多种分类方法。如按泥石流的成因分类有：冰川型泥石流、降雨型泥石流；按泥石流流域大小分类有：大型泥石流、中型泥石流和小型泥石流；按泥石流发展阶段分类有：发展期泥石流、旺盛期泥石流和衰退期泥石流等。

6.3.4 泥石流地区道路位置的选择

山区道路选线一般都是利用山坡坡脚至河岸间的坡地或阶地沿河前进，因此穿越泥石流地区是难以避免的。如何合理地选择交通线路的位置就成为一个十分重要的问题，如果选线不当，轻则可能造成很多泥石流病害工点，重则整段线路无法正常使用，为此付出的代价是无法估量的。从根本上讲，掌握泥石流的特征及其发生发展规律，选择好线路的位置是防治泥石流最有效的措施。

一般来说，铁路、公路通过泥石流区应遵循以下原则：

（1）绕避处于发育旺盛期的特大型、大型泥石流或泥石流群，以及淤积严重的泥石流沟；

（2）远离泥石流堵河严重地段的河岸；

（3）线路高程应考虑泥石流发展趋势；

（4）峡谷河段以高桥大跨通过；

（5）宽谷河段、线路位置及高程应根据主河床与泥石流沟淤积率、主河摆动趋势确定；

（6）线路跨越泥石流沟时，应避开河床纵坡由陡变缓的位置和平面上与急弯部位；不宜压缩沟床断面，改沟并桥或沟中设墩；桥下应留足净空；

（7）严禁在泥石流扇上挖沟设桥或作路堑。

6.3.5　泥石流的防治措施

目前泥石流的防治措施很多。归纳起来，有绕避、工程措施、生物措施等方法。若严重发育地段且属大型的泥石流，一般绕避为好，在工程布设上广泛采用。万一无法绕避的，在调查泥石流活动规律后，选择有利部位，采用适宜的建筑物通过。泥石流的整治是在研究了泥石流的发生条件，发展阶段，流域特征、规模及其活动规律，以及对工程建筑物的影响程度的基础上，因地制宜，采用各种不同的有效方法进行处理的。

1. 工程措施

泥石流防治的工程措施是在泥石流的形成区、流通区、堆积区内，相应地采取蓄水、引水工程，拦挡、支护工程，排导、引渡工程，停淤工程及改土护坡工程等治理措施，以控制泥石流的发生和危害。泥石流防治的工程措施通常适用于泥石流规模大，爆发不很频繁、松散固体物质补给及水动力条件相对集中，保护对象重要，防治要求标准高、见效快、一次性解决问题等情况。

（1）穿过工程：修隧道（图 6.27）、明洞（图 6.28）和渡槽（图 6.29），从泥石流沟下方通过，另外还可修建用于排放泥石流的护路廊道（图 6.30）。穿过工程是铁路和公路通过泥石流地区的又一主要工程形式。

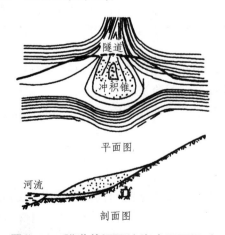

图 6.27　隧道从泥石流沟床下面通过

图 6.28　防治泥石流用的护路明洞

（2）跨越工程：修建桥梁、涵洞，从泥石流沟上方跨越通过，让泥石流在其下方排泄，用以避防泥石流。跨越工程是铁道部门和公路交通部门为了保障交通安全常用的措施。

（3）防护工程：对泥石流地区的桥梁、隧道、路基，泥石流集中的山区变迁型河流的沿河线路或其他重要工程设施，修建一定的防护建筑物，用以抵御或消除泥石流对主体建筑物的冲刷、冲击、侧蚀和淤埋等危害。防护工程主要有护坡、挡墙、丁坝（图 6.31）等。

（4）排导工程：主要用于下游的洪积扇上，目的是防止泥石流漫流改道，使泥石流按设计意图顺利排泄，减小冲刷和淤积的破坏以保护附近的居民点、工矿点和交通线路。排导工程包括排导沟、导流堤（图6.32）、排洪道、渡槽、急流槽、束流堤等。

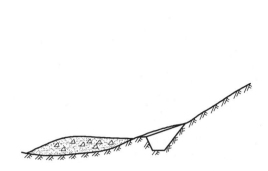

图 6.29　用渡槽引导泥石流越过道路上空

图 6.30　路堤上方排放泥石流的钢筋混凝土护路廊道

图 6.31　丁坝

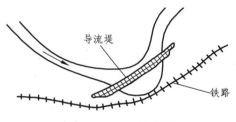

图 6.32　导流堤

（5）拦挡工程：主要用于上游形成区的后缘，用以控制泥石流的固体物质和雨洪径流，削弱泥石流的流量、下泄总量和能量，以减少泥石流对下游的冲刷、撞击和淤埋等危害的工程设施。主要的拦挡措施有：拦渣坝、储淤场、支挡工程、截洪工程等，见图6.33和图6.34。前三类起拦渣、滞流、固坡作用，控制泥石流的固体物质供给；截洪工程的作用在于控制雨洪径流，总的目的是削弱泥石流的能量。

图 6.33　泥石流立体格拦坝

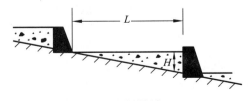

图 6.34　拦挡墙

2. 生物措施

就是要进行水土保持，维持较优化的生态平衡，其措施包括恢复植被和合理耕牧。一般采用乔、灌、草等植物进行科学的配置营造，充分发挥其滞留降水、保持水土、调节径流等功能，从而达到预防和制止泥石流发生或减小泥石流规模，减轻其危害程度的目的。生物措施一般需要在泥石流沟的全流域实施，对适宜植树造林的荒坡更需采取此种措施。但要正确地解决好农、林、牧、薪之间的矛盾，如果管理不善，很难收到预期的效果。

与泥石流工程防治措施相比较，生物防治措施具有应用范围广、投资省、风险小，能促进生态平衡，改善自然环境条件，具有生产效益，以及防治作用持续时间长的特点。生物措施一般需长时间才能见效，在一些滑坡、崩塌等重力侵蚀现象严重地段，单独依靠生物措施不能解决问题，还需与工程措施相结合才能产生明显的防治效能。

泥石流的防治是一项艰难而持久的工作，根据被整治对象的具体情况，考虑泥石流的形成条件、具体特征、发生危害规模及其类型差别等多种因素，因地制宜地选用上述防治措施中的几项或多项措施，对泥石流进行综合治理，才能够有效地防治泥石流造成的工程危害。一般来说，在以坡面侵蚀及沟谷侵蚀为主的泥石流地区，应以生物措施为主，辅以工程措施；在崩塌、滑坡强烈活动的泥石流形成区，应以工程措施为主，兼用生物措施；而在坡面侵蚀和重力侵蚀兼有的泥石流地区，则以综合治理效果最佳。

6.3.6 滑坡、崩塌与泥石流的关系

滑坡、崩塌、泥石流三者是不同的地质灾害类型，具有不同的特征，但它们往往是相互联系、相互转化的，具有不可分割的密切关系。泥石流与滑坡、崩塌有着许多相同的促发因素。滑坡、崩塌与泥石流关系密切，常常发生滑坡、崩塌的区域，具备一定的水源条件，崩塌和滑坡的物质就会成为泥石流的重要固体物源，而使得滑坡、崩塌在运动过程中就直接转化为泥石流。滑坡和崩塌发生后，堆积物在水源条件满足时也可形成泥石流。因此，易发生滑坡、崩塌的区域也易发生泥石流，有些泥石流也是滑坡和崩塌的次生灾害之一。鉴于滑坡、崩塌、泥石流的类似性和灾害形成过程中的相互关联性，要注意采取综合防御、标本兼治的方法和措施。

6.4 岩 溶

6.4.1 岩溶及其形态特征

6.4.1.1 概 念

岩溶，是指可溶性岩石在漫长的地质年代里，受地表水和地下水以化学溶蚀为主、机械侵蚀和崩塌为辅的地质营力的综合作用和由此产生的各种现象的统称。最早由前南斯拉夫地理学家命名的喀斯特高原地貌而得名，故又称之为喀斯特（Karst）。

可溶性岩石在地球上的分布以碳酸盐岩最为广泛。大陆地壳的 75% 是沉积岩，而沉积岩中的 15% 是由碳酸岩组成的。碳酸盐岩是碳酸盐矿物含量超过 50% 的沉积岩。我国可溶岩分布面积达 365 万 km^2，占国土面积的 1/3 以上，其中碳酸盐岩的分布面积约 200 万 km^2，出露面积约 130 万 km^2，是世界上岩溶最发育的国家之一。我国的岩溶不仅发育面积大，而且类型多样。例如，有的岩溶发育在岩盐类岩石如岩盐、钾盐中；有的发育则在硫酸盐类岩石如石膏、硬石膏中。其中，以碳酸盐类岩石中发育的岩溶现象最为普遍，主要分布于西南、中南地区，其中桂、黔、滇、川东、鄂西、粤北连成一片，面积达 60 余万 km^2。贵州省 80% 以上、广西省 50% 以上的面积均为碳酸盐岩分布地区。另外，在华北、华东、东北地区也有分布。

岩溶地质现象奇丽壮观、引人入胜，尤其是地表水、地下水对可溶岩进行溶解和冲刷，结果在岩石内造成了空洞，使岩石结构发生变化和破坏，形成了一系列独特的地貌景观，如广西

桂林的岩溶现象更为著名，素有"桂林山水甲天下"之称，是世界游览胜地之一。同时也形成了特殊的地下水类型，降低了岩石的强度，产生了较复杂的工程地质问题如岩溶塌陷、地裂缝和隧道开挖过程中的塌方涌水等，最典型的如我国宜（昌）万（州）铁路修建过程中遇到的各种岩溶工程地质问题，开创我国铁路史上数项"之最"，如施工难度、桥隧比例、单位长度造价和工期等。

6.4.1.2 岩溶的形态特征

岩溶形态可分为地表岩溶形态和地下岩溶形态。地表岩溶形态有溶沟（槽）、石芽、漏斗、落水洞、溶蚀洼地、坡立谷、溶蚀平原等。地下岩溶形态有溶洞、暗河、天生桥等，如图6.35所示。

（1）溶沟和石芽。地表水沿地表岩石低洼处或沿节理溶蚀和冲刷，在可溶岩表面形成的沟槽称溶沟（图6.36），其宽和深可由数十厘米至数米不等。在纵横交错的沟槽之间，残留凸起的牙状岩石称石芽（图6.37）。如果溶沟继续向下溶蚀，石芽逐渐高大，沟坡近于直立且发育成群，远观像石芽林，称为石林。如

1—石林；2—溶沟（槽）；3—漏斗；4—落水洞；
5—溶洞；6—暗河；7—钟乳石；8—石笋。

图6.35　岩溶形态示意图

云南路南县的石林奇观，堪称世界之最，其中石芽最高达30 m以上，峭壁林立，千姿百态。

图6.36　溶沟

图6.37　石芽

（2）漏斗。漏斗是岩溶发育地区的一种漏斗状洼地，平面为圆形或椭圆形，直径几米至几十米或更大，深度为1~15 m左右。漏斗是地表水沿岩石裂隙下渗过程中，逐步溶蚀岩石，使上部岩石顶板塌落而形成的，故其底部常有坍塌物或流水带来的物质的堆积，如图6.38所示。

（3）溶蚀洼地和坡立谷（溶蚀盆地）。由溶蚀作用为主形成的一种封闭、半封闭洼地称溶蚀洼地。溶蚀洼地多由地面漏斗群不断扩大汇合而成，面积有几十平方米至几万平方米不等。

坡立谷是一种大型封闭洼地，也称溶蚀盆地。面积由几平方千米至几百平方千米，进一步发展则成溶蚀平原。坡立谷谷底平坦，常有较厚的第四纪沉积物，谷周为陡峻斜坡，谷内有岩

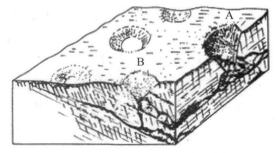

A—塌陷为主的漏斗；B—溶蚀为主的漏斗。

图6.38　岩溶漏斗示意图

溶泉水形成的地表流水流至落水洞又降至地下，故谷内常有沼泽、湿地或小型湖泊。

　　如广西一带溶蚀洼地很多，其直径几百米至 1～2 km，洼地底部有厚约 2～3 m 的红土覆盖，表面有耕地分布。

　　（4）峰丛、峰林和孤峰。此三种形态是岩溶作用极度发育的产物。溶蚀作用初期，山体上部被溶蚀，下部仍相连通称峰丛；峰丛进一步发展成分散的、仅基底岩石稍许相连的石林称峰林；耸立在溶蚀平原中孤立的个体山峰称孤峰，它是峰林进一步发展的结果，如图 6.39 所示。

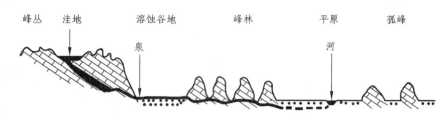

图 6.39　峰丛、峰林和孤峰的分布图

　　（5）落水洞。落水洞是地表水沿近于垂直的裂隙向下溶蚀而成的洞穴，是地表水进入地下深处的通道，常与暗河相连。图 6.40 是平关隧道顶部二叠系厚层石灰岩中一处竖井状落水洞，深达 175 m，是较深的落水洞之一。

　　（6）溶洞。地下水沿裂隙溶蚀扩大而形成的各种洞穴。溶洞形态多变，洞身曲折、分岔，断面不规则。地面以下至潜水面之间，地表水垂直下渗，溶洞以竖向形态为主；在潜水面附近，地下水多水平运动，溶洞多为水平方向迂回曲折延伸的洞穴。地下水中多含碳酸盐，在溶洞顶部和底部饱和沉淀而成石钟乳、石笋和石柱，如图 6.41 所示。

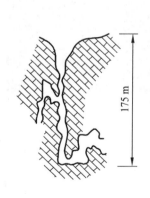

1—石钟乳；2—石笋；3—石柱。

图 6.40　落水洞示意图　　　　　　　　图 6.41　石钟乳、石笋和石柱

　　规模较大的溶洞，长达几十千米，洞内宽如大厅，窄处似长廊。如美国肯塔基州的猛犸洞长达 240 km，为世界之冠。水平溶洞有的不止一层，如江苏宜兴善卷洞（图 6.42），该洞有上、中、下三层，每层相互连通。上洞、中洞属同一水平溶洞系统，都很开阔，可容数百人；下洞中发育有近 100 m 的地下河，沿地下河行舟可以直通地面。

　　（7）暗河。岩溶地区地下沿水平溶洞流动的河流称暗河。暗河是地下岩溶水汇集和排泄的

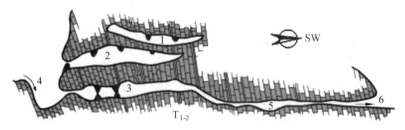

1—上洞（云雾大场）；2—中洞（狮象大场）；3—下洞；4—地下河进口（飞瀑）；
5—地下河（水洞）；6—地下河出口；T_{1-2}—青龙群薄层灰岩。

图 6.42　宜兴善卷洞纵剖面示意图

主要通道，其水源经常是通过地面的岩溶沟槽和漏斗经落水洞流入暗河内。因此可以根据这些地表岩溶形态的分布位置，大概地判断暗河的发展和延伸方向。

溶洞和暗河会对各种建筑物特别是地下工程建筑物造成较大危害，应予特别重视。

（8）天生桥。天生桥是溶洞和暗河洞道塌陷直达地表而局部洞道顶板不塌陷，形成的一个横跨水流的石桥，称为天生桥。天生桥常为地表跨过槽谷或河流的通道，如图 6.43 所示。

图 6.43　广西最大岩溶天生桥——凤山江洲仙人桥

6.4.2　岩溶的形成条件

1. 岩石的可溶性

岩石的可溶性取决于岩石的成分和结构。可溶性的岩石主要指石灰岩、白云岩、石膏及岩盐等。由于它们的成分和结构不同，其溶解性能也各不相同。石灰岩、白云岩是碳酸盐类岩石，溶解度小，溶蚀速度慢；石膏的溶蚀速度快；岩盐的溶蚀速度最快。石灰岩和白云岩分布广泛，经过长期溶蚀，岩溶现象十分显著。

2. 岩石的透水性

岩石的透水性取决于岩石的裂隙度与孔隙度。完整无裂隙（孔隙）的岩石，水不能进入地下岩石内部，溶蚀作用则仅限于岩石露在地面的部分。风化裂隙可使岩溶发育于地面以下一定深度的岩石内，构造节理和断层则使岩溶向更深处发育成规模更大的地下溶洞或暗河。

3. 水的溶蚀能力

水的溶蚀能力是岩溶发育的必要条件。纯水几乎不具溶蚀能力。天然水的溶蚀能力多半取决于其中 CO_2 的含量，水中含侵蚀 CO_2 越多，则水的溶蚀能力就越强，就会大大增强对可溶岩的溶解速度。由于水中 CO_2 主要来自土壤层中微生物不断制造的 CO_2，因此岩溶强度随深度增大而变弱。此外，随着水温增高，进入水中的 CO_2 扩散速度增大，使岩溶加强，故热带可溶岩溶蚀速度比温带、寒带快。

4. 水的流动性

岩溶地区地下水的循环交替运动是形成岩溶的必要条件。因为停滞不动的地下水，对岩石的溶解很快达到饱和，就会失去继续溶蚀的能力。只有当水处于不断的流动状态，才会不断地溶解岩石中的可溶成分，并使其随水带走，长此以往，便会形成一系列的岩溶地貌。

6.4.3　岩溶地区工程地质问题

随着社会建设的日益发展，必然会有更多的工程建筑物在岩溶地区兴建，因而碰到一些较复杂的地质问题，且导致的工程地质问题也是多方面的，它对各项工程建筑均有不同程度的影响及危害。概括起来，与岩溶有关的工程地质问题有：

（1）可溶岩石强度的降低对地基稳定性的影响；可溶性岩石均匀性溶蚀及非均匀性溶蚀对地基的影响问题。

（2）地表岩溶现象如溶洞、溶槽、石芽、溶蚀漏斗等对地基稳定性的影响。

（3）地下岩溶如溶洞、溶蚀裂隙、暗河等对地基稳定性的影响；在岩溶地区开采矿产或修建地下工程建筑物，发生岩溶水突涌，淹没坑道危及人民生命财产安全等问题。

（4）在岩溶地区修建水利工程设施，如水库、水渠以及其他工程等时，坝基的稳定性及可能的渗漏问题。

（5）岩溶地区地下水一般较丰富，若在岩溶区开采利用地下水资源造成地下水位大面积下降，由此而引起地表塌陷，产生影响和危害各种建筑物安全的问题。

（6）利用天然溶洞做地下仓库或厂房，溶洞顶底板的安全稳定问题。

（7）在岩溶地区由于岩溶化作用，常有大量石灰华及其他物质堆积，若在堆积物上选择地基时可能产生的不均匀沉陷的问题等。

总之，和岩溶有关的工程地质问题是多方面的，而且影响因素较为复杂，往往受各种因素的综合影响。

6.4.4　岩溶的防治措施

6.4.4.1　岩溶地基的处理方法

（1）挖填：挖除岩溶形态中的软弱充填物或凿出局部的岩石露头，回填碎石、混凝土和各种不可压缩性材料以达到改良地基的目的，如图 6.44 所示。

（2）跨盖：采用梁式基础或拱形结构等跨越溶洞、沟槽等，或用刚性大的平板基础覆盖沟槽、溶洞等。

（3）灌注：对于埋深大，体积也大的溶洞，采用挖填、跨盖处理不经济时，则可用灌注方法处理，通过钻孔向洞内灌入水泥砂浆或混凝土以堵塞洞穴。

（4）排导：水的活动常常对岩溶地基中的胶结物或充填物进行溶蚀和冲刷，促使岩溶中的裂隙扩大，引起溶洞顶板坍塌，故必须对岩溶水进行排导处理。在处理前，首先应查明水的来源情况，实地的地形、生产条件和场地情况，然后采用不同的排导方法，如对降雨，生产废水则采用排水沟、截水沟排水；对地下水可采用盲沟、排水洞、排水管等排除，使水流改道疏干建筑地段；对洞穴或裂隙涌水或用黏土、浆砌片石或其他止水材料堵塞等。

6.4.4.2　水工建筑物的岩溶处理

在岩溶地区修建水利工程建筑物，渗漏和塌陷常常是主要的工程地质问题，因此防治的措施有设置铺盖、截水墙（图 6.45）、帷幕、隔离、堵塞溶洞和导排等方法，这些防治方法可单独使用也可综合同时使用。其原则应依据实地的地质条件和具体的工程地质问题加以综合分析，选择一种或多种方法处理。

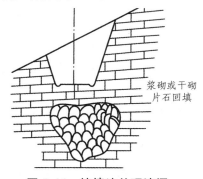

图 6.44　挖填法处理溶洞

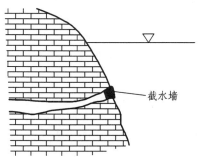

图 6.45　截水墙处理渗漏

6.4.4.3　隧道工程的岩溶处理

隧道是线路工程上经常见到的，隧道穿过岩溶区应视所遇溶洞规模及出现部位采取相应的措施。若溶洞规模不大且出现于洞顶或边墙部位时，一般可采用清除充填物后回填堵塞，如图 6.46 所示；若出现在边墙下或洞底可采用加固或跨越的方案，如图 6.47 所示。

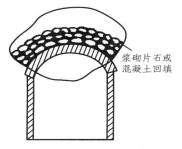

图 6.46　回填溶洞

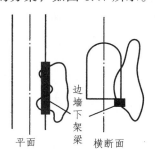

图 6.47　隧道边墙下溶洞的处理

另外，对于不同形态的岩溶发育的部位，可以根据实际情况采取相应的工程措施，如加宽隧道断面、拱跨等，如图 6.48 所示。

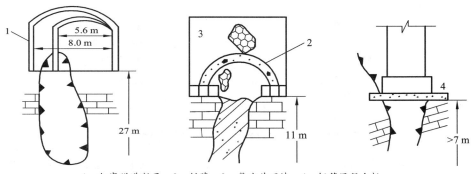

1—加宽隧道断面；2—拱跨；3—浆砌片石墙；4—钢筋混凝土板。

图 6.48　几种跨越洞穴的措施

　　总之，岩溶的处理方法是多种多样的，应依据不同类型建筑物所要求的地基强度以及地基土石条件等综合考虑，然后选用适当的方法进行处理。

6.5　地　震

　　唐山乃冀东一工业重镇，不幸于 1976 年 7 月 28 日凌晨 3 时 42 分发生强烈地震。震中东经 118 度 11 分，北纬 39 度 38 分，震级 7.8 级，震中烈度 11 度，震源深度 11 km。是时，人正酣睡，万籁俱寂。突然，地光闪射，地声轰鸣，房倒屋塌，地裂山崩，数秒之内百年城市建设夷为墟土，24 万城乡居民殁于瓦砾，16 万多人顿成伤残，7 千多家庭断门绝烟。此难使京津披创，全国震惊，盖有史以来危害最为强烈者。

　　然唐山不失为华夏之灵土，民众无愧于幽燕之英杰，虽遭此灭顶之灾，终未渝回天之志。主震方止，余震频仍，幸存者即奋挣扎之力，移伤残之躯，匍匐互救，以沫相濡，谱成一章风雨同舟、生死与共、先人后己、公而忘私之共产主义壮曲悲歌。

——摘自唐山大地震纪念碑碑文

6.5.1　地震概述

6.5.1.1　地震的概念

　　地震是由于地球内部运动积累的能量突然释放或地壳中空穴顶板塌陷，使岩体剧烈震动，并以波的形式向地表传播而引起的地面颠簸和摇晃。地震不仅直接造成人民生命财产的巨大损失，而且常伴随或诱发许多地质灾害，如山崩、滑坡、泥石流、地裂缝、地陷及海啸等。因此，地震常被称为自然灾害之首，如图 6.49 所示。

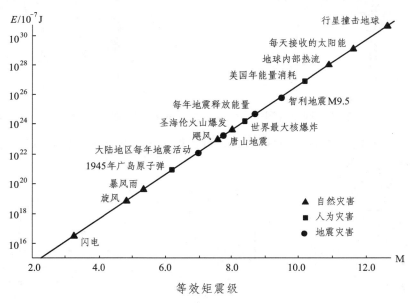

图 6.49　地震和自然界别的能量释放的比较

　　我国位于太平洋地震带和地中海—喜马拉雅地震带之间，是世界上最大的一个大陆地震区，这使我国成为世界上大陆地震活动最为频繁、最强烈，也是震害最严重的国家之一。如表 6.3

所示，我国有文字记录的 8 级以上特大地震有 23 次。20 世纪全球大陆 7 级以上强震中国占 35%，全球 3 次 8.5 级以上强震有两次发生在中国。1976 年 7 月 28 日的河北唐山大地震和 2008 年 5 月 12 日四川汶川大地震是近期造成人员伤亡和财产损失最严重的地震。

表 6.3　中国 8 级以上特大地震目录

编号	地 名	时 间	震级	经度 / (°)	纬度 / (°)	备 注
1	山西红洞赵城	1303-09-17	8	36.3	111.7	
2	西藏当雄	1411-09-29	8	29.7	90.2	
3	陕西华县	1556-01-23	8	34.5	109.7	死亡 83 万
4	福建泉州	1604-12-29	8	25	119.5	
5	甘肃天水	1654-07-21	8	34.3	105.5	
6	山东郯城	1668-07-25	8.5	34.8	118.5	
7	河北三河—平谷	1679-09-02	8	39.97	116.92	
8	山西临汾	1695-05-18	8	36	111.5	
9	宁夏平罗	1739-01-03	8	38.8	106.5	
10	新疆尼勒克	1812-03-08	8	43.7	83.5	
11	西藏聂拉木	1833-08-26	8	28.3	85.5	
12	云南嵩明	1833-09-06	8	25.17	103.05	
13	甘肃武都	1879-07-01	8	33.2	104.7	
14	新疆阿图什	1902-08-22	8.25	39.9	76.1	
15	新疆玛纳斯	1906-12-23	8	43.9	85.6	
16	宁夏海原	1920-12-16	8.6	36.6	105.3	死亡 23.5 万
17	甘肃古浪	1927-05-23	8	37.7	102.6	
18	新疆富蕴	1931-08-11	8	46.74	89.9	
19	西藏墨脱	1950-08-15	8.5	25.83	94.83	
20	西藏当雄	1951-11-18	8	31.3	91	
21	青藏高原昆仑山口	2001-11-14	8.1	35.6	94.1	破裂带长 350 km
22	四川汶川	2008-05-12	8	31	103.4	遇难 69 000 多人，失踪 18 000 多人，直接经济损失达 8 451 亿元人民币[①]

注：①数据来源于民政部网站。

6.5.1.2　地震的类型

1. 地震按成因划分

（1）构造地震：是由于地壳运动而引起的地震。地壳运动使组成地壳的岩层发生倾斜、褶皱、断裂、错动或大规模岩浆侵入活动等，由于应力不断积累，超过了岩石强度极限时，沿岩石中薄弱处发生破裂和位移，因而发生地震，称构造地震。其中，最普遍、最重要的是由地壳运动造成岩层断裂、错动引起的地震。地震时，地壳内积累的能量以迅速、急剧地的方式释放出来并以弹性波的形式传播，就引起了地壳的震动。构造地震的特点是传播范围广，振动时间长而且强烈，往往具有突发性和灾害性特点。全球有 90% 的地震属于构造地震。

（2）火山地震：是由于火山活动而引起的地震。当岩浆突破地壳和冲出地面时是十分迅速和猛烈的，同时从火山口喷出大量气体和水蒸气，引起地壳的震动。这类地震的影响范围小，强度也不大，地震前有火山喷发作为预兆。火山地震占世界总地震次数的 7% 左右。

（3）陷落地震：是由于山崩、巨型滑坡或地面塌陷引起的地震。地面塌陷多发生在可溶岩分布地区，若地下溶蚀或潜蚀形成的各种洞穴不断扩大，上覆地表岩、土层顶板发生塌陷，就会引发地震。陷落地震约占地震总数的3%。

（4）人工诱发地震：是由于人类工程活动引起的地震。大型水库的修建，大规模人工爆破，大量深井注水及地下核爆炸试验等都能引起地震。由于近几十年来人类工程活动越来越多、规模越来越大，人工诱发地震问题已日益引起人们的关注。

2. 地震按震源深度的不同划分

（1）浅源地震：震源深度小于70 km的称为浅源地震；

（2）中源地震：震源深度为70～300 km的称为中源地震；

（3）深源地震：震源深度大于300 km的称为深源地震。

3. 地震按震级大小划分

（1）微震：震级小于2级的地震；

（2）有感地震：震级在2～4级之间的地震；

（3）破坏性地震：震级在5～6级之间的地震；

（4）强烈地震或大地震：震级大于等于7级的地震。

6.5.1.3　震源、震中和地震波

地震发生时，在地球内部产生地震波的位置叫震源。震源在地面上的垂直投影叫震中。震中到震源的距离叫作震源深度。地面上任何地方到震中的距离称为震中距。地面上地震影响相同地点的连线称等震线，如图6.50所示。

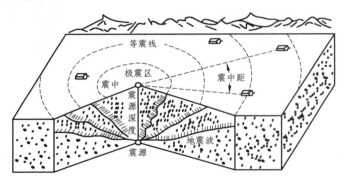

图 6.50　地震术语示意图

地震发生时，震源处产生剧烈震动，以弹性波方式向四周传播，此弹性波称为地震波。地震波在地下岩土介质中传播时称体波，体波到达地表面后，引起沿地表面传播的波称面波。体波包括纵波和横波，如图6.51所示。纵波又称压缩波或P波，它是由于岩土介质对体积变化的

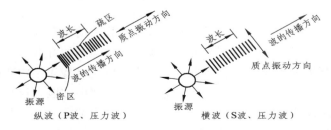

图 6.51　体波质点振动方向和波传播方向关系

反应而产生的，靠介质的扩张和收缩而传播，质点振动的方向与传播方向一致。纵波传播速度最快，平均为 7~13 km/s。纵波既能在固体介质中传播，也能在液体或气体介质中传播。横波又称剪切波或 S 波，它是由于介质形状变化反应的结果，质点振动方向与传播方向垂直，各质点间发生周期性剪切振动。横波只能在固体介质中传播，其传播速度平均为 4~7 km/s，比纵波慢。

面波只限于沿地表面传播，一般认为是体波经地层界面多次反射形成的次生波，它包括沿地面滚动传播的瑞利波和沿地面蛇形传播的勒夫波两种，如图 6.52 所示。面波传播速度最慢，平均速度约为 3~4 km/s。

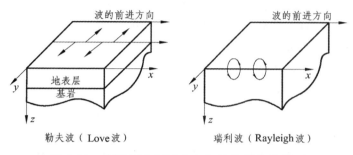

图 6.52　面波质点振动方向和波传播方向关系

地震对地表面及建筑物的破坏作用是通过地震波实现的。纵波引起地面上、下颠簸，横波使地面水平摇摆，面波则引起地面波状起伏。地震发生后，纵波先到达地表，横波和面波随后到达。各种震波携带的能量大小为：纵波 7%，横波 26%，面波 67%。因此，当横波、面波到达时地面震动最剧烈，破坏也最严重。随着震中距的增加，震动逐渐减弱，因而震中距越大，地震造成的破坏程度越小，直至消失。破坏最严重的是震中区，也称极震区，如图 6.50 所示。

6.5.2　地震震级与地震烈度

地球上的地震有强有弱，地震震级与地震烈度是衡量地震大小的两个概念，这两个概念既有联系又有区别。地震震级好像不同瓦数的日光灯，瓦数越高能量越大，震级越高；而地震烈度好像屋子里受光亮的程度，对同一盏日光灯来说，距离日光灯的远近不同，各处受光的照射也不同，所以各地的烈度也不一样。也就是说，震级是地震能量的大小，烈度是地震造成的破坏程度的大小，而烈度才是工程建设人员更为关心的问题。

6.5.2.1　地震震级

地震震级是衡量一次地震释放能量大小的尺度，震级越高，释放的能量也越多。我国使用的震级标准是国际通用震级标准，即里氏震级，其定义为：在距震中 100 km 处，用伍德-安德森（Wood-Anderson）地震仪所测定的水平最大地震震动位移幅值（以 μm 为单位）的常用对数（亦即标准地震仪，其自振周期为 0.8 s，阻尼比为 0.8，最大静力放大倍率为 2 800 倍）。例如，距离震中 100 km 的标准地震仪记录到的地震波最大幅值为 1×10^5 μm，则取其对数即可知此次地震震级为 5 级。我国地震部门所使用的非标准型地震仪，所以规定计算近震（震中距 $\Delta < 1\ 000$ km）用地方震级 ML，计算远震（$\Delta > 1\ 000$ km）用面波震级 MS。其具体计算方法可参阅有关著作。震级相差一级，能量大约相差 32 倍。表 6.4 展示地震震级与能量的关系。

表 6.4　地震震级与能量的关系

M/级	E/尔格	M/级	E/尔格
1	2.0×10^{13}	6	6.3×10^{20}
2	6.3×10^{14}	7	2.0×10^{22}
3	2.0×10^{16}	8	6.3×10^{23}
4	6.3×10^{17}	8.5	3.6×10^{24}
5	2.0×10^{19}		

　　1995 年 1 月 17 日，日本阪神大地震的震级为 7.2 级，释放的地震波能量相当于 1 000 颗第二次世界大战时美国投向日本广岛的原子弹。由此可见，大地震释放出的能量是十分惊人的。目前，世界上已知的最大地震是 1960 年智利的 8.9 级大地震，其释放的能量若转化为电能，则相当于一个 122.5 万 kW 的电站 36 年的总发电量。

6.5.2.2　地震烈度

　　地震烈度是地震引起的地面震动及其影响的强程度。一次地震只有一个震级，但同一次地震却在不同地区有不同烈度。一般认为：当环境条件相同时，震级越高，震源越浅，震中距越小，地震烈度越高，由此可知震中烈度最大。地震烈度的大小除与地震震级、震中距、震源深浅有关外，还与当地地质构造、地形、岩土性质等因素有关。

　　地震烈度是根据地面上人的感觉、房屋震害程度、其他震害现象、水平向地面峰值加速度、峰值速度等参数综合评定的，将地震影响的强弱程度排列成一定的次序作为确定地震烈度的标准，这就是地震烈度表，我国现行的采用的是 2020 年颁布的《中国地震烈度表》，如附录 2 所示。

　　地震烈度在Ⅴ度以下的地区，具有一般安全系数的建筑物是足够稳定的，不会引起破坏。地震烈度达到Ⅵ度的地区，一般建筑物可不采取加固措施，但要注意地震可能造成的影响。地震烈度达Ⅶ～Ⅸ度的地区，会引起建筑物的损坏，必须采取一系列防震措施来保证建筑物的稳定性和耐久性。Ⅹ度以上的地震区有很大的灾害，选择建筑物场地时应予避开。

　　根据使用特点的需要，将地震烈度划分为：抗震设防烈度、建筑场地烈度及设计烈度两种。

　　1. 抗震设防烈度

　　抗震设防烈度是按国家规定的权限批准作为一个地区抗震设防依据的地震烈度。一般情况，取 50 年内超越概率 10%的地震烈度。一般情况下，建筑的抗震设防烈度应采用根据中国地震动参数区划图确定的地震基本烈度。抗震设防烈度是一个地区的设防依据，不能随意提高或降低。抗震设防标准，是一种衡量对建筑抗震能力要求高低的综合尺度，既取决于建设地点预期地震影响强弱的不同，又取决于建筑抗震设防分类的不同。国标规范规定的设防标准是最低的要求，具体工程的设防标准可按业主要求提高。

　　在进行抗震设计时，综合考虑安全和经济的因素，按照"小震不坏、中震可修和大震不倒"的原则，我国的建筑抗震设计规范提出了如下三个不同水准的设防烈度：

　　（1）多遇地震烈度：在 50 年期限内，一般场地条件下，可能遭遇的超越概率为 63%的地震烈度值，相当于 50 年一遇的地震烈度值。

　　（2）基本烈度：在 50 年期限内，一般场地条件下，可能遭遇的超越概率为 10%的地震烈度值，相当于 474 年一遇的烈度值。

　　（3）罕遇烈度：在 50 年期限内，在一般场地条件下，可能遭遇的超越概率为 2%～3%的地震烈度值，相当于 1 600 ~ 2 500 年一遇的地震烈度值。

2. 建筑场地烈度

建筑场地烈度也称小区域烈度，即某一工程所在场地可能遭遇的最高烈度。它是指建筑场地因局部浅层构造、地基土、地形地貌条件和水文地质条件的不同而引起基本烈度的降低或提高的烈度，一般来说，建筑场地烈度比基本烈度提高或降低半度至一度。它与基本烈度的差别在于，基本烈度是指一个地区的平均烈度（故又称为区域烈度），忽略了小区域烈度异常造成的局部变化。而场地烈度则是在基本烈度基础上考虑小区域烈度异常后定出的某一地点的烈度。可以说两者之间是面与点的关系。

3.设计烈度

各类不同的建筑抗震设计所采用的烈度称为设计烈度。根据建筑遭遇地震破坏后，可能造成人员伤亡、直接和间接经济损失、社会影响的程度及其在抗震救灾中的作用等因素，对各类建筑进行设防类别的划分，它是根据建筑物重要性、永久性、抗震性、修复的难易程度以及工程的经济性等条件对抗震设防烈度的调整。一般地，建筑工程应分为以下四个抗震设防类别：① 特殊设防类，指使用上有特殊设施，涉及国家公共安全的重大建筑工程和地震时可能发生严重次生灾害等特别重大灾害后果，需要进行特殊设防的建筑。简称甲类。② 重点设防类，指地震时使用功能不能中断或需尽快恢复的生命线相关建筑，以及地震时可能导致大量人员伤亡等重大灾害后果，需要提高设防标准的建筑。简称乙类。③ 标准设防类，指大量的除 1、2、4 款以外按标准要求进行设防的建筑。简称丙类。④ 适度设防类，指使用上人员稀少且震损不致产生次生灾害，允许在一定条件下适度降低要求的建筑。简称丁类。

各抗震设防类别建筑的抗震设防标准，亦即设计烈度取值，对应于上述四种类型的分类，分别应符合下列要求：① 特殊设防类，应按高于本地区抗震设防烈度提高一度的要求加强其抗震措施；但抗震设防烈度为 9 度时应按比 9 度更高的要求采取抗震措施。同时，应按批准的地震安全性评价的结果且高于本地区抗震设防烈度的要求确定其地震作用。② 重点设防类，应按高于本地区抗震设防烈度一度的要求加强其抗震措施；但抗震设防烈度为 9 度时应按比 9 度更高的要求采取抗震措施；地基基础的抗震措施，应符合有关规定。同时，应按本地区抗震设防烈度确定其地震作用。③ 标准设防类，应按本地区抗震设防烈度确定其抗震措施和地震作用，达到在遭遇高于当地抗震设防烈度的预估罕遇地震影响时不致倒塌或发生危及生命安全的严重破坏的抗震设防目标。④ 适度设防类，允许比本地区抗震设防烈度的要求适当降低其抗震措施，但抗震设防烈度为 6 度时不应降低。一般情况下，仍应按本地区抗震设防烈度确定其地震作用。

6.5.3 地震对建筑物的影响

6.5.3.1 地表破坏造成的影响

地震对地表造成的破坏可归纳为地面断裂、地基效应和斜坡破坏三种基本类型。

（1）地面断裂。地震造成的地面断裂和错动，能引起断裂附近及跨越断裂的建筑物发生位移和破坏。如 1976 年我国唐山大地震时，唐山市区的中心部分出现了总体走向 NE20° ~ 30° 的地面断裂，呈雁形排列，连绵 8 ~ 10 km 长，给市区造成了严重破坏。位于 X ~ XI区的吉祥路、文化南北街、车站路、花园街的铁管南北错动平均达 1 m，上下错口量平均 0.3 m，永红路南北错口 0.7 m。天津市凡是设在洼地、海河改道地段的煤气、供热设施管线、储罐、建筑物均遭到一定程度的破坏。天津结核病疗养院内地裂缝一侧沉陷 80 cm，暖气沟及沟内管道均截为两段。

（2）地基效应。地震使建筑物地基的岩土体产生振动压密、下沉、振动液化及疏松地层发生塑性变形，从而导致地基失效、建筑物破坏。如 1964 年日本新潟地震、1964 年美国阿拉斯加地震，以及我国大致同期的 1961 年巴楚地震、1966 年邢台地震，以及后来发生的 1975 年海城地震和 1976 年唐山地震等，都发生了大量因地震砂土液化造成的各类建筑物破坏和次生灾害。

（3）斜坡破坏。地震使斜坡失去稳定，发生崩塌、滑坡等各种变形和破坏，引起在斜坡上或坡脚附近建筑物位移或破坏。如公元前 373 年，希腊亥利斯城由于地震滑坡而滑入海中，居民全部葬身大海。我国 1920 年宁夏海原 8.5 级大地震，死亡 20 余万人，其中大部分是由于黄土滑坡和窑洞坍塌所致。2008 年，汶川地震触发了 15 000 多处滑坡、崩塌、泥石流，估计造成 20 000 人死亡，许多建筑物被掩埋或摧毁，造成的地质灾害隐患点 10 000 处。2010 年 8 月的甘肃舟曲泥石流灾害的爆发，其中的主要原因之一就是汶川地震使山体松动，斜坡表层岩土体的强度和稳定性降低。

6.5.3.2　地震力对建筑物的影响

地震力是由地震波直接产生的惯性力。它能使建筑物变形和破坏。地震力的大小取决于地震波在传播过程中质点简谐振动所引起的加速度。地震力对地表建筑物的作用可分为垂直方向和水平方向两个振动力。竖直力使建筑物上下颠簸；水平力使建筑物受到剪切作用，产生水平扭动或拉、挤，这两种力同时存在、共同作用，但水平力危害较大，地震对建筑物的破坏主要是由地面强烈的水平晃动造成的，垂直力破坏作用居次要地位，因此在工程设计中，通常只考虑水平方向地震力的作用。

地震时质点运动的水平最大加速度为：

$$a_{max} = \pm A\left(\frac{2\pi}{T}\right)^2$$

设建筑物的质量为 M，重量为 W，那么作用于建筑物的最大地震力 P 为：

$$P = M \cdot a_{max} = \frac{W}{g} \cdot a_{max} = \frac{a_{max}}{g} \cdot W = K_c \cdot W$$

式中　P——最大地震力（N）；

　　　T——振动周期（s）；

　　　A——振幅（cm）；

　　　K_c——地震系数（以分数表示，$K_c = a_{max}/g$）。

此外，如果建筑物的振动周期与地震振动周期相近，则引起共振，使建筑物更易破坏。

根据《建筑抗震设计规范》（GB 50011—2010），抗震设防烈度和设计基本地震加速度值的对应关系如表 6.5 所示。

表 6.5　抗震设防烈度和设计基本地震加速度值的对应关系

抗震设防烈度	6	7	8	9
设计基本地震加速度值[1]	0.05g[2]	0.10（0.15）g	0.20（0.30）g	0.40g

注：[1] 设计基本地震加速度值为：50 年设计基准超越概率为 10% 的地震动加速度的设计取值；

　　[2] g 为重力加速度。

6.5.4 建筑物抗震措施

1. 选择合适的建筑场地

在高烈度区内，建筑场地的选择是至关重要的。因此，必须在地震工程地质勘察的基础上进行综合分析研究，选择对抗震有利的建筑场地，这类建筑场地一般地形平坦开阔；若在基岩地区则岩性较均一坚硬或仅有较薄的覆盖层或覆盖层虽厚但较密实；无断裂或有断裂但其不活动且胶结较好；地下水埋藏较深；滑坡、崩塌、岩溶等不发育。在选择建筑场地时应注意以下几点：

（1）活动性断裂带是地震的危险区，地震时地面断裂错动会直接破坏建筑物；大断裂破碎带可能会使震害加剧，因此就要避开活动性断裂带和大断裂破碎带；

（2）应尽量避开具有强烈振动效应和地面效应的地段，如可能产生液化的饱水砂土层、压缩性很大的淤泥层等；

（3）应尽量避开不稳定的斜坡或可能会产生斜坡效应的地段，如已有崩塌、滑坡分布的地段、陡峭的山坡地带等；

（4）避免以孤立突出的地形位置作为建筑场地；

（5）应尽量避开地下水埋深过浅的地段；

（6）在岩溶地区，若地下不深处有大溶洞，地震时可能会产生塌陷，故不宜作为建筑场地。

2. 基础的抗震设计

在场地选定后，就应根据所查明的场区工程地质条件选择适宜的持力层和基础方案。基础的抗震设计需注意以下几点：

（1）基础要砌置于坚硬、密实的地基上，避免松软地基；

（2）基础埋深要大一些，以防止地震时建筑物的倾倒；

（3）同一建筑物尽量不要并用几种不同形式的基础；

（4）同一建筑物的基础，不要跨越在性质显著不同或厚度变化很大的地基土上；

（5）建筑物的基础要以刚性的联结梁连成一个整体。

3. 上部结构的抗震设计

（1）对于工业与民用建筑物来说，在结构上应尽量做到减轻重量，降低重心，加强整体性，并使各部分、各构件之间有足够的刚度和强度；

（2）对于水工建筑物来说，应选择抗震性能良好的坝型。

思 考 题

1. 试述学过哪些地质灾害？它们是怎样定义的？
2. 试述影响滑坡形成和发展的因素、滑坡的形成条件、防治原则及主要防治工程措施。
3. 试述影响崩坡形成的因素。
4. 试述泥石流的形成条件及主要防治措施。
5. 试述岩溶形成条件及主要防治措施。
6. 什么是地震、震中、震源、震源深度、震中距、极震区、等震线？
7. 试述地震震级与地震烈度的联系和区别。

7　几类工程中的工程地质问题

教学重点：铁（公）路选线的工程地质论证；地下洞室变形及破坏的基本类型；隧道位置的选择；桥位选择的工程地质论证；水库的工程地质。

教学难点：路基的边坡稳定性问题；地下洞室的特殊地质问题；桥墩台主要工程地质问题；坝的工程地质问题。

当工程地质条件不能满足工程建筑稳定、安全的要求时，两者之间存在的矛盾就称为工程地质问题。工程建筑物的设置和施工可能改变建筑物周围的地质环境，从而引发各种工程地质问题。本章主要讨论地下工程、道路工程、桥梁工程和水利水电工程的主要工程地质问题及其发生的地质条件和背景。

7.1　道路工程中的工程地质问题

铁路和公路都是建造在地表的线型建筑物，往往要穿越许多地质条件复杂的地区和不同的地貌单元，尤其是在山区线路中，崩塌、滑坡、泥石流等不良地质现象都是铁（公）路的主要威胁，而地形条件又是制约线路纵向坡度和曲率半径的主要因素。

7.1.1　铁（公）路选线的工程地质论证

线路选择是由多种因素决定的，地质条件是其中的一个重要的因素，有时也是控制性的因素，只有根据地质环境的具体条件才能选出技术可靠而又经济合理的线路。下面对山岭区和平原区道路选线的工程地质论证作一介绍。

7.1.1.1　山岭区

1. 河谷线

河谷线优点是坡度缓，线路顺直；挖方少，施工方便。由于沿河线的纵坡受限制不大，便于为居民点服务，有丰富的筑路材料和水源可供施工、养护使用，在线路标准、使用质量、工程造价等方面往往优于其他线型，因此它是山区选线优先考虑的方案。但山区河谷弯曲陡峭，阶地不发育，开挖方量大，不良地质现象发育，桥隧工程量大。丘陵河谷的坡度大，阶地常不连续，常发生河流冲刷路基，泥石流掩埋线路的病害，且遇支流时需修建较大桥梁。采用河谷线则应慎重考虑。

河谷线线路位置的选择应结合河谷的地貌进行比较确定，有时为了避让不利地形和不良地质地段，还应考虑跨河换岸。为求工程节省、施工方便与路基稳定，线路宜选择在有山麓缓坡、较低阶地可利用的一岸，尽可能避让大段的悬崖陡壁。在积雪和严寒地区，阴坡和阳坡的差异很大，线路宜尽可能选择在阳坡一岸，以减少积雪、翻浆、涎流冰等病害。在顺向谷中，线路应注意选择在基岩山坡稳定、不良地质现象较少的一岸。在单斜谷中，如为软弱岩层或有软弱夹层时，一般应选择在岩层倾向背向山坡的一岸（图 7.1）；如为坚硬岩层时，则应结合地貌考虑，选择较为有利的一岸。在断裂谷中，两岸山坡岩层破碎裂隙发育，对路基稳定很不利。如不能避免沿断裂谷布线时，应仔细比较两岸出露岩层的岩性、产状和裂隙情况，选择相对有利的一岸。在山地河谷中，常常会遇到崩塌、滑坡、泥石流、雪崩等不良地质现象。如两岸皆有，则应通过详细调查分析，选择比较有利的一岸；如规模大、危害重且不易防治时，则应考虑避让。跨河到对岸避让时，还应考虑上述不良地质现象可能冲击对岸的范围（图 7.2）。在强震区的河谷线，更应注意避让悬崖峭壁以及大型不良地质现象地段；避免沿断裂破碎带布线并力争选取地质地貌条件对抗震有利的河岸。

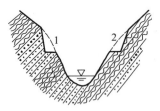 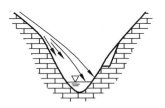

1—有利情况；2—不利情况。

图 7.1   单斜谷中   图 7.2   山地河谷中

河谷线线路高程的确定应根据河岸的地质地貌条件及水流情况来考虑。在有河流阶地时，通常认为在一级阶地上定线路是最适当的，因为这种阶地可保证线路高出洪水位，同时由于阶地本身受切割破坏较轻，故工程较省。在无河流阶地时，为保证河谷线高出洪水位以上，免遭水淹，勘测时应该仔细调查沿线洪水位，作为控制设计的依据。同时应采取切实有效的防护措施，以确保路基的稳定和安全。当河流有可能因为崩塌、滑坡、泥石流等暂时阻塞时，还应估计到这种阻塞所造成的淹没以及溃决时的影响范围，合理确定线位和高程。

2. 越岭线

山区通常地形崎岖，不良地质现象发育，横越山岭的线路往往非常困难，需要克服很大的高差，常有较多的展线。越岭方案可分路堑与隧道两种，他们最大的优点是能通过巨大山脉，降低坡度和缩短距离。在越岭线线位选择之前，首先应确定越岭方案，下列情况下可以考虑隧道方案：① 采用较短隧道可以大大缩短线路长度，改善线路标准时；② 在高寒山区采用隧道可以避免或大大减轻冰雪灾害时；③ 地面崩塌、滑坡等不良地质现象较发育时。

越岭线的布局应结合山岭的地形、地质和气候条件考虑，其主要问题是：

（1）垭口选择。垭口是越岭线的控制点，在符合线路基本走向的前提下，要全面考虑垭口的高程、地形地质条件和展线条件来选择。对于路堑越岭方案，选择高程最低的垭口和适宜展线的山坡是非常重要的；而对于隧道越岭方案，选择能以较低高程且较短隧道通过的垭口则十分重要。

（2）过岭高程选择。通常应选择高程较低的垭口，特别是在积雪结冰地区，更应注意选择低垭口，以减少冰雪灾害。

对宽厚的垭口，只宜采用浅挖低填方案，过岭高程基本上就是垭口高程。对瘠薄的垭口，常常采用深挖方式，以降低过岭高程，缩短展线长度，这时就要特别注意垭口的地质条件。

断层破碎带型垭口，对深挖特别不利；对单斜岩层构成的垭口，如为页岩、砂页岩互层、片岩、千枚岩等易风化、易滑动的岩层组成时，对深挖也常常是很不利的。

（3）展线山坡选择。山坡线是越岭线的主要组成部分，选择垭口的同时，必须注意两侧山坡展线条件的好坏。评价山坡的展线条件，主要看山坡的坡度、断面形式和地质构造、山坡的切割情况，以及有无不良地质现象等。坡度平缓而又切割少的山坡有利于展线。陡峻的山坡、被深沟峡谷切割的山坡，对展线是不利的。山坡岩层的岩性和地质构造对于路基稳定有极大影响。如为倾斜岩层（倾角>10°～15°），且线路方向与岩层走向大致平行时，则应注意岩层倾向与边坡的关系（图7.3）。

实际工作中尚应结合岩层的岩性、裂隙、倾角和层间的结合情况来综合考虑。如虽为倾斜岩层，但线路方向与岩层走向的交角大于40°～50°时，也属于有利情况；接近水平的岩层，当由软硬相间的岩层组成，受差异风化的作用，则可形成阶梯状山坡，此种山坡是否稳定则要看坚硬岩层的厚薄及裂隙情况。

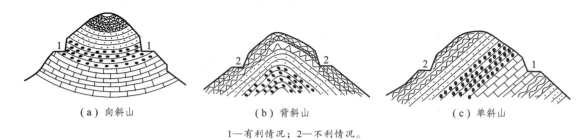

（a）向斜山　　　　　　　（b）背斜山　　　　　　　（c）单斜山

1—有利情况；2—不利情况。

图7.3　山地岩层地质构造对路基稳定性的影响

在山坡上可能遇到各种不良地质现象，调查时应予以特别注意。最常见的是滑坡和崩塌，在北方及高寒地区，还要考虑积雪、涎流冰等问题，这就要注意研究坡向和风向、泉水和地下水。在某些高山地区还可能有雪崩。在有雪崩的山坡上，一般应避免在同一坡上布设多条线路。

7.1.1.2　平原区

在平原区选线时常遇有低地沼泽、洪水等问题，地面水的特征是首先应考虑的因素。为避免水淹、水浸，应尽可能选择地势较高处布线，并注意保证必要的路基高度，在排水不畅的众河汇集的平原区、大河河口地区，尤其要特别注意。

地下水特征也是应该仔细考虑的重要因素。在坳陷平原、沿河平原、河网湖区等地区，地势低平、地下水位高，为保证路基稳定，应尽可能选择地势较高、地下水位较深处布线。应该注意地下水变化的幅度和规律。不同地区，可能有不同的变化规律。如灌区主要受灌溉水的影响，水位变化频繁，升降幅度大；又如多雨的平原区，主要受降水的影响，大量的降水不仅使地下水位升高，而且会形成广泛的上层滞水。

在北方冻土地区，为防治冻胀与翻浆，更应注意选择地面水排泄条件较好、地下水位较深、土质条件较好的地带通过，并保证达到路基的最小高度。

在有风沙流、风吹雪的地区，要注意线路走向与风向的关系，确定适宜的路基高度，选择适宜的路基横断面，以避免或减轻道路的砂埋、雪阻灾害。

在大河河口、河网湖区、沿海平原、坳陷平原等地区，常常会遇到淤泥、泥炭等软弱地基的问题，勘察时应查清，如线路要从此经过需考虑软弱地基处理的问题。

7.1.2 路基的边坡稳定性问题

路基最主要的工程地质问题就是路基边坡稳定性问题。

路基边坡包括天然斜坡和人工开挖的边坡，前者如沿河线半路堑的边坡，后者如高路堤、深路堑的边坡等。不稳定的天然斜坡和人工边坡，在岩土体重力、水等因素作用下，常常发生危害性的变形与破坏，导致交通中断，江河堵塞，甚至酿成巨大灾害。在工程修建中和建成后，必须保证工程地段的边坡有足够的稳定性。

7.1.2.1 土质路堑边坡的变形破坏类型

土质路堑边坡一般高度不大，多为几米到十几米，但也有个别的边坡高达几十米（如天兰线高阳—云图间的黄土高边坡）。边坡在动静荷载、地下水、雨水、重力和各种风化营力的作用下，可能发生变形和破坏。变形破坏现象分为两大类：一类是小型的坡面局部破坏，另一类是较大规模的边坡整体性破坏。

1. 坡面局部破坏

坡面局部破坏包括剥落、冲刷和表层滑塌等类型。表层土的松动和剥落是这类变形破坏的常见现象。它是由于水的浸润与蒸发、冻结与融化、日光照射等风化营力对表层土产生复杂的物理化学作用所导致。边坡冲刷是指雨水在边坡面上形成的径流，依靠动力作用带走边坡上松散的颗粒，形成条带状的冲沟。表层滑塌是由于边坡上有地下水出露，形成点状或带状湿地，导致的坡面表层滑塌现象，这类破坏由雨水浸湿、冲刷也能产生。上述这些变形破坏往往是边坡更大规模的变形破坏的前奏。因此，应对轻微的变形破坏及时进行整治，以免进一步发展。对于因径流引起的冲刷，应做好地面排水，使边坡水流量减至最小限度。对已形成的冲沟，应在维修中予以嵌补，以防继续向深处发展。对因地下水引起的表层滑塌，应做好截断地下水或疏导地下水工程，疏干边坡，以制止边坡变形的发展。

2. 边坡整体性破坏

边坡整体崩塌、滑坡均属这类变形破坏。土质边坡在坡顶或上部出现连续的拉张裂缝并下沉，或边坡中、下部出现膨胀现象，都是边坡整体性破坏和滑动的征兆。一般这类破坏多发生在雨季中或雨季后。对于有软弱基底的情况，边坡破坏常与基底的破坏连同在一起。对于这类破坏，在征兆期应加强预报，以防措手不及；一旦发生事故，在处理前必须查明产生破坏的原因，切忌随意乱挖，以免进一步坍塌，造成破坏范围扩大。当边坡上层为土，下层为基岩，且层间接触的倾向与边坡方向一致时，有时由于水的下渗使接触面润滑，造成上部土质边坡沿接触面滑动的破坏。因此，在勘测设计过程中必须要对水体对路基的影响引起重视。崩塌、滑坡的详细内容已在第6章中专门论述，在此不再重复。

由上述可知，第一类边坡变形破坏只要在养护维修过程中采用一定措施就可以制止或减缓它的发展，其破坏程度也不如第二类边坡破坏严重。第二类边坡破坏危及行车安全，有时造成线路中断，处理起来也较费事。因此，在勘测设计阶段和施工阶段应分析边坡可能发生的破坏和变形，防患于未然。对于高边坡更应给予重视。

7.1.2.2 岩质边坡变形和破坏的基本形式

岩质边坡的变形是指边坡岩体只发生局部位移和破裂，没有发生显著的滑移或滚动，不致引起边坡整体失稳的现象。岩质边坡的破坏是指边坡岩体以一定速度发生了较大位移的现象。例如，边坡岩体的整体滑动、滚动和倾倒。变形和破坏在边坡岩体变化过程中是密切联系的，变形可能是破坏的前兆，而破坏则是变形进一步发展的结果。岩体边坡变形破坏的基本形式可概括为松动、松弛张裂、蠕动、剥落、滑坡、崩塌落石等。

1. 松 动

边坡变形的初级阶段，坡体表部往往出现一系列与坡向近于平行的陡倾角张开裂隙，被这种裂隙切割的岩体便向临空方向松开、移动。这种过程和现象称为松动。它是一种斜坡卸荷回弹的过程和现象。

与坡向近于平行的陡倾角张裂隙的出现，有的是在应力重分布过程中新生的，但大多是由原有的陡倾角裂隙发育而成。它仅有张开而无明显的相对滑动，张开程度及分布密度由坡面向深处逐渐变小。当坡体应力不再增加和结构强度不再降低的条件下，斜坡变形不会剧烈发展，坡体稳定不至于破坏。

边坡常有各种松动裂隙,实践中把有松动裂隙的坡体部位称为边坡卸荷带(或边坡松动带)。

边坡松动使坡体强度降低，又使各种营力因素更易深入坡体，加大坡体内各种营力因素的活跃程度，是边坡变形的初始表现。所以，划分松动带，确定松动带范围，研究松动带内岩体特征，对论证边坡稳定性，特别是对确定开挖深度或灌浆范围，都具有重要意义。

边坡松动带的深度通常用坡面线与松动带内侧界线之间的水平间距来度量。它除与坡体本身的结构特征有关外，主要受坡形和坡体原始应力状态控制。显然，坡度越高、越陡，地应力越强，边坡松动裂隙越发育，松动带深度也越大。

2. 松弛张裂

松弛张裂是指边坡岩体由卸荷回弹而出现的张开裂隙的现象。它与上述边坡岩体松动现象并无十分严格的区别。这是在边坡应力调整过程中的变形。例如，由于河谷的不断下切，在陡峻的河谷岸坡上形成的卸荷裂隙；路堑边坡的开挖可使岩体中原有的卸荷裂隙得到进一步发展，或者由于开挖形成新的卸荷裂隙。这种裂隙通常与河谷坡面、路堑边坡相平行（图 7.4）。而在坡顶或堑顶，由卸荷引起的拉应力可形成张裂带。边坡越高越陡，张裂带也越宽。如通过大渡河河谷的成昆铁路，有的路堑边坡堑顶紧连着高陡的自然山坡，分布其上的张裂带宽度可达一二百米，自然地表向下的深度也可达百米以上。一般来说，路堑边坡的松弛张裂变

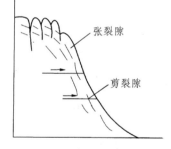

图 7.4 松弛张裂变形

形多表现为顺层边坡层间结合的松弛，边坡岩体中节理裂隙的进一步扩展以及岩体的松动等现象。

3. 蠕 动

蠕动是指边坡岩体在重力作用下长期缓慢的变形。这类变形多发生于软弱岩体（如页岩、片岩等）或软硬相间的岩体（如砂页岩互层、页岩灰岩互层等）中，常形成挠曲型变形。如反坡向的塑性薄层岩层，向临空面一侧发生弯曲，形成"点头弯腰"，但很少折断［图 7.5（a）］。如贵昆铁路大海哨一带就有这种岩体变形。边坡岩体为顺坡向的塑性岩层时，在边坡下部常产生揉皱弯曲［图 7.5（b）］，甚至发生岩层倒转，如成昆线铁西滑坡附近就有这种变形。

由于这种变形是在地质历史时期中长期缓慢形成的，因此，在边坡上见到的这种变形都是自然山坡上的变形。当人工边坡切割山体时，边坡上的变形岩体在风化作用和水的作用下，某些岩体可能沿节理转动，出现倾倒式的蠕动或牵引大规模变形现象。变形进一步发展，可使边坡发生破坏。

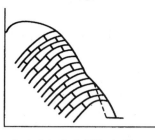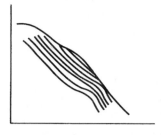

（a）"点头哈腰"变形　　　　　　　（b）揉皱变形

图 7.5 弯曲型蠕动变形

4. 剥　落

剥落指的是边坡岩体在长期风化作用下，表层岩体破坏形成岩屑和小块岩石，并不断向坡下滚落，最后堆积在坡脚，而边坡岩体基本上是稳定的。产生剥落的原因主要是各种物理风化作用使岩体结构发生破坏。如阳光、温度、湿度的变化、冰冻等，都是表层岩体不断风化破碎的重要因素。对于软硬相间的岩石边坡，软弱易风化的岩石常常先风化破碎，首先发生剥落，从而使坚硬岩石在边坡上逐渐突出；这时，突出的岩石可能发生崩塌。因此，风化剥落在软硬互层边坡上可能引起崩塌。

5. 滑　坡

滑坡是边坡上的岩体沿斜坡内一定的面或带向下滑动的现象，它是岩质边坡岩体常见的变形破坏形式之一。在边坡中的具体破坏形式多为顺层滑动和双面楔形体滑动。滑坡已在本书第6章讲述，这里不再重复。

6. 崩塌落石

崩塌是指陡坡上的巨大岩体在重力作用下突然向下崩落的现象；而落石是指个别岩块向下崩落的现象。有关崩塌落石内容详见本书第6章。

7.1.2.3 影响边坡稳定性的因素

岩质边坡稳定性受多种因素的影响，包括组成边坡的岩石性质、地质结构、水的作用、地应力、工程荷载条件、振动、地貌条件等。研究分析影响边坡稳定性的因素，特别是影响边坡变形破坏的主要因素，是边坡稳定性分析和防治处理的重要任务。

1. 地貌条件

地貌条件决定了边坡形态，对边坡稳定性有直接影响。边坡的形态系指边坡的高度、坡角、剖面形态、平面形态以及边坡的临空条件等。对于均质岩坡，其坡度越陡、坡高越大则稳定性越差。对边坡的临空条件来讲，工程地质条件相类似的情况下，平面呈凹形的边坡比呈凸形的边坡稳定。此外，在边坡坡向与缓倾角结构面倾向一致的同向结构类型地段，边坡稳定性与边坡坡度关系不密切，而主要取决于边坡高度。

2. 岩石的性质

岩石性质的差异是影响边坡稳定的基本因素，就边坡的变形破坏特征而论，不同的地层有其常见的变形破坏形式。例如，有些地层中滑坡特别发育，这是与该地层岩石的矿物成分、亲水特性及抗风化能力等有关。如第三系红色页岩、泥岩、裂隙黏土，二叠系煤系，以及古老的泥质变质岩系（千枚岩、片岩等）都是易滑地层。其次，地层特征对边坡的变形破坏有着直接影响。坚硬完整的块状或厚层状岩组，易形成高达数百米的陡立斜坡，而在软弱地层的岩石中形成的边坡在坡高一定时，其坡度较缓。由某些岩石组成的斜坡在干燥或天然状态下是稳定的，但一经水浸，岩石强度将大大降低，斜坡出现失稳，如此等等，充分说明岩石的性质对边坡的变形破坏有直接影响。

3. 岩体结构与地质构造

岩体结构类型、结构面性状及其与坡面的关系是岩质边坡稳定的控制因素。

（1）结构面的倾角和倾向：同向缓倾边坡的稳定性较反向坡要差；同倾向边坡中，结构面的倾角越陡，稳定性越好；水平岩层组成的边坡稳定性也较好。

（2）结构面的走向：结构面走向与坡面走向之间的关系，决定了失稳边坡岩体运动的临空程度，当同倾向坡的结构面走向和坡面平行时，整个坡面都具有临空自由滑动的条件。因此，对边坡的稳定性最为不利。

（3）结构面的组数和数量：边坡受多组结构面切割时，切割面、临空面和滑动面就多些，整个边坡变形破坏的自由度就大些，组成滑动块体的机会也多些；结构面较多时，为地下水活动提供了较多的通道，显然地下水的出现，降低了结构面的抗剪强度，对边坡稳定不利。另外，结构面的数量影响到被切割岩块的大小和岩体的破碎程度，它不仅影响边坡的稳定性，而且影响到边坡的变形破坏的形式。

对边坡稳定性有影响的岩体结构还包括结构面的连续性、粗糙程度，以及结构面胶结情况、充填物性质和厚度等。

地质构造是影响岩质边坡稳定性的重要因素，包括区域构造特点、斜坡地段的褶皱形态、岩层产状、断层与裂隙的发育程度及分布规律、区域新构造运动等。在区域构造较复杂、褶皱较强烈、新构造运动较活跃区域，斜坡的稳定性较差。斜坡地段的褶皱形态、岩层产状、断层及节理等本身就是软弱结构面，经常构成滑动面或滑坡周界，直接控制斜坡变形破坏的形式和规模。对地质构造进行分析研究，是定性和定量分析评价边坡稳定性的基础。

4. 地下水的作用

地下水对岩质边坡稳定性的影响是十分显著的，大量的事实说明，大多数岩质边坡的变形和破坏与地下水活动有关。一般情况下，地下水位以下的透水岩层，受到浮力的作用，而不透水岩层的坡面受到静水压力的作用，充水的张开裂隙承受裂隙水静水压力的作用，地下水的运动，对岩坡产生动水压力。另外，地下水对滑动面具有软化作用，地表水对斜坡坡面具有冲刷作用等。

5. 其他因素

对岩质边坡稳定性有影响的因素还有：地震作用、爆破震动、气候条件、岩石的风化程度、工程力的作用以及施工程序和方法等。这些因素也对边坡的稳定性带来影响，甚至有时其产生的影响会起到重要作用。

7.1.2.4　边坡稳定性评价方法

边坡稳定性分析，其目的在于根据工程地质条件确定合理的断面尺寸（即边坡容许坡度和高度），或验算拟定边坡的尺寸是否合理。影响岩质边坡稳定性的因素很多，并且较为复杂，构成边坡变形和破坏的边界条件差异极大，可能出现的边坡破坏的模型千变万化。为了分析评价其稳定性，常采用的方法有极限平衡理论计算法、图解法、工程地质类比法、有限元法、边界元法、离散元法、概率法等。在此仅简要介绍工程地质分析法。

工程地质分析法最主要的内容是比拟法，它是生产实践中最常用的、最实用的边坡稳定性分析方法。它主要是应用自然历史分析法认识和了解已有边坡的工程地质条件，并与设计的边坡工程地质条件相对比，把已有边坡的研究或设计经验，用到条件相似的新边坡的研究或设计中去。

对比边坡要有一个原则可循。首先是那些需要对比的边坡要具有"相似性"。相似性包括两个主要方面：一是边坡岩性、边坡所处的地质构造部位和岩体结构的相似性；二是边坡类型的相似性。在此基础上，对比影响边坡稳定性的营力因素和边坡成因。

边坡岩性相似性又是成岩条件的相似性。陆相砂岩与海相砂岩，岩性上便有差别。岩石形成的地质年代不同，岩性就有所不同。所以岩性对比不能忽略岩石成岩环境、条件和年代。

边坡所处的地质构造部位的不同，对边坡稳定性评价及边坡设计具有重大影响。处于地质构造复杂部位（如断层破碎带、褶曲轴部）的边坡，其稳定性及设计与处在地质构造简单部位的边坡是有很大不同的。

岩体结构的相似性，应特别注意结构面及其组合关系的相似性，要在构成边坡的结构面和结构面组合是相似结构面和相似结构面组合条件下对比。以相同成因、性质和产状的结构面所构成的边坡相互对比；以一组结构面构成的某边坡与一组结构面构成的另一边坡相对比；以多组结构面构成的某边坡与多组结构面构成的另一边坡相对比。

边坡类型的相似性，应在边坡岩性、岩体结构相似性基础上来对比。水上边坡可与河流岸坡对比；水下边坡可与河流水下边坡部分对比；一般场地边坡可与已有铁路和公路路堑边坡对比。如此对比相似的边坡，才可作为选择稳定坡角的依据。

一般情况下，在工程地质比拟所要考虑的因素中，岩石性质、地质构造、岩体结构、水的作用和风化作用是主要的，其他如坡面方位、气候条件等是次要的。当边坡工程地质条件相似的情况下，其稳定边坡便可作为确定稳定坡角的依据。

边坡的坡度与岩性关系极为密切，坚硬或半坚硬的岩石常形成直立陡峻的边坡；抵抗风化能力弱的岩石，边坡较平缓；层状岩石由于抵抗风化能力不同，常形成阶梯形山坡；均一岩石，如黏土质岩石为凹状缓坡。所以在进行对比时，要查清自然边坡的形态及陡缓，以及它们与岩性的关系。

进行边坡对比时，分析边坡的结构类型是非常重要的。首先应分清岩体结构类型的特点，并结合岩石边坡结构类型进行对比，其次应考虑结构面与边坡坡向的关系。

有关水的作用，主要是注意水在岩体中的埋藏条件、流量及动态变化，同时要注意在边坡上水下渗的条件。当岩体表层裂隙发育时，地表水沿裂隙下渗，致使岩体湿度增高，结构面软化，影响边坡岩体的稳定性。

对于风化作用，主要分析风化层厚度的变化与自然山坡坡度的关系，以便进行对比。一般沿河谷边坡的风化层厚度由坡脚向坡顶逐渐变厚，随之坡角也由下向上逐渐变缓。

其他如边坡方位、地震作用、气候作用等，在进行对比时，都是应该考虑的因素。因此，采用工程地质比拟法进行对比时，要从上述这些因素进行分析，以便合理确定边坡的坡度及其稳定性。

在工程实践中，对影响边坡稳定性关系重大的边坡坡度，通常列出若干影响因素，在此基础上总结出稳定坡度的经验数据，以便采用。目前，国内各部门的工程地质规范和手册均对岩、土边坡坡度值列出了一些经验数据参考表，供在工程地质比拟法中应用。从某种角度看，通过经验数据表确定边坡坡度的过程，也是对边坡及其稳定性对比分析的过程。

7.2 地下工程中的工程地质问题

地下工程是指修建在地面以下或山体内部的各类建（构）筑物，如地下工厂、地下车库、地下商场、地下仓库、坑道、铁路隧道、水工隧洞、地下发电站、厂房、地下铁道、地下停车场、地下储油库、地下弹道导弹发射井以及飞机库等。虽然它们规模不等，但都有一个共同的特点，就是都要在岩体内开挖出具有一定横断面形状和尺寸，并有较大延伸长度的地下洞体。从工程实践来看，地下工程的工程地质问题是围绕着工程岩体的稳定而出现的。例如，奥地利格尔利斯水电站压力斜管，在使用期间因下部围岩破坏而使得钢板衬砌破裂，高压水冲入电站厂房，使机组受到重大损失。此外，由于对围岩压力估计过高，或因岩体强度估计不足，也常使地下洞室的设计过于保守，提高工程造价，造成不必要的浪费。

影响地下工程围岩稳定性的主要因素有：岩体的物理力学性质、岩体结构状态和类型、地应力和岩体含水状况等。预测可能发生的地质灾害，并采取相应的防治措施，是地下工程建设中的一个主要环节。

7.2.1 基本概念

1. 岩 体

岩体指地质体中与工程建设有关的那一部分，它由处于一定应力状态的被各种结构面所分割的岩石所组成，是岩石的自然集合体。岩体具有一定的结构特征，它由岩体中含有的不同类型的结构面及其在空间的分布和组合状况所确定。

2. 结构面

结构面指岩体中的不连续界面，通常没有或只有较低的抗拉强度。具体来说结构面是指岩体中的各种破裂面、夹层、充填矿脉等。其按成因可分为三类：

（1）原生结构面。岩体中成岩阶段形成的结构面称原生结构面，又可分为沉积、火成和变质结构面三类。沉积结构面包括沉积过程中形成的层面、软弱夹层、不整合面、局部侵蚀冲刷面等。火成结构面包括侵入体与围岩的接触面，如岩脉、岩墙与围岩的接触面，原生冷凝节理等。变质结构面包括区域变质的片理、片麻理、板劈理、片岩软弱夹层等。

（2）构造结构面。构造运动所形成的节理、层间错动面、断层等。

（3）次生（表生）结构面。地表浅层因风化、卸荷、爆破、剥蚀等作用形成的不连续界面，如卸荷裂隙、风化裂隙、风化夹层、次生夹泥等。

结构面往往是岩体力学强度相对薄弱的部位,影响结构面工程性质的因素有结构面的类型、组数、密度、产状、结构面粗糙度和结构面壁强度、结构面长度、张开度、充填物质及厚度、含水情况等。

3. 结构体

岩体中被结构面切割而产生的单个岩石块体叫结构体，受结构面的组数、密度、产状、长度等影响，结构体可有各种形状。常见的有块状、柱状、板状、锥状、楔形体、菱面体等。

4. 岩体结构及类型

岩体中结构面和结构体的组合关系叫岩体结构，其组合形式叫岩体结构类型。岩体结构类型有整体状结构、块状结构、层状结构、碎裂状结构、散体状结构。不同结构类型的岩体，其力学性质有明显差别。

5. 地应力

地应力（天然应力、原岩应力、初始应力、一次应力）是指地壳岩体内的天然应力状态，是指未经人为扰动的，主要在重力场和构造应力场的综合作用下，有时也在岩体的物理、化学变化及岩浆岩侵入等的作用下形成的应力状态。地应力包括岩体自重应力、地质构造应力、地温应力、地下水压力以及结晶作用、变质作用、沉积作用、固结脱水作用等引起的应力。在通常情况下，构造应力和自重应力是地应力中最主要的成分和经常起作用的因素。

人类工程活动时，在岩体天然应力场内，因开挖部分岩体或增加结构物而引起的应力称为感生应力（也称二次应力或扰动应力）。在地下工程中又称围岩应力。

7.2.2 地下洞室变形及破坏的基本类型

在地下工程中，围岩变形和破坏的主要类型有张裂塌落、劈裂剥落、碎裂松动、弯折内鼓、塑性挤出、膨胀内鼓等。

（1）张裂塌落。通常发生于厚层状或块体状岩体内的洞室拱顶。当那里产生拉应力集中，且其值超过围岩的抗拉强度时，拱顶围岩就将发生张裂破坏。尤其有近垂直的构造裂隙发育时，拱顶张拉裂隙易沿垂直节理发展，使被裂隙切割的岩体变得不稳定。

（2）劈裂剥落。过大的切向压应力可使厚层或块体状围岩表部发生平行于洞室周边的破裂，一些平行破裂将围岩切割成几厘米到几十厘米厚的薄板，这些薄板常沿壁面剥落，其破裂范围一般不超过洞的半径。

（3）碎裂松动。碎裂松动是洞体开挖后，如围岩应力超过了围岩的屈服强度，这类围岩就会沿多组已有破裂结构面发生剪切错动而松弛，并围绕洞体形成一定的破裂松动带或松动圈。这类松动带本身是不稳定的，当有地下水活动参与时，极易导致拱顶坍塌和边墙失稳。因此，该类围岩开挖后应及时支护加固。该类破坏多发生在硬质岩中。

（4）弯折内鼓。弯折内鼓是层状、薄层状围岩变形破坏的主要形式。从力学机制来看，它的产生可能有两种情况，一是卸荷回弹的结果，二是应力集中使洞壁处的切向应力超过薄层状岩层的抗弯强度所形成的。

（5）塑性挤出。当围岩应力超过软弱围岩的屈服强度时，软弱的塑性物质就会沿最大应力梯度方向向自由空间挤出。产生塑性挤出的围岩主要有固结程度较低的泥质粉砂岩、泥岩、页岩、泥灰岩等软弱岩体。

（6）膨胀内鼓。洞室开挖后，围岩表部减压区的形成往往促使水分由内部高应力区向围岩表部转移，结果使某些易于吸水膨胀的岩层发生强烈的膨胀内鼓变形。遇水后易于膨胀的岩石有两类，一类为富含黏土矿物（蒙脱石）的黏土岩类，如泥质岩、黏土岩、膨胀性黏土等；另一类是富含硬石膏的地层，硬石膏遇水后发生水化而转化为石膏，体积随之增大。围岩遇水膨胀后，会产生很大的围岩压力，给施工和运营带来困难。

另外，对于松散围岩，如断层破碎带，风化破碎带，节理发育岩体，第四纪松散沉积物，还有另外两种变形与破坏形式：

（1）重力坍塌。松散围岩，岩体固结程度差或没有固结，其地下水含量较高时，结构面强度低，开挖后在重力作用下很可能自由塌落。施工时需边挖边衬，完工后仍需灌浆加固。

（2）塑流涌出。当开挖揭穿饱水的断层破碎带内的松散物质时，在压力下松散物质和水常形成泥浆碎屑流突然涌入洞中，有时甚至可以堵塞坑道，给施工造成很大困难。

7.2.3　地下洞室的特殊地质问题

地下洞室开挖中还经常遇到涌水、腐蚀、地温、瓦斯、岩爆等特殊地质问题。

（1）洞室涌水。开挖中遇到相互贯通又富含水的裂隙、断层带、蓄水洞穴、地下暗河时就会产生大量的地下水涌入洞室的情况，这种突发性的大量涌水，往往会影响施工进度和造成工程事故，对施工非常不利，如大瑶山隧道通过石灰岩地段时，曾遇到断层破碎带，发生大量涌水，施工竖井一度被淹，不得不停工处理。在勘察阶段正确预测洞室涌水量是十分重要的问题。

（2）岩爆。在地下开挖或开采过程中，围岩的破坏有时会突然地以爆炸的形式表现出来，这就是岩爆。当发生时，岩石或煤突然从围岩中被抛出或弹出，抛出的岩体大小不等，大者可达几十吨，小者仅长几厘米。大型岩爆常伴有巨大的气浪和巨响，甚至还伴有周围岩体的振动。从本质上看，岩爆是洞室围岩的一种伴有突然释放大量潜能的剧烈的脆性破坏。从产生条件来看，高储能体的存在（岩体能储聚较大的弹性应变能，在该岩体内应力高度集中），及其应力接近于岩体的强度是产生岩爆的内在条件，而某些因素的触发效应则是岩爆产生的外因。

岩爆大多发生于区域性压扭性大断裂带附近或埋藏较深的硅质岩层中。这类岩层具有较高的弹性强度，经受过较大的地应力作用，应力相对集中，围压较高，变形受到限制后，巨大能量积蓄在岩体内，一旦围岩解除，便发生岩爆。轻微的岩爆仅使岩片剥落（发出机枪射击的劈劈啪啪的响声），无弹射现象，严重的岩爆将几十吨重的岩块弹射到几十米以外。造成地下工程严重破坏和人员伤亡。施工中可采用超前钻孔、超前支撑及紧跟衬砌、喷雾洒水等方法来防治岩爆。

（3）腐蚀。指岩、土、水、大气中的化学成分和气温变化对洞室混凝土的腐蚀，造成洞室衬砌的严重破坏，影响洞室稳定性。混凝土易在第三系、侏罗系、白垩系等地层中遭受腐蚀，另外，在泥炭土、淤泥土、沼泽土、有机质土中也易腐蚀。如成昆铁路百家岭隧道，由三叠系中、上统石灰岩、白云岩组成的围岩中含硬石膏层（$CaSO_4$），地下水中 [SO_4^{2-}] 高达 1 000 mg/L，致使混凝土腐蚀得像豆腐渣一样；开挖后，水渗入围岩使石膏层水化，膨胀力使原整体道床全部风化开裂。

（4）地温。地表下一定深度处的地温常年不变，称为常温带。常温带以下地温随深度增加，地热增温率约为 1 ℃/33 m。地温除与深度有关外，还与地质构造、火山活动、地下水温度等有关。对于深埋洞室，地下温度是一个重要问题，铁路规范规定隧道内温度不应超过 25 ℃，超过这个界线就应采取降温措施。隧道温度超过 32 ℃ 时，施工作业困难，劳动效率大大降低。如成昆铁路嘎立一号隧道处于牛日河大断裂影响带内，地热能沿着断裂上升，施工时洞内温度达 30 ℃ 以上，给施工带来很大困难。

（5）瓦斯。地下洞室有害气体的总称，以甲烷为主，还有二氧化碳、一氧化碳、硫化氢、二氧化硫和氮气等。在地下洞室掘进中，常会遇到这些易燃、易爆且对人体有害的气体，特别是当洞室通过煤系、含油、含炭或沥青的地层时，遇到地下有害气体的机会更多。在地下工程的地质勘察中，应仔细测定穿过洞室岩层的各种有害气体，提出通风安全防护措施和建议。瓦斯一般主要指甲烷或甲烷与少量有害气体的混合体。地下洞室穿越含煤地层时，可能遇到瓦斯。瓦斯能使人窒息致死，甚至可以引起爆炸，造成严重事故。

7.2.4　隧道位置的选择与地质条件

隧道有山岭隧道和河底隧道之分，山岭隧道又分越岭隧道和山坡隧道两种，这里重点讨论越岭隧道。越岭隧道是穿越分水岭或山岭垭口的隧道，这种隧道可能有较大的深度和长度；山坡隧道是为了避让山坡的悬崖绝壁以及雪崩、山崩、滑坡等不良地质现象而修建的隧道，这种隧道长短不一。

山岭隧道是修建在天然地层中的建筑物，它从位置选择到具体设计、施工，均与地质条件有密切关系。地质条件包括岩层性质、地质构造、岩层产状、裂隙发育程度及风化程度，隧道所处深度及其与地形起伏的关系，地层含水程度、地温及有害气体情况，有无不良地质现象等。

7.2.4.1　隧道位置选择

1. 隧道位置选择的一般原则

隧道应尽量避免接近大断层或断层破碎带，如必须穿越时，应尽量垂直其走向或以较大角度斜交；在新构造运动活跃地区，应避免通过主断层或断层交叉处；在倾斜岩层中，隧道应尽量垂直岩层走向通过；在褶曲岩层中，隧道位置应选在褶曲翼部；隧道应尽量避开含水地层、有害气体地层、含盐地层，岩溶发育地段。

隧道一般不应在冲沟、山洼等负地形地段通过，因冲沟、山洼等的存在，反映岩体较软弱或破碎，并易于集水。

2. 岩层产状与隧道位置选择

（1）水平岩层。在缓倾或水平岩层中，垂直压力大，对洞顶不利；而侧压力小，对洞壁有利。若岩层薄，层间联结差，洞顶常发生坍塌掉块。因此，隧道位置应选择在岩石坚硬，层厚较大、层间胶结好，裂隙不发育的岩层内。在岩层软硬相间的情况下，隧道拱部应尽量设置在硬岩中。

（2）倾斜岩层。当隧道轴线与岩层走向平行时，若隧道围岩层厚较薄，较破碎，层间联结差，则隧道两侧边墙所受侧压力不均一，易导致边墙变形破坏。因此，隧道位置应选择在岩石坚硬、层厚大、层间联结好的同一岩层内。在倾斜岩层中，沿岩层走向布置隧道一般是不利的，主要的工程地质问题是不均匀的地层压力即偏压。当岩层倾角较大时，施工中还易产生顺层滑动和塌方。实践证明，隧道沿岩层走向通过不同岩性的倾斜岩层时，应选在岩性坚硬完整的岩层中，避免将隧道选在不同岩层的交界处或有软弱夹层的地带。隧道顺岩层走向通过直立或近于直立的岩层，一般不存在偏压问题，隧道的稳定性与在倾斜岩层中相似。

隧道轴向与岩层走向垂直或大角度斜交，是隧道在单斜岩层中的最好布置。在这种情况下岩层受力条件较为有利，开挖后易于成拱，同时围岩压力分布也较均匀，且岩层倾角越大，隧道稳定性越好。若岩层倾角小而裂隙又发育时，则在洞顶被开挖面切割而成的楔形岩块易发生坍落。

3. 地质构造与隧道位置选择

（1）褶皱构造。当隧道轴线与褶皱轴平行时，沿背斜轴或向斜轴设置隧道都是不利的。因为褶皱地层在轴部受到强烈的拉伸或挤压，岩层破碎，常形成洞顶坍塌；另外在向斜内常有大量地下水，危害隧道。因此，隧道应尽量选择在褶皱两翼的中部，如图 7.6 所示。

当隧道轴线与褶皱轴垂直时，背斜地层呈拱状，岩层被切割成上大下小的楔体，隧道内坍落的危险较小。向斜地层呈倒拱状，岩层被切割成上小下大的楔体，最易形成洞顶坍落，且常有大量的承压地下水。因此，隧道应尽量避免横穿向斜褶曲。

（2）断层。当隧道通过断层时（图 7.7），由于岩层破碎，地层压力大，对隧道稳定极为不利，且断层常常是地下水的通道，对隧道的危害极大。因此，应尽量绕避。

1、3—不利；2—较好。

图 7.6　褶曲构造与隧道位置选择

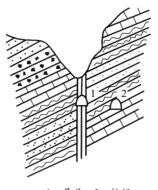

1—最差；2—较好。

图 7.7　断层与隧道位置选择

7.2.4.2　洞口位置选择

洞口位置选择应保证隧道安全施工和正常运营，根据地形、地质条件，着重考虑边坡及仰坡的稳定，并结合洞外工程及施工难易情况，分析确定。一般情况下宜"早进洞晚出洞"。

在稳定的陡峻山坡地段，一般不宜破坏原有坡面，可贴坡脚进洞。如遇自然陡崖，应避免洞口仰坡或路堑边坡与陡崖连成单一高坡，注意在坡顶保持适当宽度的台阶；在有落石时，则应延长洞口，预留落石的距离。

隧道洞口应尽量避开褶曲轴部受挤压破碎严重的和被构造裂隙切割严重的地带，以及较大的断层破碎带，而尽量选择岩石直接出露或坡积层较薄、岩体完整、强度较高的地段。如岩层较软弱或破碎，则以不刷坡或少刷坡为宜，必要时可先接一段明洞再进洞。为避免山洪危害，洞口一般不易设在沟谷中心。洞口如有沟谷横过，洞底高程应高出最高洪水位。

7.3　桥梁工程中的工程地质问题

桥梁是道路跨越河流、山谷或不良地质现象发育等地段而修建的构筑物。桥梁是道路工程中的重要组成部分，也是道路选线时考虑的重要因素之一，大、中桥梁的桥位大多是方案比选时的控制因素。桥梁工程的特点是通过桥台和桥墩把桥梁上的荷载，如桥梁本身自重、车辆和人行荷载，传递到地基中去。桥梁工程一般都是建造在沟谷和江河湖海上，这些地区本身工程地质条件就比较复杂，加之桥台和桥墩的基础需要深埋，也造成一些更为复杂的工程地质问题。

7.3.1　桥位选择的工程地质论证

桥位的选择应从经济、技术和使用观点出发，使桥位与线路互相协调配合。一般而言，中小桥位置由线路条件决定，特大桥或大桥则往往先选好桥位，然后再统一考虑线路条件。尤其是在城市中选择铁路与公路两用大桥的桥位位置时，除考虑河谷水文、地质条件外，尚需考虑市区内的交通特点，线路要服从于桥位。

通常桥位应选择在岸坡稳定、地基条件良好、无不良地质现象的地段；应尽可能避开大断裂带，尤其不可在未胶结的断层破碎带和具有活动可能的断裂带上造桥。

河道水流是一种螺旋状的环流，它不断地深切河床、拓宽河谷和加长流路。对于某一具体河段，它正处在特定的发育阶段。因此，在某一地段选择桥位时，首先要研究地貌条件，了解河水对河床和岸坡冲刷作用的规律，避开那些有河床变迁、巨大河湾、活动沙洲的不良地段，还要大致判定河谷内覆盖层的厚薄、基岩埋藏深浅，以便合理选定桥位。最理想的桥位应选择在水流集中、河床稳定、河道顺直、坡降均匀、河谷较窄的地段，桥梁的轴线与河流方向垂直。

1. 山区河流桥位条件

山区河流多在山峦起伏的深涧峡谷中流动，其特点是坡降大、水流急、河谷较深，河床中常有基岩裸露，或由巨砾、粗砂沉积覆盖，覆盖层一般较平原河流薄。

山区河流的水文特征是：洪水暴涨暴落，洪峰次数频繁，持续时间短，流量及水位变化幅度较大。根据山区河流的特点及勘测设计实践，选择山区河流的桥位时，应考虑如下几个原则：

（1）桥渡线尽可能选在河道顺直、水流通畅地段，避免在河湾、沙洲、河心孤石突起及河道急剧展宽的河段通过。

（2）桥渡线宜选在河槽较窄的峡谷段通过，并应同时考虑施工方法与施工场地的布置问题。当峡谷段水深流急，一跨不成，必须在河中建墩时，为避免基础施工困难，也可在开阔段通过。

（3）桥渡线应避免在两河交汇或支流汇入主流的河口段通过，避免两河洪水涨落时间不同，冲淤变化复杂，影响建筑物的安全。

（4）桥头及其引线应避开滑坡、崩塌、泥石流等地质灾害发生场所。

2. 山前区宽河桥位条件

河流流出山区进入山前地区，地形骤然变宽，多形成山前宽河。它可分为上游狭窄河段、中游扩散河段和下游收缩河段（图7.8）。不同河段具有不同的特点。

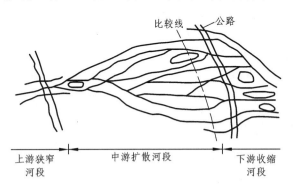

图 7.8 山前宽河

（1）上游狭窄河段。河流强烈下切，两岸陡立，河床纵坡大，流速也大，河床稳定。此处桥长最短，桥位最易确定，桥位布置也较简单，桥下净空高，河滩路堤最短。基础工程简单，防护工程少，是良好的桥位。

（2）中游扩散河段。此处水流经常变化，冲淤次数较多。在此布置桥位，孔径的大小、桥梁净空及导流建筑物设置等问题均难以解决。尤其是逐年淤高，是一个复杂而危害很大的问题。

在此建桥，造价高，养护困难。因此，应尽可能避开在此河段上建桥。

（3）下游收缩河段。一般大河流随地形条件汇成一股或数股河道，水流平稳，河床稳定，在这里建桥也是较好的选择。

根据上述各河段的特点，布桥时应注意以下几点：

① 上游狭窄河段应采用一河一桥的原则。

② 中游扩散河段一般应顺应水流的自然趋势，采取一河多桥原则。在显著的支岔上分别设桥。但在水流比较集中，泛滥范围不宽，设置相应的导流建筑物能保证桥渡安全时，也可考虑一河一桥的原则。

③ 下游收缩河段应分别在各稳定的河道上建桥，不宜改河合并，以保证桥梁安全。

3. 平原区河流桥位条件

平原区河流，有的河段稳定，有的河段仍不断变化，河床摆动较大。

（1）在平原区河流稳定河段，桥位应选在河道顺直、河床深槽地段。桥梁中线宜与河流两岸垂直。

（2）在平原区河流次稳定河段，则要注意河床的天然演变。一般桥位可选在河湾顶部中间部位跨越，不宜设在两河湾间直线过渡段，以免河湾下移，引起桥下斜流冲刷，危及墩台安全。

（3）对于平原区游荡性河段，桥位宜选在有坚固抗冲刷的岸壁或有人工建筑的河堤等处。必要时采取导流措施保护桥渡安全。

例如，我国武汉长江大桥的桥址选择共做了八个桥址线的比较方案（图 7.9），各方案均是利用长江两岸的丘陵地形以提高净空，缩短引桥和路堤的长度，方案各具特点，当时从工程地质观点对各方案的主要地质问题进行了评述，并选出最优方案。第一方案因引桥太长，江底基岩埋深太大而未采用；第二、四、八方案，各线几乎平行且比较接近，仅在两岸引桥部分的布置有所不同，其中第八方案各墩基岩性都很好，但钻探发现石灰岩中的溶洞最多，且左岸路堤地基不佳，故未采用；第三、六方案，根据钻探结果判定岩性不佳，且正桥和引桥均较长，所以也放弃了；第七方案由于引桥较长，炭质页岩破碎，未做进一步的勘探和研究工作就被否决；第五方案引桥稍短，地质情况较好，桥线地质剖面较理想，基岩为走向近东西，倾角较陡的一个倒转向斜，除第七号桥墩位于含黄铁矿的炭质页岩夹碎石层外，其他各墩台均位于坚硬而无溶洞的石灰岩上；为解决第七号墩基的工程地质问题采用了 116 根 ϕ55 cm 管柱桩，并用矿渣水泥及抗硫酸水泥作混凝土灌注材料，又经过现场载荷试验，每根管柱桩的承载力均满足工程设计要求。因此，最终确定选择第五方案，作为目前武汉长江大桥的桥线。

7.3.2 桥墩台主要工程地质问题

桥墩台主要工程地质问题包括桥墩台地基稳定性、桥台的偏心受压及桥墩台地基的冲刷问题等，现分述如下：

1. 桥墩台地基稳定性问题

桥墩台地基稳定性主要取决于墩台地基中岩土体的容许承载力。容许承载力是桥梁设计中最重要的力学数据之一，对选择桥梁的基础和确定桥梁的结构形式起决定性作用，对造价的影响很大，是一项关键性的数据资料。

虽然桥墩台的基底面积不大，但经常遇到地基强度不一、岩土体软弱或软硬不均等现象，严重影响桥基的稳定性。在溪谷沟床、河流阶地、古河湾及古老洪积扇等处修建桥墩台时，往往遇到强度很低的饱水淤泥和其他软土层，有时也遇到较大的断层破碎带、近期活动的断裂和

比例尺 0　100　200　300　400　500（m）

图 7.9　武汉长江大桥渡线方案比较图（1958）

基岩面高低不平、风化深槽、软弱夹层、囊状风化带、软硬悬殊的界面或深埋的古滑坡等地段，这些情况均能使桥墩台基础产生过大或不均匀沉降，甚至造成整体滑动，不可忽视。

2. 桥台的偏心受压问题

桥台除了受垂直压力外，还承受岸坡的侧向主动土压力，在有滑坡的情况下，还受到滑坡的水平推力，使桥台基底总是处在偏心荷载状态下。桥墩的偏心荷载主要是由于车辆在桥梁上行驶突然中断而产生的，对桥墩台的稳定性影响很大，必须慎重考虑。

3. 桥墩台地基的冲刷问题

桥墩和桥台的修建，使原来的河槽过水断面减少，局部增大了河水流速，改变了流态，对桥基产生强烈冲刷，有时则可把河床中的松散沉积物局部或全部冲走，使桥墩台基础直接受到流水冲刷，威胁桥墩台的安全。因此，桥墩台基础应埋置在地面以下一定深度。当基础建于抗冲刷较差的岩石上时（如页岩、泥岩、千枚岩），埋深应适当加深。

7.4　水利水电工程中的工程地质问题

水利水电工程的地质问题主要包括坝的工程地质问题和水库的工程地质问题。前者包括坝基（肩）岩体的抗滑稳定性问题、坝基的沉降、坝基的渗漏等问题；后者包括水库渗漏、库岸稳定、水库浸没、水库淤积等问题。另外，水利水电工程的地质问题也涉及岩质边坡稳定问题、隧洞围岩稳定问题、坝基渗透变形等问题，这些问题在前面的章节中已有论述，这里就不再赘述。

7.4.1　坝的工程地质问题

拦河大坝是水利水电工程中最重要的拦水建筑物，它拦蓄水流、抬高水位、承受着巨大的水平推力和其他各种荷载。为了维持平衡稳定，坝体又将水压力和其他荷载以及本身的重量传递到地基或两岸的岩体上。因而岩体所承受的压力是很大的。通常 100 m 高的混凝土重力坝，传到地基岩体上的压力即可达 2×10^5 kPa 以上。另外，水还可渗入岩体，使某些岩层软化、泥化、溶解以及产生不利于稳定的扬压力。因此，大坝建筑物对地基岩体的稳定条件有着很高的要求。

7.4.1.1　坝基（肩）岩体的抗滑稳定性

抗滑稳定，是指坝基（肩）抵抗由于库水泥砂等压力和地震惯性力作用所产生的水平推力，保持坝底与岩体、岩体与岩体不发生滑动的性能。它是混凝土坝最重要的地基问题，美国圣弗朗西斯重力坝，法国马尔帕塞拱坝的失事都是因坝基或坝肩的失稳造成的。因此，在各类混凝土坝的勘察、设计和施工过程中应特别重视坝基（肩）岩体抗滑稳定性问题。

坝基岩体的抗滑稳定性，主要受到地质条件的影响。当坝基（肩）存在软弱夹层和结构面不利组合时，在库水及其他外力的作用下，可使整个坝体和其中某一部分随着坝基（肩）岩体的滑动而滑动。坝基的滑动破坏，是导致重力坝失事的主要破坏形式。

1. 坝基岩体滑动破坏的类型

坝基岩体滑动破坏形式根据滑动破坏面位置的不同，可分为表层滑动、浅层滑动和深层滑动三种类型。

（1）表层滑动。是指坝体沿坝底与基岩的接触面（通常为混凝土与岩石的接触面）发生剪切破坏所造成的滑动，也称为接触滑动。滑动面大致是个平面，如图 7.10（a）所示，当坝基岩体坚硬完整不具有可能发生滑动的软弱结构面，且岩体强度远大于坝体混凝土强度时，容易出

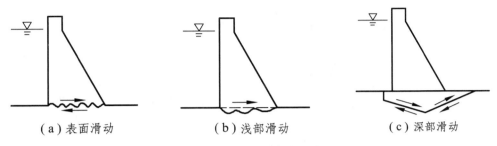

（a）表面滑动   （b）浅部滑动   （c）深部滑动

图 7.10   坝基滑动的形式

现此种情况；另外，地基岩面的处理不当或湿混凝土浇筑质量不好也是形成这种滑动的因素之一。一般在正常情况下这种破坏形式较少出现。

（2）浅层滑动。当坝基岩体软弱，或岩体虽坚硬但浅表部风化破碎层没有挖除干净，以致岩体强度低于坝体混凝土强度时，则剪切破坏可能发生在浅部岩体中，造成浅层滑动，如图 7.10（b）所示。浅层滑动的滑动面往往参差不齐。一般国内较大型的混凝土坝对地基处理要求严格，故浅层滑动不作为控制设计的主要因素。而有些中小型水库，坝基发生事故则常是由于清基不彻底而造成的。

（3）深层滑动。一般深层滑动发生在坝基岩体的较深部位，主要沿软弱结构面发生剪切破坏，滑动面常是由两三组或更多的软弱面组合而成，如图 7.10（c）所示。但有时也可局部剪断岩石而构成一个连续的滑动面。深层滑动是高坝岩石地基需要研究的主要破坏形式。

除上述三种形式外，有时也可能出现兼有两种或三种的混合破坏形式。

2. 坝基岩体滑动的边界条件

坝基岩体滑动的边界条件，包括滑动面、切割面和临空面。由于它们的作用而形成可滑体及滑动自由空间，如图 7.11 所示，坝基岩体被三组结构面所切割，形成可能滑动的楔形结构体 *ABCDEF*。楔形体将沿 *ABCD* 面顺两侧陡立的 *ADE*、*BCF* 结构面向 *CD* 边线方向滑动。*ABCD* 为滑动面，*ADE*、*BCF* 和 *ABFE* 为切割面，*HGCD* 为临空面。

（1）滑动面。指岩体滑动破坏时，沿之滑动的软弱结构面。滑动面在坝基岩体中多为平缓的结构面（倾角小于 25° 或 30°），如层间结构面（与岩层产状一致的原生、次生及构造结构面），原生节理、压性断裂、卸荷裂隙等。当结构面的倾向与滑动方向相反时，结构面越平缓，由坝体传递到地基岩体的合力，在滑动面上所形成的滑动力越大，抗滑力越小，越有利于岩体的滑动，对稳定性越不利。

（2）切割面。指将岩体切割开的结构面。通常是由各种陡倾角结构面（构造断裂及节理）构成。坝基切割面多为纵向（平行河谷）与横向（垂直河谷）结构面。纵向结构面常是滑动体的侧向切割面，走向大致平行于向下游的水平推力，其上只有剪应力，不产生显著的摩擦力。因此，不考虑它的抗滑作用。靠近坝踵的横向结构面，走向大致垂直于向下游的水平推力。当岩体下滑时，由于拉应力作用而被拉裂破坏。

（3）临空面。指岩体可向之滑动不受阻碍的自由空间。岩体滑动的临空面，主要是地形表面。河床地面为水平临空面；河床深槽、深潭、溢流冲刷坑及其他建筑物的深挖基坑等，均能构成陡立的临空面；坝肩岸坡是纵向的临空面；岸坡突出地段、冲沟、河流急转弯处，可能构

成横向临空面。同时，若在坝基（肩）岩体可能滑动的下方，有压缩变形大的节理密集带、断层破碎带及潜伏岩溶带存在时，可构成潜在的临空面，勘察分析时应特别注意。

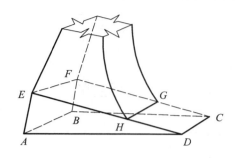

图 7.11　坝基岩体滑动边界条件

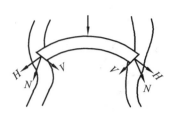

H—横向力；V—剪力；N—拱圈推力。

图 7.12　拱坝坝肩受力情况

3. 坝肩岩体稳定条件

河谷天然岸坡通常为陡峭的临空面，而位于岸边的软弱结构面就成为坝肩岩体滑动的控制面。对于重力坝，因为坝肩处水头低，水平推力小，坝肩岩体稳定条件容易满足。拱坝对坝肩的地质条件要求却十分严格。这是由于拱坝两岸岩体承受由拱传来的大部分水压力及其他作用于坝身的外力，使两岸岩体受到强大的推力，如图7.12所示。若垂直于推力方向分布有压缩性较大的软弱夹层，软弱结构面或裂隙密集带时，可能引起拱端产生位移。同时，拱坝对坝肩岩体的变形反应非常敏感，稍有移动，即可引起拱圈产生超出允许范围的拉应力，导致坝身的破坏。因而拱坝要求两岸岩体坚硬完整、强度高。

7.4.1.2　坝基的沉降

大坝基础下的岩体，在坝体的自重及作用在坝体上各种荷载的巨大压力下，将产生以垂直方向压缩为主的变形，引起坝体沉降或水平位移，甚至使坝体产生裂缝和破坏。

对于重力坝，坝基沉降问题应引起足够的重视。因为重力坝主要依靠坝体自重与地基之间的摩擦力来抵抗库水及其他荷载（风力、波浪冲击力、泥砂压力等）产生的水平推力，以保持稳定。所以，坝体的重量是保证其安全稳定的重要因素。重量越大，坝体越稳定。但坝体重量越大，地基单位面积上所承受的荷载也越大。当坝基岩体软弱时，则容易产生沉降变形。因此，重力坝对坝基沉降稳定的要求比土坝高。

由于拱坝的坝轴呈拱形，可将大部分库水推力传递到坝端岩体上。因此，拱坝对两岸岩体的变形性能和强度要求较高，而对坝基的强度和稳定性要求比重力坝低。

影响坝基沉降的因素有：

（1）当坝基由坚硬程度不一、强度不一、弹性模量大小相差悬殊的岩体组成时，在相同的荷载作用下，往往会产生不均匀沉降。

（2）坝基岩体内存在厚度较大的软弱夹层、未胶结的断层破碎带、节理裂隙密集带，强烈风化层、泥化夹层以及松散的淤泥、粉细砂等时，这些软弱岩层可压缩性大，受压后往往容易发生变形，有可能导致不均匀沉降。

（3）软弱岩层及软弱结构面的产状和分布，对沉降变形也有很大影响。当坝基软弱岩层产状平缓，且接近地表时，容易引起沉降和滑动变形，若岩性均一，则不会产生不均匀沉降；若软弱夹层位于坝趾附近，并与主压应力垂直时，最易引起坝趾产生沉降变形，导致坝体向下游倾斜,以至倾覆;如果软弱夹层位于坝踵,主要受拉应力作用,可能被拉裂,对坝基稳定不利。

7.4.1.3 坝基的渗漏

大坝建成后,坝上游水位抬高,在上下游水位差的作用下,库水可能通过坝基或坝肩岩层中的孔隙、裂隙、破碎带向下游渗漏。前者称为坝基渗漏,后者称为绕坝渗漏。对于坝区渗漏应当引起特别重视,因坝区水头高、渗漏途径短,渗漏量可能很大。同时,渗漏水流还可能破坏坝基岩体或使其强度降低,从而危及大坝的安全。

自然界的岩土,有的是透水的(透水层),有的是相对不透水的(隔水层)。在水工建筑中,通常以渗透系数小于 1×10^{-7} cm/s 为隔水层,大于此值的为透水层。

1. 松散沉积层坝基(肩)的渗漏条件

在松散沉积层地区建坝,渗漏主要是通过透水性强的砂砾石层发生。砂砾石层有的是现代河床沉积,有的位于阶地之上,也有的是古河道沉积。有时砂砾石层与不透水层成互层结构,为此,应给予充分注意。一般在河谷狭窄、谷坡高陡的坝区,砂砾石层仅分布于谷地,因此渗漏主要发生在坝基。而在宽谷区,谷坡上分布有多级阶地时,库水除沿坝基渗漏外,还可能发生绕坝渗漏。如果砂砾石层上有足够厚且分布稳定的黏土层时,则有利于防渗。但是当黏土层较薄或其连续性遭到破坏时,比如冲沟和河流的冲刷,仍将产生渗漏。另外,此类坝区当其两肩地形受侵蚀切割严重时,容易发生严重的绕坝渗漏。

2. 基岩坝区的渗漏条件

(1)裂隙岩体坝区渗漏条件。裂隙岩体分布区,裂隙水的埋藏和运动条件,主要取决于岩体裂隙、断层的发育程度、充填物性质及其透水性。由于坝基(肩)岩体中断裂构造的存在,往往是构成坝区渗漏的主要条件。如顺河断层、岸坡卸荷裂隙、层理面和层面裂隙、跨河缓倾断裂等的连通组合;尤其是顺河向、无充填或充填不好、大或密集的贯通坝基(肩)的断层破碎带,是造成坝区强烈渗漏的通道。山区河流由于受岩性、构造、气象和水文等因素的影响,河流深切基岩,侵蚀沟谷发育,因而河谷的地貌特征,以及覆盖条件,对坝区渗漏在一定程度上起控制性作用。在倾斜岩层地区,对于纵向河谷,由于沿层面渗径最短,有利于库水入渗和排泄,应注意沿层面走向方向的渗漏;横向河谷,岩层倾向下游时,应注意沿倾向的渗漏。

(2)岩溶坝区的渗漏条件。岩溶坝区的渗漏,主要受岩溶通道的影响。如溶洞、暗河、落水洞、溶孔、溶隙等,它们之间往往不是孤立的,而是相互连通和配合,形成大规模的集中渗漏通道。

7.4.1.4 坝址和坝型选择

在水库工程的规划、设计和施工中,坝址和坝型的选择极为重要,它关系到工程的安全稳定和经济效益问题。因此,除应认真考虑技术经济条件和国防要求等因素外,工程地质条件是一项极其重要的因素。不同的坝址,工程地质条件不会相同,而不同的坝址对地质条件的要求也不一样。即使是同样的地质条件,对不同坝型的设计和施工的影响也往往不同。如断裂构造发育的岩层,一般不宜作为高水头的大型坝基,作为低水头的轻型坝(闸)地基影响就比较小。在进行工程地质评价时,应切实根据地形地貌、岩性、地质构造、不良地质现象、水文地质条件及天然建筑材料等工程地质条件进行。同时,还要全面分析各个条件的利弊,抓住主要问题,紧密结合工程实际,分别加以处理。如石灰岩地区的主要工程地质问题,是沿石灰岩溶孔、溶隙及溶洞的漏水问题。因此,在工程地质勘察中,必须查清岩溶的发育程度和分布情况。对拟订的各比较方案要围绕与建筑物有关的岩体稳定问题和渗漏问题进行认真的分析比较，选择工程地质条件较好的工程地址，以及与其相适应的建筑物结构类型。

1. 坝址选择的工程地质评价

（1）区域稳定性。主要是指建筑物地区地震对其稳定性的影响。地震对地面的影响和破坏的强烈程度，对一个地区来说，是用基本烈度表示的。然而，同一个地区的岩性、地质构造和水文地质条件等往往差别很大，地震活动情况也不会相同。因此，基本烈度不可能表明全地区各个部位的地震活动。实践证明，地震常常与活动性断裂有关。在活动性断裂交叉或活动性断裂弯曲部位，由于应力比较容易集中，是有可能发生强烈地震的场地。所以，在选择坝址时，必须深入实地调查研究，对区域稳定性进行认真分析评价，确定坝址区的实际烈度，尽量避开地震活动的强烈地带，把坝址选择在安全稳定的地区。

（2）岩石性质。坝基岩体的稳定与否，直接关系着大坝的安全稳定。因此，应选择岩性坚硬、完整、均一，强度高，抗风化、抗水性强的岩体作为坝基。岩浆岩类的花岗岩、正长岩、闪长岩、辉长岩等；变质岩类的石英岩、片麻岩等；沉积岩的石英砂岩、硅质胶结的砂砾岩等均可作为良好的坝基。软弱的黏土层、页岩、板岩、千枚岩以及第四纪的松散岩层等，抗压、抗剪强度低，抗风化、抗水性差，不宜作为高坝的坝基，一般可作为土石坝地基。石灰岩虽然岩性坚硬、均一、强度较高，但抗水性差，与含有侵蚀性 CO_2 的水作用，可形成各种溶蚀现象，会影响坝基的稳定和渗漏。因此，必须认真研究岩溶的发育和规律，分析其对坝基稳定和渗漏的影响，并提出有效处理措施。

（3）地质构造。由于地壳运动，使自然界的岩层受到不同程度的破坏，形成褶皱、断裂构造。作为坝基和其他水工建筑物的地基，要求构造简单，褶皱微弱舒缓，断裂破碎少，风化裂隙不发育，以保证地基的稳定性和尽可能小的渗漏性。所以，在坝址选择时，需要全面了解河谷区的地质构造。岩层走向最好是横切河谷并倾向上游，坝基岩性较均一，岩层倾角不宜过陡或过缓。当河谷为沿岩层走向发育的纵谷时，坝基岩性不均一，容易产生不均匀沉降，并有可能沿顺河方向的层面和层面裂隙产生渗漏；当岩层倾向与岸坡倾向一致时，对岸坡的稳定不利。因此，大坝的位置，尽量不要选择在纵向河谷上。

在褶皱构造地区，核部一般裂隙发育，岩石破碎，强度低，透水性强，坝址应选择在褶曲的翼部。对于断裂构造，能够避开的要尽量避开，有时限于其他因素影响，实在无法避开，而断层又是呈闭合状态，且断层角砾岩胶结尚好，对稳定和渗漏影响不大，可在施工过程中进行适当处理。若断层破碎带充填有断层泥，且胶结不良，可成为地下水渗漏的通道，对工程十分不利，应尽量设法避开。对于横穿河谷或与河谷斜交的断层，可采取调整坝轴线的位置加以避开。

岩体的结构特征，对坝基的稳定和渗漏影响很大。选择坝址时应注意分析各种结构面的性质、产状、分布，及其组合关系，尽量避开不利于坝基及边坡稳定的结构面组合，尤其是缓倾角的软弱夹层。

（4）地形地貌。在选择坝址时，除地质条件外，还必须考虑地形地貌条件，以满足设计要求和施工的需要。坝址以上控制集水面积要大，有开阔的河谷作为库容；坝址附近山体雄厚，河谷对称、狭窄；要具有布置水利枢纽工程的适当位置和必要的施工场地。尽量避开冲沟、陡坎、深潭、急弯等地貌现象，因为这些现象反映基岩已遭受破坏，构造复杂，对施工和坝型的选择不利。

（5）不良地质现象。坝址区的不良地质现象，往往会构成对坝基和水工建筑物稳定的威胁，并造成施工上的困难。如在岩溶区选择坝址，应注意岩溶渗漏和岩溶对大坝稳定的直接影响，以及给施工带来的困难。

在山崩或滑坡体之下建坝时，不但清基任务大，而且可能引起整个山坡向下滑动或崩塌，当水库蓄水或暴雨之后会加剧山崩或滑坡的进行，致使大坝等建筑物遭到破坏。溢洪道地址尤其应注意避开山崩或滑坡等不稳定因素，以保证边坡稳定，使溢洪道畅通。

岩石风化严重的地段，不宜修建高坝。但经过处理，可作为中小型土石坝坝址。对于混凝土坝或钢筋混凝土坝，风化层很厚时，将增加清基开挖方量，还会造成崩塌或滑坡等不良地质现象。

（6）水文地质条件。坝基原则上要求为不透水岩层。可是，自然界不透水的坝基是没有的，只是要求选择透水性小，相对不透水层埋藏较浅的河谷地段作为坝基。因此，应结合岩性和地质构造，分析地下水的埋藏条件、补给来源及其与河流的关系。同时，还应根据现场试验和观测资料，了解坝基岩体的透水性质及地下水的动态规律，以便对坝基水文地质条件做出正确评价。

（7）天然建筑材料。指各种土料、砂、砾石、块石等。水坝体积大，材料用量多，就地取材是选择坝址的重要条件之一。而坝区天然建筑材料的分布、储量、质量和开采条件等又关系到坝型的选择。可见，坝址、坝型选择都是与建筑材料分不开的。

2. 坝型选择的工程地质评价

坝的类型不同，对坝基工程地质条件的要求也不同。几种主要坝型的工程地质条件评价如下：

（1）土石坝的工程地质条件评价。

土坝由于断面比较大，且为柔性基底，能适应坝基一定程度的变形，对坝基的承载能力和沉降变形要求比较低，一般地基多能满足要求，而主要是渗漏问题。

堆石坝（或浆砌石坝），通常修建在坚硬、半坚硬的基岩上，对抗滑稳定要求比较高。所以，应注意不要把堆石坝修建在页岩、板岩、千枚岩等抗滑稳定性比较低的岩石地基上。

（2）混凝土坝及钢筋混凝土坝的工程地质评价。

① 重力坝。主要依靠坝体自重来维持稳定。对坝基的工程地质条件要求比较高，通常修建在新鲜坚硬的基岩上。注意坝基软弱夹层和软弱结构面的性质、产状、分布及结构面的不利组合，并尽可能避开较大的断层破碎带和节理密集带，以保证坝基沉降稳定和抗滑稳定。

对于坝肩两岸应特别注意结构面的不稳定组合，顺河方向且倾向河谷的缓倾角岩层，尤其是软弱结构面，有可能引起绕坝渗漏，而且对抗滑稳定不利。

② 拱坝。其工作条件与重力坝不同，主要靠坝肩两岸岩体来维持稳定。因此，要求河谷狭窄，两岸地形对称，最好呈 V 字或 U 字形；岩体坚硬完整，抗剪强度高，工程地质性质好。坝址应避免选择在平行河流方向的断层、节理、软弱结构面和其他结构面组合构成的坝肩两岸不稳定的岩体地段，以及坝址下游附近河流急转弯、陡立岸坡、冲沟等影响坝肩岩体稳定的地段。

③ 支墩坝。是由混凝土支墩及钢筋混凝土面板构成的平板坝、连拱坝、大头坝等。平板坝、大头坝主要依靠支墩维持稳定，而连拱坝的稳定则靠支墩和两岸岩体来维持。所以，连拱坝对坝基的要求高，对两岸岩体的要求也高。而平板坝、大头坝对地基的要求比连拱坝相对要低。当坝基、坝肩工程地质条件不同时，在设计时可根据具体情况，采用不同类型的组合坝。

7.4.2 水库的工程地质研究

由于水库的兴建，改变了水库周围地区的水文地质条件，因此常引起一些工程地质问题，见表7.1。

表7.1 水库的主要工程地质问题

水库类型		工程地质问题	工程实例
峡谷水库	渗漏	岩溶 单薄分水岭哑口 玄武岩大孔隙	水槽子、六甲、拨贡 镜泊湖
	浸没	居民点 矿区 古迹 盆地农田	三门峡沙溪口 桃山 刘家峡炳灵寺 万家寨、官厅
	坍岸	近坝库区滑坡 岩溶坍塌	拓溪、刘家峡、乌江渡 龙羊峡
	水库	诱发地震	新丰江、丹江口、参窝、湖南镇
	淤积	泥石流 黄土流	岷江上游 三门峡、盐锅峡
	污染	放射性元素污染 有害矿产污染	丹江口 新安江
低山平原水库	浸没	平原农田盐渍化，地下水上升沼泽化 库尾翘高形成拦门砂坝	金堤河、东平湖、官厅 三门峡
	坍岸渗漏	黄土库岸 砂砾层	三门峡 东平湖

7.4.2.1 水库渗漏

水库渗漏包括暂时渗漏和永久渗漏。暂时渗漏只发生在水库蓄水初期，库水不漏出库外，仅饱和库水位以下的岩土的孔隙、裂隙和空洞，水量损失是暂时的。永久渗漏是库水通过分水岭向邻谷或洼地，以及经库盆底部向远处低洼排水处渗漏。例如云南水槽子水库，向远离水库15 km，比水库低1 000 m的金沙江边的龙潭沟排泄。所谓水库渗漏，通常指的就是这种永久性漏水。水库渗漏受库区地形、岩性、地质构造和水文地质条件所控制。在分析渗漏时，不能只强调某一方面而忽视别的因素，必须全面考虑，综合判断，否则不可能得出正确结论。影响水库渗漏的地质条件有以下几个方面：

1. 地 形

在库岸透水阶段，分水岭越单薄，邻谷或洼地下切越深，则库水向外漏失的可能性就越大。若邻谷或洼地底部高程比水库正常蓄水位高，库水就不会向邻谷渗透（图7.13）。

 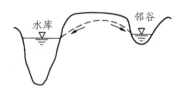

（a）库水位高于邻谷水位　　（b）库水位低于邻谷水位

图7.13 邻谷高程与水库渗漏的关系

平原地区河谷切割较浅，库水透过库岸地带向低处渗漏是不容易的。但河曲地段的河间地带较为单薄，应予以注意。尤其要注意某些古河道，它会使库水沿其向外渗漏（图 7.14）。如十三陵水库右岸有一条古河道沟通库内外，当水库蓄水到一定高度时，库水就沿古河道向外大量漏失。

山区河谷应注意分水岭上的垭口，垭口底部高程必须高于水库正常蓄水位。垭口一侧或两侧山坡若有冲沟分布，则地形显得相对单薄，库水就会沿冲沟取捷径向外漏失。此外，垭口和冲沟往往是地质上的薄弱地带（断层破碎带、节理密集带等），可能是库水漏失的隐患之

图 7.14　库水沿古河道向外渗漏

处。实践证明，水库内大的集中渗漏通道在地形上常有反映，因此，在工程地质勘察中应注意排除不利的地形地段。

2. 岩性和地质构造

当渗透通道的一端在库水位以下出露，另一端穿过分水岭到达邻谷或洼地，且高程低于库水位时，则库水位可能沿该通道漏向库外。在第四纪松散岩层分布区，能构成库区渗漏通道的，主要是不同成因类型的卵砾土和砂土。非可溶岩的透水性一般较弱，水库漏水的可能性小，但存在有贯通库区外的古风化壳、多气孔构造的岩浆岩、结构松散的砂砾岩、不整合面、彼此串联的裂隙密集带时，库水向外漏失就比较明显。在岩溶地区，库水外漏直接受岩溶通道的影响。

库区为纵向河谷或横向河谷时，应注意沿地层倾向或走向向邻谷或洼地渗漏的可能性。处于向斜河谷的水库，若隔水层将整个水库包围起来，即使库内有强透水岩层分布，库水也不会向外漏出（图 7.15）。若无隔水层阻挡，或隔水层遭到破坏，且与邻谷或洼地相通，则库水可能漏出库外。水库为背斜河谷时，若透水岩层倾角较小，且被邻谷或洼地切割出露，库

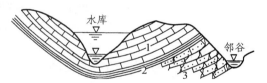

1—透水层；2—隔水层；3—弱透水层。

图 7.15　有隔水层阻水的向斜构造

水有可能沿透水层向外渗漏［图 7.16（a）］。但当透水岩层倾角较大，并不在邻谷或洼地中出露时，库水不会向外漏失［图 7.16（b）］。

（a）库水可能外漏

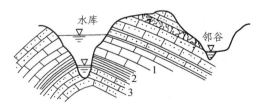

（b）库水不会外漏

1—透水层；2—隔水层；3—弱透水层。

图 7.16　透水岩层倾角不一的背斜构造

断层有导水和阻水之分。应根据断层的性质、破碎程度、充填情况以及上、下两盘岩石性质做具体分析。如图 7.17 所示，由于上盘上升，隔水层阻挡了下盘透水层，使库水难于向外漏失。

3. 水文地质条件

当水库具备可能引起渗漏的地形、岩性、地质构造

1—透水层；2—隔水层；3—弱透水层。

图 7.17　阻止库水渗漏的断层

条件后，库水不一定就会漏失，这时还要结合水文地质条件进行分析，才能确定渗漏是否存在。例如新安江水库，地处中低山峡谷地带，库区为石炭纪、二叠纪石灰岩，地质构造条件复杂。经勘探发现，石灰岩中地下水分水岭的高程大大高于水库正常蓄水位。尽管石灰岩中岩溶比较发育，但库水不会漏向邻谷。

7.4.2.2　水库诱发地震

由于高水头大水库的兴建，巨大的水体往往改变了地下水的运动方向，破坏了地壳的平衡，加剧了地震的活动性，水库诱发地震将影响建筑物的安全。20世纪60年代广东新丰江水库诱发了6.1级地震，震中烈度为8度，使右岸坝段顶部出现了长达82 m的水平裂缝，左岸坝段同一高程也有规模小些的不连续裂缝。到70年代又陆续出现湖北省丹江口水库、辽宁省参窝水库等水库地震。

1. 水库地震发生的条件

目前对水库地震的机制有不同的观点，对水库地震发生条件的认识也不完全一致，大体上认为有两个方面的原因。

（1）地质构造条件。

① 易发震地区多处于性脆、裂隙多、易向深部渗漏的石灰岩地区，以及易发生膨胀、水化的岩体内。岩溶发育区的水库地震，一般震级小于4级，震源不到1 km，与库水位关系较小。

② 处于中、新生代褶皱带、断陷盆地和新构造活动明显的特殊部位，容易发震。

③ 易于发震的活断层，震中一般分布在断层弧形拐点、交叉部位及断陷盆地垂直差异运动较大的部位。

④ 易发震断层多为正断层和走向断层，倾角大于45°，发震多在正断层下盘。

⑤ 周围有温泉、火山活动或地热异常区，建库后易形成新的异常。

（2）水库蓄水。

水的诱发作用与水库蓄水有明显的依赖关系，水位高时，活动性强，水位猛涨时，更常发生，且滞后现象明显，近则一月，长则几年。

① 库水的静水压力使岩体变形。

② 库水作用在深部剪切面上，促使极限平衡状态改变，造成岩体滑动。

③ 孔隙水压力增大，有效摩擦阻力降低。

④ 深部岩体软化作用加剧，岩体强度降低。

⑤ 亲水性矿物膨胀。

⑥ 下渗吸热产生汽化，造成局部地热异常，热能积聚。

另一种观点认为，水库地震与新构造活动关系不大，世界上很多高坝水库都修建在新构造及地震活动区，没有诱发水库地震，个别水库在蓄水后地震活动减弱。

2. 地震强度特点

（1）震源浅、烈度高。震源深度大多在4～10 km，少数达到20 km，相应的震中烈度较高。三级地震时，烈度可达5～6度，面波发育。

（2）震级小。一般都为小震、有感地震，破坏性小。个别最大震级达6.5级，发生在高坝水库，属应力型，延时较长，造成工程局部破坏。

（3）延续时间的特点是一般序列为前震多，余震延时长短不一，最长可达30多年，短的仅几个月，主震大都不明显。岩溶区一般延时1～2年。

（4）震源体小、影响范围小。震中多分布在水库周围。

（5）活动方式有小群震逐步释放和应力集中释放两种，与震中附近介质性状相关。

另外，水库水位高低与地震强度不成正比关系，水库地震较大时，水库水位也不是最高。这些现象也都是客观存在的，说明还应深入地进行研究工作。

3. 水库地震类型

水库地震成因类型见表 7.2。

表 7.2 水库地震成因类型

成因类型	特　征
应力型	具构造地震特点，应力轴方向与构造线一致，震中沿构造带排列，震源机制是挤压裂面上发生走滑型错动
重力-应力型	由水和重力、应力场造成，沿某一界面调整应力，一般震源由浅→深→浅，震级较低
水化型（膨胀型）	由岩石水化作用，矿物相变，水膨胀汽化形成，震中由深→浅，呈带状或团状排列，震级不大
水力型	深岩溶地区，震源在水的效应区内，震中呈串珠状排列，震级低、数量多

7.4.2.3 库岸稳定

水库蓄水后或在蓄水过程中，破坏了河谷岸坡的自然平衡条件，引起岸坡形状及稳定性变化，可能会造成坍岸，坍岸会引起下列问题：

① 近坝区的大规模坍塌和滑坡，将产生冲击大坝的波浪，直接影响坝体安全；

② 危及河岸主要城镇及工矿企业等建筑物的安全；

③ 坍塌物造成大量固体径流，使水库迅速淤积，失去效益。

影响库岸坍塌的因素主要有：岩性、岩层结构、库岸形态、水和波浪等。

（1）岩性和岩层结构对塌岸的影响。库岸岩性和岩层结构，影响且控制岸壁坍塌的形式、速度和宽度，并决定浅滩的形状、宽度和坡角。例如，黄土由于孔隙率高，崩解速度快，浸水后承载力将大大降低。因此，黄土库岸容易形成快速、强烈的坍塌。呈松散的粉、细砂，抗冲刷性弱，也容易造成大量坍塌，形成宽阔缓倾角的浅滩。固结好的砂砾石层，抗剪强度大，抗冲刷性较强，形成的浅滩宽度较小，坡度较陡。密实的黏土黏聚力大，抗冲刷性较强，塌岸宽度不大，一般形成磨蚀浅滩或成陡坎。岩层的产状、层厚、上下层序及各层层位又决定着塌岸起始点的高度和塌岸的破坏程度。

（2）库岸形态对塌岸的影响。库岸形态对塌岸的形式、速度、坍塌量和浅滩的形态有很大影响。一般高陡坡坍塌量大，高岸缓坡坍塌量小；低岸陡坡的塌岸速度快，坍塌量小，低岸缓坡常以水下坍塌为主。水下岸形同样会影响塌岸的速度，浅滩的宽度和坡角。

水库岸边坍塌的范围及形式往往受库岸切割程度的影响。一般切割严重的库岸坍塌显著，而地形完整、切割甚微的库岸则相对稳定。

（3）水对库岸坍塌的影响。库水和库岸地下水是影响塌岸的重要因素。水库回水使库岸水文地质条件发生变化，促使库岸土体的物理力学性质的改变，如土体的饱和，结构的破坏，抗剪强度和承载能力的降低等。

由于水库回水，使地下水的坡度减缓，流速减小，土体内动水压力降低；然而，当库水降落时，却又增加了地下水的动水压力，使库岸土体的稳定性降低。

（4）波浪对塌岸的影响。波浪对库岸坍塌的影响，主要表现对岸壁的淘刷和对塌落物质的搬运作用。波浪作用的强烈程度，取决于对库岸作用的有效波浪的大小。一般来说，波越高，波速越大，作用的时间越长，波浪的淘刷作用越强，塌落物被搬运的速度也越快，从而加速了塌岸的进程。

除上述因素外，还有冻融、风化、滑坡和地表水的冲刷等，对库岸的坍塌也有影响，在一定程度上会加速塌岸的进程。

7.4.2.4　水库浸没

水库蓄水后，库区周围地下水位相应抬高（即雍水）。上升后的地下水可能接近或高出地面，导致地面盐渍化、沼泽化及建筑物地基条件恶化。

在下列条件下，水库边岸易发生浸没问题：

（1）地形。水库蓄水位上下一定高程范围内，地形坡度平缓，特别是在有封闭或半封闭的洼地顺河坝或围堤的外侧，地面高程低于河床的库岸地段，易发生浸没。

（2）地质结构。组成库岸为松散体结构，易透水，下部有相对不透水层，地表或地下排泄不畅时易发生浸没。

（3）地下水位。蓄水前的地下水位埋藏不深，蓄水后地下水雍高时易发生浸没。

（4）水库运行情况。如水库运行不当，超过正常高水位运行时易发生浸没。

在下列条件下，水库边岸不会产生浸没问题：

① 库岸边坡在正常高水位以上有泉水，说明原地下水位已高于浸没水位。

② 库岸边坡存在隔水层（不透水岩层），且高于正常水位。

③ 水库蓄水前，建筑物基础或植物根系至地下水位的距离大于水库回水高度。

7.4.2.5　水库淤积

1. 研究水库淤积问题的重要性

水库形成以后，水库上游河流携带的悬浮质或推移质泥沙，除一部分可随洪水泄向水库下游外，绝大部分沉积在库底，天长日久，越积越多，若无有效的工程措施，最终将淤满水库。因此，淤积问题不仅影响水库正常效益，而且直接关系到水库使用寿命。如美国和日本的学者对部分水库资料的分析表明，水库的平均寿命只有 137 年和 53 年。我国北方黄土分布地区的淤积问题很严重，如黄河平均每立方米河水含沙量达 37 kg，最大含沙量竟达 700 kg，每年平均输入下游的泥沙多达 16 亿吨，在全世界河流含沙量中名列第一。因此，黄河流域兴建水库时，有效地解决淤积问题，就更显得突出与重要。

2. 防治水库淤积的措施

过去曾有人认为，水库的淤积是无法防治的，只能加以延缓。如今，由于全面开展了水土保持工作，在易于形成水土流失的地区修梯田、打坝淤地，大面积地植树造林、种草，在水利枢纽的建设中，增设清淤排沙工程（如在坝身留底孔，或布置大孔口排沙隧洞）等，对控制水库进沙量，防治水库淤积，均是行之有效的措施。

在水库调度中，科学地管理运行，对改善淤积情况也有一定的作用，如部分工程采用的"两蓄一排"——冬春蓄（清）水保夏灌、汛末蓄水保秋灌，汛期泄空防洪淤，以及缓洪排沙、异重流排沙、泄空冲沙等，使有的水库"焕发了青春"，取得了较好的效果。

思 考 题

1. 什么是岩体？结构面？结构体？地应力？
2. 地下洞室变形及破坏的基本类型有哪些？
3. 地下洞室的特殊地质问题有哪些？
4. 从工程地质角度论证隧道位置选择。
5. 从工程地质角度论证线路选线。
6. 土质路堑边坡的变形破坏类型有哪些？
7. 岩质边坡变形和破坏的基本形式有哪些？
8. 论述影响边坡稳定性的因素。
9. 从工程地质角度论证桥位的选择。
10. 桥墩台主要工程地质问题有哪些？
11. 坝基滑移的主要类型有哪些？其产生的原因有何不同？
12. 坝基滑移应具备的三个方面各是什么？都由哪些结构面类型组成？
13. 坝基的沉降是如何产生的？
14. 坝基（肩）渗漏的主要形式有哪些？
15. 怎样进行坝址、坝型选择的工程地质评价？
16. 水库的兴建常引起哪些主要的地质问题？
17. 水库渗漏必须具备哪些地质条件？
18. 水库地震发生的条件有哪些？水库地震类型有哪些？
19. 塌岸会引起哪些问题？影响塌岸的因素有哪些？
20. 哪些地质条件容易产生浸没？哪些地质条件不存在浸没问题？
21. 淤积对水库有何危害？怎样进行防治？

8　工程地质勘察

教学重点：工程地质勘察方法，工程地质勘察阶段的划分及勘察要求；工程地质测绘的范围、比例尺和精度，工程地质测绘的内容；工程地质室内和现场原位试验；现场检测与长期监测；工程地质勘察资料整理。

教学难点：工程地质勘探。

8.1　概　述

在道路交通、建筑、水利水电等工程兴建之前，都需要进行工程地质勘察工作。工程地质勘察是应用工程地质理论和各种勘察测试技术手段和方法，获取工程建筑场地的工程地质条件的原始资料，为制定技术正确、经济合理和社会效益显著的设计和施工方案服务，达到合理利用和保护自然环境的目的。

工程地质勘察必须符合国家、行业制定的现行有关标准、规范的规定，工程地质勘察的现行标准，除水利、铁路、公路、桥隧工程执行相关的行业标准之外，一律执行国家《岩土工程勘察规范》（GB 50021—2001）。

8.1.1　工程地质勘察的目的和任务

工程地质勘察的目的是查明工程建筑涉及范围的工程地质条件，分析评价可能出现的工程地质问题，对建筑地区作出工程地质评价，为工程建设的规划、设计、施工提供可靠的地质依据，以充分利用有利的自然地质条件，避开或改造不利的地质因素，保证工程建筑物的安全和正常使用。

工程地质勘察的任务可归纳为：① 查明建筑场地的工程地质条件，对场地稳定性和适宜性做出评价，选择地质条件好的建筑场地；② 分析研究建筑场地可能发生的工程地质问题，并为做出合理的设计、施工方案提出建议；③ 查明工程范围内岩土体的成因、分布、性状，地质构造的类型、分布，地下水类型、埋深及分布变化，为设计、施工和整治提供岩土体的物理力学性质参数；④ 预测兴建工程对地质环境和周围建筑物的影响，提出切实可行的处理方法或防治措施；⑤ 对于道路工程还应调查沿线路天然建筑材料的分布、数量、质量及运输条件等。

8.1.2　工程地质勘察方法

为完成工程地质勘察的任务，需要采用许多勘察方法和测试手段，它们主要有工程地质测绘、工程地质勘探（包括坑探、钻探和物探）、工程地质室内和现场原位试验、现场检测与长期监测、资料的分析整理等。

各种勘察方法应相互配合，由面到点，由浅到深。工程地质勘察的程序一般为：准备工作→测绘→勘探（物探→坑探→钻探）→室内、现场试验→长期观测→文件编制。准备工作包括明确任务，搜集整理资料，方案研究，组织队伍，准备机具、仪器等。

随着科学技术的飞速发展，一些高新技术被逐渐应用到工程地质勘察中，如遥感（RS）、地理信息系统（GIS）和全球卫星定位系统（GPS），即"3S"技术被用于工程地质综合分析、工程地质测绘和地质灾害监测中；地质雷达和地球物理层析成像技术（CT）也被应用于工程地质勘探中等。

8.1.3 工程地质勘察阶段的划分及勘察要求

工程地质勘察是为工程的设计、施工服务的，必须与工程设计的进度相配合，而工程设计是分阶段的，为了与设计阶段相适应，勘察也是分阶段的。各勘察阶段的工作内容和工作深度应与各设计阶段的要求相适应。虽然各类建设工程对勘察阶段划分的名称不尽相同，但勘察各阶段的实质内容则是大同小异。

我国各建筑部门，将工程地质勘察分为可行性研究勘察、初步勘察及详细勘察三个阶段。对工程地质条件复杂或有特殊施工要求的重大工程，尚需进行施工勘察；对于地质条件简单，建筑物占地面积不大的场地，或有建设经验的地区，也可适当简化勘察阶段。可行性研究勘察也称选址勘察，主要根据建设条件，完成方案比选所需的工程地质资料和评价。初步勘察是在选定的建设场址上进行的，需要对场地内建筑地段的稳定性做出评价，为确定建筑总平面布置、主要建筑物地基基础设计方案以及不良地质现象的防治工程方案做出工程地质论证。详细勘察是为施工图设计提供资料，提出设计所需的工程地质条件的各项技术参数，对建筑地基做出岩土工程评价，为基础设计、地基处理加固、不良地质现象的防治工程等具体方案做出论证和结论，其具体内容应视建筑物的具体情况和工程要求而定。施工勘察主要是与设计施工单位相结合进行的地基验槽，桩基工程与地基处理的质量和效果的检验，施工中的岩土工程监测和必要的补充勘察，解决与施工有关的岩土问题，并为施工阶段地基基础的设计变更提出相应的地质资料。

新建铁路、公路、城市地铁等工程按预可行性研究、可行性研究、初步设计和施工图设计四个阶段开展工作。铁路部门对应的工程地质勘察分别为踏勘、初测、定测和详测（或称补充定测）。踏勘的任务是了解影响线路方案的主要工程地质问题和各线路方案的一般工程地质条件，为编制建设项目意见书提供工程地质资料。初测的任务是根据建设项目审查意见，进行工程地质勘察，主要解决线路方案、道路工程主要技术标准、主要设计原则等问题。定测的任务是根据可行性研究报告批复意见，在利用可行性研究资料的基础上，详细查明采用方案沿线的工程地质和水文地质条件，确定线路具体位置，为各类工程建筑物搜集初步设计的工程地质资料。详测的内容是根据初步设计审查意见，详细查明线路条件需改善地段的工程地质条件，准确确定线路位置，并搜集该段工程建筑施工图设计所需的工程地质资料，为准确提供沿线各类工程施工图设计所需的工程地质资料补充进行工程地质勘察工作。

水利水电工程的工程地质勘察工作一般可划分为规划、可行性研究、初步设计和技施设计四个勘察阶段。规划勘察的目的是为工程选点提供初步的工程地质资料和地质依据。该阶段的主要任务是搜集、整编区域地质、地形地貌和地震资料；了解工程建设地区的基本地质条件和主要工程地质问题，分析工程建设的可能性；了解各规划方案所需天然建筑材料概况，进行建筑材料的普查。可行性研究勘察的目的是为选定坝址、基本坝型、引水线路和枢纽布置方案进行地质论证，并提供工程地质资料。该阶段勘察的主要任务是区域构造稳定性研究，并对工程场地的构造稳定性和地震危险性做出评价；调查并评价水库区主要工程地质问题，调查坝址引水线路和其他主要建筑物场地工程地质条件，并初步评价有关主要工程地质问题；以及进行天然建筑材料的初查。初步设计勘察是在可行性研究阶段选定的坝址和建筑场地上进行的勘察。其目的是查明水库区及建筑物地区的工程地质条件，为选定坝型、枢纽布置进行地质论证，并为建筑物设计提供地质资料。该阶段的主要任务是查明水库区专门性水文地质、工程地质问题和预测蓄水后变化；查明建筑物地区工程地质条件并进行评价，为选定各建筑物的轴线和地基处理方案提供地质资料与建议；查明导流工程的工程地质条件；进行天然建筑材料的详查；地下水动态观测和岩土体位移监测。技施设计勘察是在初步设计阶段选定的枢纽建筑物场地上进行的勘察，其目的是检验前期勘察的地质资料与结论，为优化建筑物设计提供地质资料。技施设计勘察的任务主要包括对在进行初步设计审批中要求补充论证的和施工开挖中出现的专门性工程地质问题进行勘察；进行施工期间的地质工作；提出施工和运行期工程地质监测内容、布置方案和技术要求的建议；分析施工期工程地质监测资料。

8.2　工程地质测绘

工程地质测绘是最基本的勘察方法和基础性工作，通过测绘将测区的工程地质条件反映在一定比例尺的地形图上，绘制成工程地质图。

在进行测绘工作之前，应收集整理已有的地质资料，如有航片、卫片时，先进行室内判释，获取测绘区的地质信息，这样可减少地面工作量。

8.2.1　工程地质测绘的内容

工程地质测绘的内容包括工程地质条件的全部要素，其次还包括对已有建筑物的调查。实际工作中应根据勘察阶段的要求和测绘比例尺的大小，分别对工程地质条件的各个要素进行调查工作。工程地质条件的各个要素的调查内容分述如下：

1. 地形地貌

调查内容包括地形地貌的类型、成因、发育特征与发展过程，地形地貌与岩性、构造等地质因素的关系，划分地貌单元。

中小比例尺工程地质测绘着重研究地貌单元的成因类型及宏观结构特征；大比例尺工程地质测绘侧重研究与工程建筑布局和设计有直接关系的微地貌及其细部特征。

2. 地层、岩性

调查内容包括地层的层序、厚度、时代、成因及其分布情况，岩性、风化破碎程度及风化层厚度；土石的类别、工程性质及对工程的影响等。特别应注意研究工程性质特殊的软土、软岩、软弱夹层、膨胀土、可溶岩等。另外，还要注意查清易于造成渗漏的砂砾层及岩溶化灰岩分布情况，它们的存在往往会给工程带来极大的麻烦，必要时需做特殊的工程处理。

工程测绘中应注重岩土体物理力学性质的定量研究，以便判断岩土的工程性质，分析它们与工程建筑相互作用的关系。

3. 地质构造

调查内容包括断裂、褶曲的位置、构造线走向、产状等形态特征和力学性质方面的特征，岩层产状、接触关系、节理的发育情况、新构造活动的特点。着重注意分析地质构造与建筑工程的关系。

4．水文地质

通过地质构造和地层岩性分析，结合地下水的天然或人工露头以及地表水的研究，查明含水层和隔水层、岩层透水性、地下水类型及埋藏与分布、水质、水量、地下水动态等。必要时可配合取样分析、动态长期观测及渗流试验等进行试验研究。

5．特殊地质、不良地质

查明各种不良地质现象及特殊地质问题的分布范围、形成条件、发育程度、分布规律。判明其目前所处状态对建筑物和地质环境的影响。

6．天然建筑材料

调查内容包括天然建筑材料的储量、质量及其开采运输条件，并对其进行施工工程分级。

8.2.2　工程地质测绘的范围、比例尺和精度

8.2.2.1　工程地质测绘的范围

工程地质测绘的范围取决于拟建建筑物的类型和规模、勘察阶段以及工程地质条件的复杂程度。

线路工程地质测绘一般沿线路中线或导线进行，测绘宽度多限定在中线两侧各 200～300 m 的范围。对于控制线路方案的地段、特殊地质及地质条件复杂的长隧道、大桥、不良地质等工点，应进行较大面积的区域测绘。另外，还应根据测绘目的、地质复杂程度、天然露头情况等因素对测绘线路进行调整。比如对于铁路、高速公路、一级公路、二级公路和独立工点，均应进行地质测绘；而对于工程地质条件简单的一般公路，可不进行地质测绘；对于洞室工程的地质测绘，不仅包括洞室本身，还应包括进洞山体及其外围地段。

大型水库的测绘范围至少要包括地下水影响到的地区。一般建筑工程的工程地质测绘的范围应包括场地及附近与研究内容有关的地段。

8.2.2.2　工程地质测绘比例尺

工程地质测绘比例尺主要取决于勘察阶段、建筑类型与等级、规模和工程地质条件的复杂程度。

工程地质测绘一般采用如下比例尺：

（1）踏勘及线路测绘。比例尺 1：500 000～1：200 000，这种比例尺的工程地质测绘主要用来了解区域工程地质条件，以便能初步估计建筑物对区域地质条件的适宜性。

（2）小比例尺测绘。比例尺 1：100 000～1：50 000，多用与铁路、公路、水利水电工程等可行性研究阶段工程地质勘察，而在工业与民用建筑、地下建筑工程中此阶段多采用的比例尺为 1：5 000～1：50 000。

（3）中比例尺测绘。比例尺 1：25 000～1：10 000，多用于铁路、公路、水利水电工程等初步设计阶段工程地质勘察，而在工业与民用建筑、地下工程中此阶段多采用的比例尺为 1：2 000～1：5 000。

（4）大比例尺测绘。比例尺大于 1：10 000，多用于铁路、公路、水利水电工程等施工图设计阶段的工程地质勘察，而在工业与民用建筑、地下建筑工程中此阶段多采用的比例尺为 1：100～1：1 000。

8.2.2.3　工程地质测绘的精度

工程地质测绘的精度是指对地质现象描述的详细程度，以及工程地质条件各因素在工程地

质图上反映的详细程度和精确程度，主要取决于单位面积上观察点的多少。观察点应布置在反映工程地质条件各因素的关键位置上。通常在工程地质图上大于 2 mm 的一切地质现象均应反映出来；对工程有重要影响的地质内容，如滑坡、软弱夹层、溶洞、泉等。如果在图上不足 2 mm 时，应扩大比例尺表示，并注明真实数据。

对于建筑地段的地质界线，测绘精度在图上的误差不应超过 3 mm，其他地段不应超过 5 mm。

8.2.3　工程地质测绘方法

工程地质测绘方法有像片成图法和实地测绘法。

像片成图法是利用地面摄影或航空（卫星）摄影的像片，在室内根据判释标志，结合所掌握的区域地质资料，把判明的地层岩性、地质构造、地貌、水系和不良地质现象等，绘制在单张像片上，并在像片上选择需要调查的若干地点和线路，做实地调查、进行核对修正和补充。将调查得到的资料，转绘在地形图上而成工程地质图。

当该地区没有航测等像片时，工程地质测绘主要依靠野外工作，即实地测绘法。实地测绘有下列三种常用方法：

（1）线路法。该方法沿着一些选择的线路，穿越测绘区，将沿线测绘或调查到的地层、构造、地质现象、水文地质、地貌界线等填绘在地形图上。线路可以是直线也可以是折线。观测线路应选择在露头较好的地方，其方向应大致与岩层走向、构造线方向及地貌单元相垂直，这样可以用较少的工作量而获得较多工程地质资料。

（2）布点法。该方法根据地质条件复杂程度和测绘比例尺的要求，预先在地形图上布置一定数量的观测线路和观测点。观测点一般应根据观测目的和要求布置在观测线路上。布点法常用于大、中比例尺的工程地质测绘。

（3）追索法。该方法沿地层走向或某一地质构造线或某些不良地质现象界线进行布点追索，主要目的是查明局部的工程地质问题。追索法通常是在布点法或线路法的基础上进行的，它是一种辅助方法。

工程地质调查测绘是整个工程地质工作中最基本、最重要的工作，不仅靠它获取大量所需的各种基本地质资料，也是正确指导下一步勘探、测试等项工作的基础。因此，调查测绘的原始记录资料应准确可靠、条理清晰、文图相符，重要的、代表性强的观测点，应用素描图或照片来补充文字说明。

8.3　工程地质勘探

工程地质勘探是在工程地质测绘的基础上，为进一步查明有关的工程地质问题，取得深部更详细的地质资料而进行的，它是工程地质勘察中的重要手段。工程地质勘探的主要任务是：

（1）探明建筑场地的岩性及地质构造，如各地层的厚度、性质及其变化；基岩的风化程度、风化带的厚度；岩层的产状、裂隙发育程度及其随深度的变化；褶皱、断裂的空间分布和变化等。

（2）探明水文地质条件，即含水层、隔水层的分布、埋藏、厚度、性质及地下水位等。

（3）探明地貌及不良地质现象，如河谷阶地、冲洪积扇、坡积层的位置和土层结构；岩溶的规模及发育程度；滑坡、崩塌及泥石流的分布、范围、特性等。

（4）提取岩土样及水样，提供野外试验条件。从钻孔或勘探点取岩土样或水样，供室内试验、分析、鉴定之用。勘探形成的坑孔可为现场原位试验，如岩土力学性质试验、地应力测量、水文地质试验等提供场所和条件。

工程地质勘探常用方法有物探、坑探和钻探。下面对它们做以简要描述。

8.3.1 地球物理勘探

地球物理勘探简称物探，它是以专用仪器探测地壳表层各种地质体的地球物理场的变化来进行地层划分，判明地质构造、水文地质及各种不良地质现象的地球物理勘探方法。由于组成地壳的不同岩层介质往往在密度、弹性、导电性、磁性、放射性以及导热性等方面存在差异，这些差异将引起相应的地球物理场的局部变化，如重力场、电场、磁场、弹性波的应力场、辐射场等的局部变化。通过量测这些物理场的分布和变化特征，结合已知地质资料进行分析研究，就可以达到推断地质形状的目的。该方法的优点是效率高、成本低、装备轻便，能从较大范围勘察地质构造和测定地层各种物理参数等。合理有效地使用物探可以提高地质勘察质量，加快勘探进度，节省勘探费用。因此，在勘探工作中应积极采用物探。但是物探是一种非直观的勘探方法，不能取样，不能直接观察。解释成果时具有多解性，故多与钻探配合使用。物探一般应用于工程地质勘察的初期阶段。

工程地质勘探工作中常用的物探方法有：

（1）电法勘探。该法是一种利用天然或人工的直流或交流电场来勘察地质体的方法。通常是对地质体以人工形成电场，通过电测仪测定地质体的视电阻率大小及其变化，从而推断划分地层、岩性、地质构造以及覆盖层、风化层厚度、含水层分布和深度、古河道及天然建筑材料分布范围和储量等。

（2）地震勘探。该法是利用地质介质的波动性来探测地质现象的一种物探方法。其原理是利用爆炸或敲击方法向岩体内激发地震波，根据不同介质弹性波传播速度的差异来判断地质现象。地震勘探可用于了解地下地质结构，如基岩面、覆盖层厚度、风化壳、断层带等。

（3）声波探测。该法属于弹性波勘探的一种方法。它与地震勘探的区别主要是地震勘探用的是低频弹性波，频率范围从几赫兹到几百赫兹，主要是利用反射波和折射波勘探大范围地下较深处的地质情况。声波探测用的是高频声震动，常用频率为几千赫兹到两万赫兹，主要是利用直达波的传播特点，了解较小范围岩体的结构特征，研究节理、裂隙发育情况，评价隧道围岩稳定性等。

（4）磁法勘探。该法是以测定岩石磁性差异为基础的方法，它可以确定岩浆岩体的分布范围，确定接触带位置，寻找岩脉、断层等。

（5）测井。该法是在钻孔中进行各种物探的方法，有电测井、磁测井之分。正确应用测井法有助于降低钻探成本，提高钻孔使用率，验证或提高钻探质量，充分发挥物探与钻孔相结合的良好效果。

此外，还有重力勘探、放射性勘探、电磁波探测、钻孔电视、地质雷达探测等方法，目前在工程地质勘测中已开始使用。

8.3.2 坑 探

坑探是用人工或机械掘进的方式来探明地表以下浅部的工程地质条件，它包括探槽、探坑、浅井和斜井、竖井、平洞、平巷等（图 8.1），前三种方法称为轻型坑探，后几种称为重型坑探。

轻型坑探是除去地表覆盖土层以揭露出基岩的类型和构造情况，往往是建筑工程和公路工程中广泛采用的方法；重型坑探则在大型工程中使用较多，如应用于大中型水利水电工程、大型桥梁隧道工程、重型建筑工程等。坑探的特点是使用工具简单，技术要求不高，揭露的面积较大，能取得直观资料和原状土样，并可用来做现场大型原位测试。但坑探深度受到一定限制，劳动强度大。

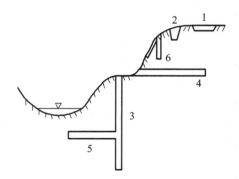

1—探槽；2—探坑；3—竖井；4—平洞；
5—平巷；6—浅井。

图 8.1　工程地质常用的坑探类型示意图

（1）探槽。它是在地表挖掘成长条形且两壁常为倾斜的、上宽下窄的槽子，其断面有梯形或阶梯形两种。当探槽深度较大时，常用阶梯形的；否则，其两壁要进行必要的支护。探槽一般在覆盖土层小于 3 m 时使用。它适用于了解地质构造线、断裂破碎带宽度、地层分界线、岩脉宽度及其延伸方向和采取原状土试样等。

（2）探坑。凡挖掘深度不大且形状不一的坑，或者成矩形的较短的探槽状坑，都称为探坑。探坑的深度一般为 1~2 m，与探槽的目的相同。

（3）浅井。在工程地质勘探工作中，特别在一些山区内，经常采用浅井来确定覆盖层及风化层的岩性及厚度，查明地表以下的地质与地下水等情况。浅井深度通常在 5~15 m，断面形状有方形的（1 m×1 m、1.5 m×1.5 m），矩形的（1 m×1.2 m）和圆形的（直径一般为 0.6~1.25 m）。浅井挖掘过程中一般要采取支护措施，特别在表土不甚稳固，易坍塌的地层中挖掘时更应该支护。

（4）竖井与斜井。在地形较平缓、岩层倾角较小的地段，为了解覆盖层的厚度、风化层分带、软弱夹层分布、断层破碎带、岩溶发育情况以及滑坡体结构及滑动面位置等，可开挖竖井（或斜井）。竖井或斜井深度通常大于 15 m，多采用方形井口，铅直掘进，破碎的井段须要进行井壁支护。

（5）平洞。指在地面有出口的水平坑道，应用于较陡的基岩斜坡。常用于调查斜坡的地质结构，查明河谷地段的地层岩性、软弱夹层、破碎带、风化岩层等；也可用于做原位岩体力学试验及地应力量测。

（6）平巷。指不出露地面而与竖井相连的水平坑道，也叫石门。适用于岩层倾角较大的地层，多用于了解河底地质构造，为大型原位试验提供场地等。

坑探工程的地质资料除了要有详细的描述记录外，还要绘制展示图，即按一定的方法将坑壁展开的断面图（图 8.2）。通常有四壁辐射展开法和四壁平行展开法两种。前者适用于探坑，后者适用于浅井或竖井。探槽一般只画出底面和一个侧壁。

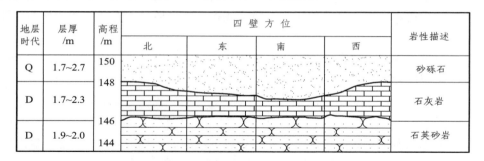

地层时代	层厚/m	高程/m	四壁方位				岩性描述
			北	东	南	西	
Q	1.7~2.7	150 148					砂砾石
D	1.7~2.3	146					石灰岩
D	1.9~2.0	144					石英砂岩

图 8.2　用四壁平行展开法绘制的浅井展示图

8.3.3　钻　探

钻探是利用钻探机械和工具在岩土层中钻孔的一种勘探方法。它可以直接探明地层岩性、地质构造（断层、节理、破碎带等）、地下水埋深、含水层类型和厚度、滑坡滑动面的位置以及岩溶发育情况等。还可以取出岩芯作为原状岩土样和通过钻探孔做现场原位试验，如抽压水试验、声波测试、触探试验、旁压试验或长期监测等；有条件时，还可采用钻孔摄影，井下电视等技术手段。与坑探相比，钻探的深度大，且选位一般不受地形、地质条件的限制；与物探相比，钻探是直接的勘探手段，精度高、准确可靠，因此在土木工程勘察中被广泛采用。

钻探工程根据动力来源可分为人力钻探和机械钻探两种。前者也称简易钻探，仅适用于土层、浅孔，后者则适用于各类岩土。

8.3.3.1　简易钻探

简易钻探的优点是工具轻，体积小，操作方便，进尺较快，劳动强度小。缺点是不能采取原状土样或不能取样，在密实或坚硬的地层内不易钻进或不能使用。常用的简易钻探工具有洛阳铲、锥铲与小螺纹钻等。

（1）洛阳铲勘探。它是借助洛阳铲（图 8.3）的重力和人力将铲头冲入土中，钻成直径小而深度较大的圆孔，可采取扰动土样。冲进深度一般为 10 m，在黄土层中可达 30 m。针对不同土层可采用不同形状的铲头。弧形铲头适用于黄土及黏性土层；圆形铲头可安装铁十字或活页，既可冲进也可取出砂石样品；掌形铲头可将孔内较大碎石、卵石击碎。

（2）锥探。该法是用锥具（图 8.4）向下冲入土中，凭感觉探查疏松覆盖层的厚度或基岩的埋藏深度。探深一般可达 10 m 左右。常用来查明黄土陷穴、沼泽、软土的厚度等。

（3）小螺纹钻勘探。小螺纹钻（图 8.5）是由人力加压回转钻进，能取出扰动土样，适用于黏性土及砂类土层，一般探深在 6 m 以内。

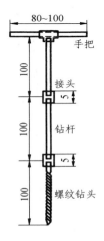

图 8.3　洛阳铲（尺寸单位：cm）

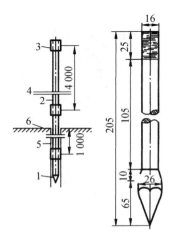

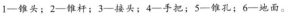
1—锥头；2—锥杆；3—接头；4—手把；5—锥孔；6—地面。

图 8.4　锥具（尺寸单位：mm）　　　图 8.5　小螺纹钻（尺寸单位：cm）

8.3.3.2 钻 探

在地层内钻成直径较小并且具有相当深度的圆筒形孔眼的孔称为钻孔。钻孔的基本要素如图 8.6 所示。钻孔的直径、深度、方向等，应根据工程要求、地质条件和钻探方法综合确定。钻探的常规口径为开孔 168 mm，终孔 91 mm。为了鉴别和划分地层，终孔直径不宜小于 33 mm；为了采取原状土样，取样段的孔径不宜小于 108 mm；为了采取岩石试样，取样段的孔径对于软质岩不宜小于 108 mm，对于硬质岩不宜小于 89 mm。作孔内试验时，试验段的孔径应按试验要求确定。钻孔深度由几米至上百米，一般工业与民用建筑工程地质钻探深度在数十米以内。钻孔的方向一般为垂直的，也有打成倾斜的钻孔，这样钻孔称为倾斜孔。在地下工程中还有打成水平的，甚至直立向上的钻孔。

根据钻进时破碎岩石的方法，钻探可分为冲击钻进、回转钻进，冲击-回转钻进，振动钻进及冲洗钻进等几种。

（1）冲击钻进。该法是利用钻具的自重和反复自由下落的冲击力，使钻头冲击孔底以破碎岩石。这种方法能保持较大的钻孔口径。机械冲击钻进，适用于黄土、黏性土、砂性土、砾石层、卵石层及基岩，不能取得完整岩芯。

（2）回转钻进。该法是利用钻具回转，使钻头的切割刃或研磨材料消磨岩石而不断钻进，可分为孔底全面钻进与孔底环状钻进（岩芯钻进）两种。工程地质勘探中广泛采用岩芯钻进，它能取得原状土和比较完整的岩芯，机械回转钻进可适用于各种软硬不同的地层。图 8.7 为 sh-30 型回转钻机钻进示意图。

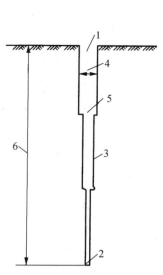

1—孔口；2—孔底；3—孔壁；4—孔径；5—换径；6—孔深。

图 8.6　钻孔示意图

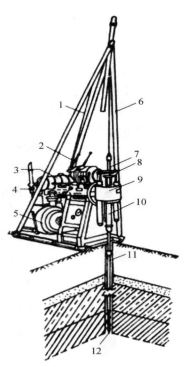

1—钢丝绳；2—卷扬机；3—柴油机；4—操纵把；5—转轮；
6—钻架；7—钻杆；8—卡杆器；9—回转器；
10—立轴；11—钻孔；12—螺旋钻头。

图 8.7　回转钻机钻进示意图

（3）冲击-回转钻进。该法也称综合钻进，钻进过程是在冲击与回转综合作用下进行的。它适用于各种不同的地层，能采取岩芯，在工程地质勘探中应用也比较广泛。

（4）振动钻进。该法是利用机械动力所产生的振动力，通过连接杆及钻具传到钻头周围的土层中，由于振动器高速振动，使土层的抗剪强度急剧降低，借振动器和钻具的重力，切削孔底土层，达到钻进的目的。该法速度快，但主要适用于土层及粒径较小的碎、卵石层。

（5）冲洗钻探。该法是通过高压射水破坏孔底土层从而实现钻进。该方法适用于砂层、粉土层和不太坚硬的黏土层，是一种简单快速的钻探方式。

具体的钻探方法可根据钻进地层和勘察要求按表 8.1 选择。

表 8.1　钻进方法的适用范围

钻探方法		钻 进 地 层					勘 察 要 求	
		黏性土	粉土	黏土	碎石土	岩石	直观鉴别，采取不扰动试样	直观鉴别，采取扰动试样
回转	螺纹钻探	○	△	△	—	—	○	○
	无岩芯钻探	○	○	○	△	—	—	○
	岩芯钻探	○	○	○	△	○	○	○
冲击	冲击钻探	—	△	○	○	△		
	锤击钻探	△	△	△	△		△	○
振动钻探		○	○	○	△	—	△	○
冲洗钻探		△	○	○	—	—		

注：○代表适用；△代表部分情况适合；— 代表不适用。

钻探过程中，应进行钻探资料编录，它包括钻进时的钻孔编录和钻孔地质柱状图的编制。其中，钻孔编录又包括地质、技术和经济等的编录。地质编录就是准确地对钻孔提取出来的岩土碎屑或岩土样进行详细的描述，定出岩土的名称，指明各地层的接触带深度，确定各岩土层的厚度，并测定地下水位和温度等。并从钻头或取样器中取出试样将其密封，注明试样的位置、上下端、名称和编号，填写标签和登记册。技术编录包括钻孔的深度、直径及换径、钻头类型、每个工序时间、钻进速度等。经济编录是计算和统计各种材料的消耗数量和各项开支等。将钻孔所穿过的地层综合成图表，即为钻孔地质柱状图。钻孔柱状图格式如表 8.2 所示。

表 8.2　钻孔柱状图格式

孔　号					孔口高程			
地质年龄	土层的埋藏深度/m		土层厚度/m	土层底部的绝对高程/m	岩石描述	柱状图比例尺 1∶100	水位和测量日期		土样位置/m
	起	止					出现时	稳定时	
审核		校核		制图		描图	施工机组	图号	

8.4　岩土测试

　　岩土测试的目的是为了了解岩土的物理、水理、力学性质，获取岩土的基本参数，供设计使用。岩土测试可分为原位测试和室内试验。原位测试是指在岩土体原有的位置，在保持岩土体原有结构、含水量及应力状态的条件下测定岩土性质和各种参数。原位测试可以避免岩土样在取样、运输及制样中被扰动，因而所得的指标参数更接近于岩土体的天然状态，在重大工程中经常采用。但原位测试往往需要大型设备、成本高、历时长。室内试验是将野外采取的试样送到室内进行试验。室内试验设备简单、成本低，方法也较为成熟，但所用试样体积小，与自然条件有一定的差异，因而成果不够准确，但通常能满足一般工程的需要。

8.4.1　原位测试

　　工程地质现场原位测试可分为三大类，即：① 岩土力学性质试验，如静（动）力触探试验、岩土原位应力测试、剪切试验、旁压试验及地基土动力特性试验等；② 水文地质试验，如渗水试验、压水试验、钻孔抽水试验等；③ 改善岩土性能的试验，如灌浆试验、桩基承载力试验、锚杆拉拔试验等。

　　岩土力学性质原位试验是工程地质勘察中应用最多的原位测试手段。该类试验方法较多，选择时，应根据建筑类型、岩土条件、设计要求、地区经验和测试方法的适用性等因素参照表8.3 选用。下面对其中常用的几种试验方法做一介绍。

表 8.3　岩土力学性质原位测试方法的适用范围

测试方法	适用范围																
	适用土类							所提岩土参数									
	岩石	碎石土	砂土	粉土	黏性土	填土	软土	鉴别土类	剖面分层	物理状态	强度参数	模量	固结特征	超固结比	承载力	判别液化	孔隙水压力	侧压力系数
平板荷载试验	+	*	*	*	*	*	*				+	*			+	*		
螺旋板载荷试验			*	*	*		+				+	*			+	*		
静力触探试验			+	*	*	+	*	+	*	+	*				*	*		
圆锥动力触探试验		*	*	+	+	+	+		+	+	+				+			
标准贯入试验			*	+	+			*		+	+				*	*		
十字板剪切试验					+			*			*							
波速试验	+	+	+	+	+	+	+			+							+	
岩石点荷载试验	*								+		+				+			
预钻式旁压试验	+	+	+	+	+						+	+			*			
自钻式旁压试验			+	*	*	+	*	+	+	+	+	+	+	+	*		+	+
现场直剪试验	*	*									*							
现场三轴试验	*	*			+						*							
岩体应力测试	*																	

注：*代表很适合，+代表适合。

8.4.1.1　载荷试验

载荷试验是在原位条件下，向地基（或基础）逐级施加荷载，并同时观测地基（或基础）随时间而发展的变形（沉降）的一项原位测试方法。载荷试验可分为平板载荷试验、螺旋板载荷试验、桩基载荷试验、动力载荷试验。下面仅介绍工程地质勘察中常用的平板载荷试验。

平板载荷试验适用于各类地基土和软岩、风化岩。平板载荷试验的主要设备有三个部分，即加荷与传压装置、变形观测系统及承压板（图 8.8）。其中，承压板一般为 0.25~0.50 m² 的圆形或方形板（多用钢板，也可为钢筋混凝土板）；加荷装置包括荷载源（重物或机械力向承压板加荷载），荷载台架或反力装置（锚定或支撑系统）；沉降观测装置有百分表、沉降传感器和水准仪等。

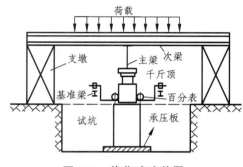

图 8.8　载荷试验装置

试验时将试坑挖到试验设计要求深度，整平坑底，放置承压板，在承压板上施加压力进行试验。加载一般采用分级加载的方法，加荷等级不应少于 8 级，最大加载量不少于荷载设计值的 2 倍。每级加载后按时间间隔 10、10、10、15、15 min 测读沉降量，以后每隔 30 min 测读一次沉降量。当连续 2 h 内，每小时的沉降量小于 0.1 mm 时，则认为已趋稳定，可以加下一级荷载。当出现下列四种情况之一时，即可终止加载：① 承压板周围的土明显侧向挤出；② 沉降量急剧增大，荷载-沉降曲线（P-s 曲线）出现陡降段；③ 在某一级荷载下，24 h 内沉降速率不能达到稳定标准；④ 相对沉降量 $s/b \geqslant 0.06b$（b 是承压板的宽度或直径）时。

对试验资料的整理，主要是根据原始记录绘制荷载（P）与沉降（s），或沉降（s）与时间（t）的关系曲线，可确定地基的承载力，地基土的主要变形模量和地基土基床反力系数。

8.4.1.2　静力触探

静力触探是通过一定的机械装置，把某种规格的圆锥形探头用静力压入土层中，测定土层对探头的贯入阻力，以此来间接判断、分析地基土的物理力学性质。静力触探试验适用于黏性土、粉土、砂土和软土等土类。静力触探具有快速、数据连续、再现性好，操作省力等优点。

静力触探仪主要由贯入装置、传动系统和量测系统这三部分组成。贯入装置包括加压装置和反力装置，它的作用是将探头匀速、垂直地压入土层中；传动系统主要有液压和机械两种系统；量测系统包括探头、电缆和电阻应变仪或电位差计自动记录仪等。试验中探头内的阻力传感器将贯入阻力通过电讯号和机械系统传至自动记录仪，并绘出阻力随深度变化的曲线图。常用的探头分为单桥探头 ［图 8.9（a）］、双桥探头 ［图 8.9（b）］和孔压探头。单桥探头测到的是包括锥尖阻力和侧壁摩阻力在内的总贯入阻力（P_s），双桥探头测定的是锥尖阻力（q_c）和侧壁摩阻力（f_s），孔压探头是在单桥探头或双桥探头上增加了量测贯入土中的孔隙水压力（孔压）的传感器。

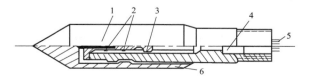

1—顶柱；2—电阻应变片；3—传感器；4—密封垫圈套；5—四芯电缆；6—外套筒。

（a）单桥探头结构

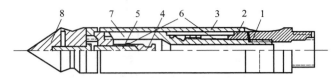

1—传力杆；2—摩擦传感器；3—摩擦筒；4—锥尖传感器；5—顶柱；6—电阻应变片；7—钢珠；8—锥尖头。

（b）双桥探头结构

图 8.9　静力触探探头示意图

试验时，以匀速度 20 mm/s（±5 mm/s）把探头压入土中，每隔 10～20 cm 测记 P_s 或 q_c、f_s 及孔压。根据试验结果，绘制静力触探曲线，包括 P_s-h 或 q_c-h，f_s-h 和 R_i-h 曲线，以及 u-h 曲线，其中 R_i = $(f_s/q_c) \times 100\%$，h 代表深度。应用静力触探的成果可以划分土层、估算土的物理力学性质指标、确定浅基础的承载力、预估单桩承载力、判定饱和砂土和粉土的液化势、判断黄土的湿陷性。

8.4.1.3　动力触探试验

动力触探主要有圆锥动力触探和标准贯入两大类，它们都是利用锤击动能，将一定规格的探头打入土中，根据打入土中的阻抗大小判别土层的变化，并对土进行分层。土的阻力大小，一般可以用锤击数来表示。动力触探的优点是设备简单、操作方便、工效高、适应性广，并且具有连续贯入的特性。对于难以取样的砂土、粉土和碎石土等，动力触探是十分有效的探测手段。

按贯入能力的大小，我国将动力触探划分为五类，详见表 8.4。图 8.10 为轻型圆锥动力触探试验仪器示意图。

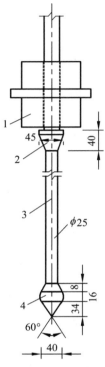

1—穿心锤；2—锤垫；3—触探杆；4—尖锥头。

图 8.10　轻型圆锥动力触探设备（尺寸单位：mm）

表 8.4　国内动力触探类型及规格

触探类型		落锤质量/kg	落锤距离/cm	探头	触探指标	触探杆外径/mm
圆锥动力触探	轻型	10±0.2	50±2	圆锥头，锥角 60° 锥底直径 4.0 cm，锥底面积 12.6 cm²	贯入 30 cm 的锤击数 N_{10}	25
	中型	28±0.2	80±2	圆锥头，锥角 60° 锥底直径 6.18 cm，锥底面积 30 cm²	贯入 10 cm 的锤击数 N_{28}	33.5
	重型	63.5±0.5	76±2	圆锥头，锥角 60° 锥底直径 7.4 cm，锥底面积 43 cm²	贯入 10 cm 的锤击数 $N_{63.5}$	42
	超重型	120±1.0	100±2	圆锥头，锥角 60° 锥底直径 7.4 cm，锥底面积 43 cm²	贯入 10 cm 的锤击数 N_{120}	50～60
标准贯入试验		63.5±0.5	76±2	标准贯入器	贯入 30 cm 的锤击数 N	42

标准贯入试验和重型圆锥动力触探的区别主要是它的触探头不是圆锥形，而是标准规格的圆筒形探头，由两个半圆管合成，常称贯入器（图8.11）。

动力触探试验的主要成果是锤击数和锤击数随深度变化的关系曲线，利用它们可以确定砂土和碎石土的密实度、地基土的承载力、单桩承载力。除此之外，标准贯入试验的成果还可以评定黏性土的不排水抗剪强度，评定土的变形模量和压缩模量，进行地基土的液化判别。

8.4.1.4　十字板剪切试验

十字板剪切试验是将插入软土中的十字板头，以一定的速率旋转，测出土的抵抗力矩，从而换算出土的抗剪强度。该试验是一种快速测定饱和软黏土层快剪强度的简单而可靠的原位测试方法。试验深度一般不超过30 m，该试验具有对土扰动小、设备轻便、测试速度快、效率高等优点。

目前，我国使用的十字板剪切仪有机械式（图8.12）和电测式两种。机械式十字板剪切仪主要由测力装置、十字板头和轴杆等三部分组成。板头一般为厚3 mm的长方形钢板，它的长和高的尺寸在软黏土中一般选用75 mm×150 mm，稍硬的土中选用50 mm×100 mm，轴杆直径一般为20 mm。电测式十字板剪切仪是在静力触探头上附加一套电阻式十字板。用机械式十字板剪切仪试验时，将十字板头压入被测试土层中，匀速转动手柄（大约以每转10 s的速度转动），每转一圈记录百分表读数一次，直到读得最大应变值，此时圆柱剪切面已基本形成。再继续转动手柄，重复上述过程，可以测得最小应变值，则代表重塑土的应变值，然后使轴杆与十字板头分离，转动手柄，便可测得土对轴杆产生的机械阻力，测得应变值。至此，一个试段的试验完毕。应用十字板剪切

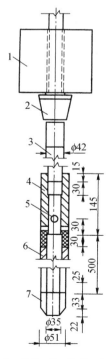

1—穿心锤；2—锤垫；3—钻杆；4—贯入器头；
5—出水孔；6—贯入器身；7—贯入器靴。

图8.11　标准贯入试验设备（尺寸单位：mm）

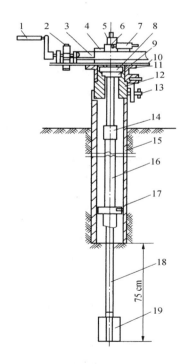

1—手摇柄；2—齿轮；3—蜗轮；4—开口钢环；5—固定夹；
6—导杆；7—百分表；8—转盘；9—底板；10—固定套；
11—弹子盘；12—底座；13—制紧轴；14—接头；
15—套管；16—钻杆；17—导轮；
18—轴杆；19—十字板头。

图8.12　机械式十字板剪切仪装置图

试验测得的数据，可以计算地基承载力，确定桩的极限端承力和侧摩阻力，确定软土地区路基、土坝、码头的填土临界高度，计算土的灵敏度，了解土的抗剪强度随深度的变化规律。

8.4.1.5　大型直剪试验

大型直剪试验原理与室内直剪试验基本相同，但由于试件尺寸大且在现场进行，因此能把岩土体的非均质性及软弱面等对抗剪强度的影响更真实地反映出来。现场大型直剪试验分为土体现场大型直剪试验和岩体现场大型直剪试验。本节仅简要介绍岩体现场大型直剪试验。

岩体现场大型直剪试验可分为岩体本身、岩体沿软弱结构面和岩体与混凝土接触面的剪切试验三种类型，每一种类型进一步可以分成岩体试样在法向应力作用下沿剪切面破坏的抗剪断试验、岩体剪断后沿剪切面继续剪切的抗剪试验（摩擦试验）和法向应力为零时岩体剪切的抗切试验。

岩体现场直剪试验设备通常由加荷、传力、测量三个系统组成（图 8.13）。试验步骤主要包括现场制备试体、描述试体、仪器设备安装、施加垂直荷载并同时测读垂直位移量表，施加剪切荷载（分为平推法和斜推法两种方式）并同时测读水平位移量表，试验成果整理。

根据试验过程中的测读数据，可以绘制剪应力与剪切位移关系曲线，剪应力与垂直压应力关系曲线。根据曲线特征，可以确定岩体的 c、φ 值，确定岩体的比例强度、屈服强度、峰值强度、剪胀点和剪胀强度等。

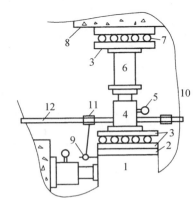

1—岩体试件；2—水泥砂浆；3—钢板；4—千斤顶；5—压力表；
6—传力柱；7—滚轴组；8—混凝土；9—千分表；
10—围岩；11—磁性表架；12—U 形钢梁。

图 8.13　岩体现场抗剪试验装置示意图

8.4.2　现场监测

现场监测是工程地质勘察中的一项重要工作。它是对在施工过程中及完工后由于工程施工和使用引起岩土性状、周围环境条件（包括工程地质、水文地质条件）及相邻结构、设施等因素发生的变化进行各种监测活动，监视其变化规律和发展趋势，从而了解施工对各因素的影响程度，以便及时在设计、施工和维护上采取相应的防治措施，确保工程的安全和正常运营。

现场监测工作主要包含以下三方面内容：

（1）对已有建筑物变形观测。主要是观测建筑物基础下沉和建筑物裂隙的发展情况，常见的有房屋、桥梁、隧道等建筑物变形的观测。取得的数据可用于分析建筑物变形的原因及建筑物稳定性，为选择适当的治理措施提供依据。

（2）对不良地质现象发展过程观测。各种不良地质现象的发展过程多是比较长期的逐渐变化的过程，例如滑坡的发展，泥石流的形成和活动等。观测数据对了解各种不良地质现象的形成条件、发展规律有很大的意义。

（3）对地表水及地下水活动的长期观测。主要是观测水的动态变化及其对工程的影响。常见的地表水活动观测有河岸冲刷和水库坍岸的观测，它可为分析岸坡破坏形式、速度及修建防护工程提供可靠的资料；地下水动态观测包括水位、水温、孔隙水压力、水化学成分等内容。尤其是地下水位及孔隙水压力的动态观测，对于评价地基土承载力，评价水库渗透和浸没，预测道路翻浆，论证建筑物地基稳定性以及研究水库地震等都有重要的意义。

此外，黄土地区地表及土体沉陷的长期观测，软土地区工程施工期间以及工后地表或建筑物的长期沉降观测，隧道开挖和运营过程中地面的沉降观测都是需要进行的工作。

8.5　工程地质勘察资料整理

工程地质勘察报告书和图件是工程地质勘察的最终成果，它将现场得到的工程地质资料进行统计、归纳和分析，编制成图件、表格，并对场地工程地质条件和问题做出系统地分析和评价，以准确全面地反映场地的工程地质条件和提供地基土物理力学设计指标，供建设、设计和施工单位使用，并作为存档文件长期保存。

外业资料应及时进行分析、整理，在确认原始资料准确、完善的基础上编制图件及文字说明。图件绘制必须清晰整洁；文字说明要求言简意赅，结论明确，并附有必要的照片和插图。全线各类勘探、测试资料应进行分析整理，装订成册。上交资料一般都包括三部分：工程地质说明书（工程地质勘察报告书），各种工程地质图（包括工程地质断面图），各种勘探、调查访问、试验、化验、观测等原始资料。

8.5.1　工程地质勘察报告书

报告书的任务在于阐明工作地区的工程地质条件，分析存在的工程地质问题，并做出工程地质评价，提出结论。工程地质报告书的内容，应根据任务要求、勘察阶段、地质条件、工程特点等具体情况综合确定，内容力求简明扼要、论证确切、依据的原始资料必须真实可靠。

以铁路工程施工设计阶段的要求为例，全线工程地质总说明书应包括下列内容：

（1）工作概况。包括任务依据、工作时间、人员分工、工作方法、完成工作量、资料利用等。

（2）自然地理概况。包括线路通过地区地形、地貌、交通、气象、土的冻结深度的段落划分。

（3）工程地质特征。包括沿线地层、岩性、地质构造、水文地质、岩土施工工程分级、地震基本烈度等。

（4）工程地质条件评价。包括不良地质、特殊岩土、各类重大工程的工程地质条件概况、评价及处理措施的主要原则等。

（5）有待解决的问题。

（6）全线各类工点及附件目录。

个别工点的工程地质说明书，也应包括上述基本内容，只是应当更加简明扼要，针对本工点的实际情况，突出本工点遇到的问题。

8.5.2　工程地质图件

仍以铁路工程施工设计阶段的要求为例，全线性图件主要是详细工程地质图及详细工程地质纵断面图。个别工点工程地质图件应根据工点实际需要进行编制。

详细工程地质图的比例尺为 1：2 000～1：5 000。图的内容应包括地层成因、时代、产状及岩层分界线；节理、褶曲、断层等地质构造符号；不良地质范围界线及代表符号；地下水露头、地层小柱状图、勘探点、地震基本烈度线；地质图例及其说明等。

详细工程地质纵断面图横 1：10 000、竖 1：200～1：1 000，也可与线路详细纵断面图合并。填绘地层、岩性、地质构造、岩土施工工程分级、代表性勘探点及对工程有影响的地下水位线。用花纹符号或文字与花纹符号结合绘制。在工程地质特征栏内，将地质概况分段予以扼要说明。

此外，在必要时，可编制一定数量的局部地段工程地质横断面图，以便用于该地段路基横断面选线、计算土、石方量及工程设计。横断面图的比例尺为 1：200～1：500。

个别工点图件，一般主要编制工程地质纵断面图和一定数量的工程地质横断面图，只有在地质复杂地段和其他因素要求时，才编制工点工程地质图。不同工点对比例尺有不同要求，例如初测阶段，大、中桥工程地质纵断面图的比例尺为横 1：500～1：5 000，竖 1：50～1：500；隧道工程地质纵断面图的比例尺为横 1：500～1：5 000、竖 1：200～1：500；滑坡工程地质图比例尺为 1：500～1：2 000，横断面图比例尺为 1：200～1：500。

思 考 题

1. 简述工程地质勘察的目的和各勘察阶段的一般要求。

2. 工程地质测绘的方法主要有哪几类？

3. 工程地质勘探的方法主要有哪些？

4. 现场原位测试方法有哪些？载荷试验、静力触探、动力触探的适用条件和用途分别是什么？

5. 以铁路工程施工设计阶段的要求为例，说明工程地质勘察报告书应包括哪些内容？

附　录

附录 1　主要造岩矿物及其鉴定特征

根据矿物的化学成分，可以将矿物分为如下六大类型：

1. 自然元素

为自然产出的、由原子自相结合而成的单质矿物，此类矿物较稀少，已知的自然元素仅有 20 多种，形成约 90 余种矿物。如自然金（Au）、自然铂（Pt）、自然银（Ag）、金刚石（C）和石墨（C）等。

2. 硫化物

此类除 H_2S 之外都是金属与硫元素的化合物，大约有 350 种，是仅次于硅酸盐类的矿物。如黄铁矿、黄铜矿（$CuFeS_2$）、方铅矿（PbS）、闪锌矿（ZnS）、辉锑矿（Sb_2S_3）、辰砂（Hg_2S）等。

3. 氧化物及氢氧化物

本类矿物大约有 200 多种。这类矿物的阴离子为 O^{2-} 或 $(OH)^-$，阳离子主要为亲氧元素 Al、Si、Mg 和过渡元素 Fe、Mn、Ti、V 等，以及亲铜元素 Cu、Zn、Sn 等。它们在岩石圈表层氧化环境中分布最广，以硅、铝、铁、锰的氧化物或氢氧化物最为常见，如石英、磁铁矿（Fe_3O_4）、赤铁矿（Fe_2O_3）、褐铁矿（$Fe_2O_3 \cdot nH_2O$）、铝土矿（$Al_2O_3 \cdot nH_2O$）、锡石（SnO_2）等。这类矿物约占 200 多种，占地壳质量的 17%。

4. 卤化物

为各种轻金属阳离子与卤族元素的阴离子相结合的化合物。如石盐（NaCl）、萤石（CaF_2）等。大多为无色透明或浅色，硬度低，密度小，易溶于水（除萤石外）。

5. 含氧盐

含氧盐包括硅酸盐、碳酸盐、硫酸盐和磷酸盐等。它们几乎占了已知矿物的 2/3。

其中，硅酸盐类是最主要的造岩矿物类，按质量计占地壳的 75% ~ 80%。如钾长石、斜长石、白云母、黑云母、普通角闪石、普通辉石、橄榄石、石榴子石、蛇纹石、滑石、绿泥石、高岭石、蒙脱石、伊利石等。

碳酸盐分布最广的矿物为方解石、白云石以及孔雀石（$CaCO_3 \cdot Cu(OH)_2$）等。

硫酸盐类如：石膏、硬石膏、重晶石（$BaSO_4$）等。

磷酸盐类如：磷灰石（$Ca[PO_4]_3[F, Cl]$）。

6. 有机化合物

有机矿物由 C、H、O、S 等元素组成，并有固体、液体和气体等类型，这类矿物仅几十种，占矿物总数的 1% 左右。

在上述六大类型的矿物中，长石、石英和云母在地壳中的分布是最为广泛的，称为三大造岩矿物。这三大造岩矿物连同角闪石、辉石、橄榄石等，构成了地壳岩石的主体，在岩浆岩中的含量占 99% 以上。最常见的一些造岩矿物的地质特性、肉眼鉴别特征及用途等情况分类简介如下：

1. 自然元素

（1）自然金（Au）。

自然界中纯金极少，常有 Ag 类质同象代替。完好的晶体少见，常见的单形有立方体、菱形十二面体、八面体等，一般多呈不规则粒状，粒度大小不等。一般将外生条件下形成的自然金称为砂金，其颗粒较大；内生作用形成的叫山金，其颗粒较小。自然金中颗粒较大者叫块金，俗称狗头金。目前世界上最大的狗头金是在 1873 年美国加州发现的，重达 285 kg，我国在 1984年四川发现了重达 4.2 kg 的自然金。

自然金颜色和条痕均为金黄色，强金属光泽，无解理，硬度 2～3，相对密度 15.6～18.3。延展性强，可抽成金丝或压制成金箔，具有良好的导电、导热性能。化学性质稳定，不溶于酸和碱，只溶于王水，火烧后不变色。主要用于装饰、货币和工业技术。如首饰、高级真空管涂料、特种精密电子仪器的拉丝导线、计算机等涂金集成电路、航空航天中喷气发动机和火箭发动机的涂金防热罩或隔热护板等。

（2）金刚石（C）。

金刚石与石墨是碳（C）的同质多象体。粒状晶体，常见单形有八面体、菱形十二面体及它们的聚形。颗粒不大，一般如绿豆或黄豆大小，重 0.25 克拉（5 克拉等于 1 克）以下。大于1 克拉的钻石成品属大钻。世界最大钻石是在 1905 年南非发现的，重达 3 106 克拉，后来被加工成 9 粒大钻石和 96 粒较小钻石。其中最大的一粒名叫"非洲之星第 I"，水滴形，镶在英国国王的权杖上。次大的一粒叫作"非洲之星第 II"，方形，64 个面，重 317 克拉，镶在英国王冠上。我国迄今最大的一颗天然钻石是在 1977 年山东临沭县发现的，重达 158.786 克拉，呈淡黄色，透明，称"常林钻石"。

金刚石无色透明，通常略带深浅不同的黄色色调，也有其他多种颜色，如乳白、浅绿、天蓝、粉红等。典型的金刚光泽，具有高折射率和强色散，琢磨得法会显出闪烁光芒。解理中等，硬度 10，此特性为金刚石所独有。相对密度 3.47～3.56，一般 3.52 左右。抗磨性强，具发光性。金刚石是在高温高压下形成的，产于与超基性岩有关的金伯利岩和镁钾煌斑岩中。我国的山东、贵州、辽宁等先后曾发现金刚石原生矿产。世界闻名的金刚石产地是南非的金伯利，目前产量最大的是澳大利亚，年产量 4 000 万克拉。

钻石是高档宝石和重要的矿物材料，常利用其高硬度特性制作钻头、玻璃刀、仪表、轴承等，还可利用其良好的导热性和半导体性能用于制作固体微波器件及固体激光器件的散热片、人造卫星的窗口材料、高功率激光器件的红外窗口材料等。

2. 硫化物类

（1）黄铁矿（FeS_2）。

单晶体为立方体或五角十二面体，相邻晶面上常有互相垂直的条纹，在岩石中黄铁矿多为致密块状、结核状、浸染状集合体。颜色为铜黄色，条痕为深绿黑色。金属光泽。硬度为 6～6.5，相对密度为 4.9～5.2。性脆，无解理，参差状或贝壳状断口。黄铁矿分布极为广泛，可形成于多种成因的矿床中，具有开采价值的多为热液型。能与氧化物、硫化物和自然元素等各种矿物共生。风化后易产生腐蚀性硫酸，是制取硫酸或提制硫黄的主要原料。

（2）黄铜矿（$CuFeS_2$）。

化学组成中 Cu 占 34.56%，Fe 占 30.52%，S 占 34.92%。通常含有其他类型混入物如银（Ag）、金（Au）等。晶体较少见，常见单形有四方四面体、四方双锥体等。主要呈致密块状或分散颗粒状集合体，有时呈脉状。物理性质为黄铜黄色，表面常有蓝、紫褐色的斑状锖色、绿黑色条痕，金属光泽，不透明。平行解理，但不完全，硬度 3~4，相对密度 4.1~4.3。与黄铁矿相似，可以其较深的黄铜色及较低的硬度区别，以其脆性与自然金的强延展性区别。黄铜矿是铜矿石的主要成分，是炼铜的主要原料。

3. 氧化物及氢氧化物类

（1）石英（SiO_2）。

石英是岩石中最常见的矿物之一，在地壳中的含量仅次于长石，占地壳质量的 12.6%。石英结晶常形成单晶，若丛生则称为晶簇。纯净的石英晶体为无色透明的六方双锥（附图 1.1），称为水晶。一般岩石中的石英多呈致密的块状或粒状集合体，为白色、乳白色，含杂质时呈紫红色、黑色、绿色等颜色；晶面为玻璃光泽；块状和粒状石英为油脂光泽，无解理，断口贝壳状，硬度为 7，相对密度为 2.65。隐晶质的石英称为石髓，呈结核状者称燧石；具有不同颜色的同心层或平行带状者称玛瑙。还有一种硬度稍低，具珍珠、蜡状光泽，含有水分的石英类矿物，称蛋白石

附图 1.1　石英晶体

（$SiO_2 \cdot nH_2O$）。石英可形成于各种成因的岩石或矿床中，一般可做玻璃、陶瓷、磨料等，优质晶体可做宝石。

（2）铝土矿（$Al_2O_3 \cdot nH_2O$）。

铝土矿包括硬水铝石（$\alpha\text{-AlO[OH]}$）、一水软铝石（$\gamma\text{-AlO[OH]}$，又称勃姆石）和三水铝石（$Al[OH]_3$）三种，其中以硬水铝石最常见。铝土矿通常是上述三种矿物组成的混合物，经常含有高岭土、铁矿等杂质。具有工业价值的铝土矿一般要求其中 $Al_2O_3 > 40\%$，$Al_2O_3 : SiO_2 > 2 : 1$。铝土矿多呈致密块状、鲕状、豆状等产出，颜色变化大，白、灰、黄、褐等色均可出现，土状光泽，硬度 3 左右，相对密度 2.5~3.5。外表似黏土岩，新鲜面上用口呵气后有强烈的土臭味，或以小块碾碎的粉末用水湿润后无可塑性，但硬度较高，比重较大。铝土矿主要是在湿热气候条件下由岩石风化在原地或经搬运沉积而成。铝土矿是炼铝的主要矿石，我国铝土矿储量居世界前列，但多数硅铝比值较低，冶炼比较困难。

4. 卤化物

本类所属矿物为氟（F）、氯（Cl）、溴（Br）、碘（I）的化合物，约有 100 余种，以 F 和 Cl 的化合物如萤石（CaF_2）和石盐（NaCl）为主，Br 和 I 的化合物较少见。

萤石（CaF_2）：又称氟石，其中 Ca 为 51.1%，F 为 48.9%。晶体常以立方体、八面体为主，少数有菱形十二面体。结合体呈晶粒状、块状、球粒状，偶尔也有土状块体。颜色多样，有无色、白色、黄色、绿色、蓝色等，加热时可完全褪色，但不同颜色的氟石褪色温度各有不同，如绿色约 300 ℃，紫色约 400 ℃，紫黑色约 500 ℃。玻璃光泽，完全解理，硬度 4。性脆，相对密度 3.18。熔点 1 270~1 350 ℃。在冶金工业中用做溶剂，化工上用来制作氟化物，如人造冰晶石、氢氟酸等。火箭推进燃料中作为氧化剂。致密隐晶质萤石可做装饰品或雕刻工艺品的石料。

5. 含氧盐类

含氧盐类以硅酸盐岩类最多，其次为碳酸盐和硫酸岩等。

（1）长石。

长石是一大族矿物，是地壳中分布最广泛的矿物，约占地壳总重量的 50%，在岩浆岩中占

59%，变质岩中占 30%，沉积岩中占 10% ~ 11%。长石在岩石分类和命名中占重要位置。长石按成分可划分为三种基本类型：钾长石、钠长石、钙长石。以钾长石为主的长石矿物称正长石；由钠长石和钙长石按各种比例混熔而成的一系列矿物称为斜长石。

正长石（K[AlSi$_3$O$_8$]）　单晶为短柱状或厚板状，在岩石中多为肉红色或淡玫瑰红色，两组正交完全解理（交角 90°），解理面具玻璃光泽，硬度为 6 ~ 6.5，相对密度为 2.54 ~ 2.57，常和石英伴生于酸性及部分中性花岗岩中。可用做陶瓷、玻璃和钾肥的原料。

斜长石（Na[AlSi$_3$O$_8$]-Ca[Al$_3$Si$_2$O$_8$]）　晶体多为板状或柱状，通常为粒状晶面上有平行条纹，多为灰白、灰黄色，玻璃光泽，有两组近于正交的完全解理（交角为 86°24′ ~ 86°50′），硬度为 6 ~ 6.5，相对密度为 2.61 ~ 2.75，常与角闪石和辉石共生于较深色的岩浆岩(如闪长岩、辉长岩)中。可用于陶瓷工业，色彩美丽者可做装饰品。

（2）云母。

云母是重要的造岩矿物，分布广泛，约占地壳重量的 3.8%。其中包括白云母和黑云母两种主要的类型。

白云母（KAl$_2$[AlSi$_3$O$_{10}$](OH)$_2$）　晶体呈板状、片状，集合体多呈致密片状块体，横截面为六边形。有一组极完全解理，易剥成薄片，薄片无色透明，具玻璃光泽；集合体常呈浅黄、淡绿色，具珍珠光泽，薄片有弹性，硬度为 2 ~ 3，相对密度为 2.76 ~ 3.10。常见于花岗岩、伟晶岩、云英岩和变质岩中，与黑云母共生。具有丝绢光泽的隐晶质块体称为绢云母。电器工业上用作绝缘材料；超细粉可作橡胶、塑料、油漆、化妆品、各种涂料的填料；云母粉还可制成云母陶瓷、云母纸等。

黑云母（K(Mg，Fe)$_3$[AlSi$_3$O$_{10}$](OH，F)$_2$）　晶体呈板状、片状，横截面为六边形。有一组极完全解理；易剥成薄片，褐至棕黑色，玻璃光泽，解理面上显珍珠晕彩。半透明，硬度为 2 ~ 3，相对密度为 3.02 ~ 3.12。主要为岩浆和变质成因的产物。细片常用作建筑材料充填物，如云母沥青毡等。

（3）普通角闪石（Ca$_2$Na(Mg，Fe)(Al，Fe)[(Si，Al)$_4$O$_{11}$]$_2$[OH]$_2$）。

多以单晶体出现，一般呈长柱状或近三向等长状，横截面为六边形，多为暗绿至黑色，条痕灰绿色，玻璃光泽，两组中等解理（交角 56° 和 124°），硬度为 5.5 ~ 6，相对密度为 3.1 ~ 3.6。性脆，主要产于基性、中性岩浆岩和变质岩中，常与斜长石、石英共生。可用作水泥的优质充填材料。

（4）普通辉石（(Ca，Na)(Mg^{2+}，Fe^{2+}，Al)[(Si，Al)$_2$O$_6$]）。

晶体常呈短柱状，横截面为近等边的八角形。集合体为块状、粒状，暗绿、黑色，有时带褐色，条痕灰绿。玻璃光泽，两组完全解理（交角为 87°），硬度为 5.5 ~ 6.0，相对密度为 3.2 ~ 3.6。普通辉石是颜色较深的基性和超基性岩浆岩中很常见的矿物，多与橄榄石、基性斜长石伴生。暂无实用价值。

（5）橄榄石（(Mg，Fe)$_2$[SiO$_4$]）。

晶体不常见，多为短柱状或粒状集合体。颜色为橄榄绿、黄绿、绿黑色，含铁越多颜色越深。晶面玻璃光泽，半透明，不完全解理，贝壳状断口，断口油脂光泽，性脆。硬度为 6.5 ~ 7，相对密度为 3.3 ~ 3.5，常见于基性和超基性岩浆岩中，多于铬铁矿、辉石等共生。可作耐火材料；透明者可作宝石；还可作铸造用的砂。

（6）石榴子石（A$_3$B$_2$[SiO$_4$]$_3$，A 代表 Mg^{2+}、Fe^{2+}、Mn^{2+}、Ca^{2+}，B 代表 Al^{3+}、Fe^{3+}、Cr^{3+}）。

最常见的为铁石榴子石（Fe$_3$Al$_2$[SiO$_4$]$_3$）及钙铁石榴子石（Ca$_3$Fe$_2$[SiO$_4$]$_3$）。常形成等轴菱形十二面体状和四角三八面单晶体，集合体为散粒状或致密块状。有肉红色、浅黄白、深褐到紫色等多种颜色，随含铁量增高而颜色加深。晶面玻璃或油脂光泽，硬度 6 ~ 7.5 左右，相对密度 3.5 ~ 4.2，断口贝壳状或参差状，油脂光泽。主要由接触交代和变质作用形成。可作研磨材料，透明色美者可做宝石。

（7）蛇纹石（$Mg_6[Si_4O_{10}](OH)_8$）。

通常呈致密块状，少数呈片状或纤维状等集合体。颜色为深浅不同的绿色，如黄绿、黑绿、暗绿等。呈纤维状集合体者称蛇纹石石棉。块状者常具油脂光泽，纤维状者为丝绢光泽，硬度 2.0 ~ 3.5，相对密度 2.50 ~ 2.70。是热液对橄榄石、辉石和白云石等交代的产物。蛇纹石的纤维状变种称温石棉，是石棉的一种，具典型的丝绢光泽。蛇纹石可炼制钙镁磷肥，或制作耐火材料及细工石材等。

（8）滑石（$Mg_3[Si_4O_{10}][OH]_2$）。

完整的晶体呈板状但很少见，多为片状或致密块状集合体。多为白色，微带浅黄、浅褐或浅绿色，半透明。晶体呈玻璃光泽或油脂光泽。有一组极完全解理，解理面显珍珠光泽。断口蜡状光泽，薄片有挠性，手摸有滑感，硬度为 1，相对密度为 2.7 ~ 2.8。由富镁质的岩石受热液蚀变产生。为造纸、陶瓷、橡胶、香料、药品、耐火材料的重要原料。

（9）绿泥石（最常见的为叶绿泥石：$(Mg，Fe)_5Al[Al Si_3O_{10}](OH)_8$）。

绿泥石是一族种类繁多的矿物的总称，包括叶绿泥石、斜绿泥石等矿物。多呈鳞片状或片状集合体形态，颜色浅绿至深绿，晶面为玻璃光泽或珍珠光泽，有一组极完全解理，薄片有挠性，但无弹性。硬度为 2 ~ 3，相对密度为 2.6 ~ 2.85，常见于温度不高的热液变质岩中，由绿泥石组成的岩石强度低、易风化。

（10）高岭石（$Al_4[Si_4O_{10}](OH)_8$）。

常呈疏松鳞片状，结晶颗粒细小。纯净者为白色，也有浅黄、浅绿、浅褐色等。单斜或三斜晶系。一般呈土状、疏松块状等集合体，土状光泽。硬度 1 ~ 1.25，断口平坦，相对密度为 2.58 ~ 2.60 左右，干燥时粘舌，用手易搓成粉末，潮湿时具有可塑性。主要由富含铝硅酸盐矿物的火成岩及变质岩在酸性的介质环境里，经受风化或低温热液交代变化而成。可用于陶瓷、造纸、橡胶工业等。高岭土即因江西景德镇附近的高岭村而得名。

（11）蒙脱石（$(Na，Ca)_{0.33}(Al，Mg)_2[Si_4O_{10}][OH]_2 · nH_2O$）。

蒙脱石又称微晶高岭石或胶岭石。呈土状隐晶质块体，电镜下为细小鳞片状。白色，有时带浅灰、粉红、浅绿色。光泽暗淡，硬度 2 ~ 2.5，相对密度 2.2 ~ 2.9，有滑感。吸水性强，吸水后其体积能膨胀增大几倍到十几倍，并变成糊状物，具有很强的吸附力及阳离子交换能力。主要是基性岩在碱性环境中风化形成。是膨润土的主要成分。蒙脱石黏土用途广泛。用于铁矿球团和铸造型砂的黏结剂和钻井泥浆的分散剂及吸附剂、脱色剂和添加剂等。

（12）伊利石（$(K，H_3O)Al_2[(Al，Si)Si_3O_{10}][OH]_2$）。

伊利石又称水云母。晶体呈显微或超显微鳞片状，集合体呈致密块状。白色，因含杂质可呈黄、褐、绿色。油脂光泽，硬度 1 ~ 2，相对密度 2.5 ~ 2.8。有滑腻感。可由长石、云母风化而成，也可由低温热液蚀变而成。在沉积过程中，高岭石、蒙脱石可转变为伊利石。其性质介于高岭石与蒙脱石之间。

上述高岭石、伊利石、蒙脱石即为常见的三种黏土矿物，它们是使黏性土和某些岩石如泥岩等工程性质复杂多变的最为活跃的因子，黏性土的工程性质在很大程度上取决于这三种黏土矿物的相对含量和比例。

（13）方解石（$CaCO_3$）。

晶体多样，常见有菱形六面体，集合体多呈粒状、钟乳状、致密块状、晶簇状等。纯净方解石晶体无色透明，多呈灰白色，有时因含杂质为浅黄、黄褐、浅红等色。三组完全解理，晶面玻璃光泽，硬度为 3，相对密度为 2.6 ~ 2.8，性脆。遇冷稀盐酸剧烈起泡，主要由沉积作用形成，是石灰岩和大理岩的主要矿物成分。可用作石灰、水泥原料和冶金熔剂等。无色透明、晶形较大者称为冰洲石，具有极强的双折射率和偏光性能，被广泛应用于光学领域。

（14）白云石（$CaMg(CO_3)_2$）。

晶体常呈弯曲马鞍状的菱形六面体，集合体呈粒状、多孔状或肾状。主要为白色，含杂质为浅黄、浅褐、浅绿等色。晶面玻璃光泽，硬度为 3.5 ~ 4，相对密度为 2.8 ~ 2.9。三组完全解理，解理面常弯曲。遇热稀盐酸有起泡反应，遇镁试剂变蓝，是白云岩的主要矿物成分。主要为外生沉积成因，与石膏、硬石膏共生，也有热液成因的，多与硫化物、方解石等共生。可用作耐火材料、冶金熔剂的原料。

（15）硬石膏（$CaSO_4$）。

晶体为近正方形的厚板状或柱状，集合体一般呈致密粒状或纤维状，纯净晶体无色透明。一般为白色，有时带浅蓝、浅灰或浅红等色。晶面玻璃光泽，有三组完全解理且相互正交。硬度为 3 ~ 3.5，相对密度为 2.8 ~ 3.0。主要形成于化学沉积矿床中，常与石盐、石膏共生。硬石膏在常温常压下遇水能生成石膏，体积膨胀近 30%，同时产生膨胀压力，可能引起建筑物基础及隧道衬砌等的变形。可作农肥、水泥、玻璃、建材等原料。

（16）石膏（$CaSO_4 \cdot 2H_2O$）。

晶体多为板状或柱状，集合体一般为纤维状、致密块状、叶片状、粒状等。颜色灰白，含杂质时呈灰、黄、红、褐等色，纯净的晶体无色透明。玻璃光泽，性脆。可发育三组解理，其中一种能发育极完全解理，能劈裂成薄片，薄片无弹性，有挠性，其他两种解理程度中等。解理块裂成夹角为 60° 的菱形块。硬度为 1.5，相对密度为 2.3，微溶于水，当温度为 37 ~ 38 ℃时溶解度最大。在适当条件下脱水可变成硬石膏。成因复杂，但主要为化学沉积作用的产物，常在干旱盐湖中与石盐、硬石膏等矿物共生。可用作水泥、建筑、陶瓷、农肥等原料，还可用于造纸、医疗等方面。

附录 2　地震烈度表

地震烈度	房屋震害 类型	房屋震害 震害程度	房屋震害 平均震害指数	评定指标 人的感觉	器物反应	生命线工程震害	其他震害现象	仪器测定的地震烈度 I_I	合成地震动的最大值 加速度/(m/s²)	合成地震动的最大值 速度/(m/s)
I（1）	—	—	—	无感	—	—	—	$1.0\le I_I<1.5$	1.80×10^{-2}（$<2.57\times10^{-2}$）	1.21×10^{-3}（$<1.77\times10^{-3}$）
II（2）	—	—	—	室内个别静止中的人有感觉，个别较高楼层中的人有感觉	—	—	—	$1.5\le I_I<2.5$	3.69×10^{-2}（$2.58\times10^{-2}\sim5.28\times10^{-2}$）	2.59×10^{-3}（$1.78\times10^{-3}\sim3.81\times10^{-3}$）
III（3）	—	门、窗轻微作响	—	室内少数静止中的人有感觉，少数较高楼层中的人有明显感觉	悬挂物微动	—	—	$2.5\le I_I<3.5$	7.57×10^{-2}（$5.29\times10^{-2}\sim1.08\times10^{-1}$）	5.58×10^{-3}（$3.82\times10^{-3}\sim8.19\times10^{-3}$）
IV（4）	—	门、窗作响	—	室内多数人、室外少数人有感觉，少数人睡梦中惊醒	悬挂物明显摆动，器皿作响	—	—	$3.5\le I_I<4.5$	1.55×10^{-1}（$1.09\times10^{-1}\sim2.22\times10^{-1}$）	1.20×10^{-2}（$8.20\times10^{-3}\sim1.76\times10^{-2}$）
V（5）	—	门、窗、屋顶、屋架颤动作响，灰土掉落，个别房屋墙体抹灰出现细微裂缝，个别老旧 A1 类或 A2 类房屋墙体出现轻微裂缝或原有裂缝扩展，个别屋顶烟囱掉砖，个别檐瓦掉落	—	室内绝大多数、室外多数人有感觉，多数人睡梦中惊醒，少数人惊逃户外	悬挂物大幅度晃动，少数架上小物品、个别顶部沉重或放置不稳定器物摇动或翻倒，水晃动并从盛满的容器中溢出	—	—	$4.5\le I_I<5.5$	3.19×10^{-1}（$2.23\times10^{-1}\sim4.56\times10^{-1}$）	2.59×10^{-2}（$1.77\times10^{-2}\sim3.80\times10^{-2}$）
VI（6）	A1	少数轻微破坏和中等破坏，多数基本完好	0.02~0.17	多数人站立不稳，多数人惊逃户外	少数轻家具和物品移动，少数顶部沉重的器物翻倒	个别梁桥挡块破坏，个别拱桥主拱圈出现裂缝及桥台开裂；个别主变压器跳闸；个别老旧支线管道有破坏，局部水压下降	河岸和松软土地出现裂缝，饱和砂层出现喷砂冒水；个别独立砖烟囱轻度裂缝	$5.5\le I_I<6.5$	6.53×10^{-1}（$4.57\times10^{-1}\sim9.36\times10^{-1}$）	5.57×10^{-2}（$3.81\times10^{-2}\sim8.17\times10^{-2}$）
VI（6）	A2	少数轻微破坏和中等破坏，大多数基本完好	0.01~0.13							

续表

地震烈度	房屋震害		人的感觉	评定指标			仪器测定的地震烈度 I_I	合成地震动的最大值	
	类型	震害程度	平均震害指数		器物反应	生命线工程震害	其他震害现象		加速度 / (m/s²)	速度 / (m/s)

地震烈度	类型	震害程度	平均震害指数	人的感觉	器物反应	生命线工程震害	其他震害现象	仪器测定的地震烈度 I_I	加速度 / (m/s²)	速度 / (m/s)
Ⅵ（6）	B	中等破坏和轻微破坏，大多数基本完好	≤0.11							
	C	少数破坏，绝大多数基本完好	≤0.06							
	D	少数破坏或个别微破坏，绝大多数基本完好	≤0.04							
Ⅶ（7）	A1	少数毁坏，多数严重破坏和中等破坏	0.15～0.44	大多数人惊逃户外，骑自行车的人有感觉，行驶中的汽车驾乘人员有感觉	物品从架子上掉落，多数顶部沉重器物翻倒，少数家具倾倒	少数梁桥挡块破坏，个别拱桥主拱圈出现明显裂缝和支座位移，多数拱桥支撑、少数支撑、个别支压器和个别变压器的套管破坏，少数瓷柱型高压电气设备破坏，少数支线管道破坏，局部停水	河岸出现塌方，饱和砂层常见喷水冒砂，松软土地上地裂缝较多，大多数独立砖烟囱中等破坏	6.5≤I_I<7.5	1.35 (9.37×10⁻¹ ～1.94)	1.20×10⁻¹ (8.18×10⁻¹～1.76 ×10⁻¹)
	A2	少数中等破坏，多数轻微破坏和基本完好	0.11～0.31							
	B	少数中等破坏，多数轻微破坏和基本完好	0.09～0.27							
	C	少数中等破坏和轻微破坏，多数基本完好	0.05～0.18							
	D	少数中等破坏和轻微破坏，大多数基本完好	0.04～0.16							
Ⅷ（8）	A1	少数毁坏，多数严重破坏和中等破坏	0.42～0.62	多数人摇晃颠簸，行走困难	除重家具外，室内物品大多数移位或翻倒，少数顶部沉重器物多数倾倒	少数梁桥及多数拱桥挡块破坏，开裂及多数支座变位，少数拱桥主拱圈开裂及少数桥严重破坏，个别或多数桥瓷柱型高压电气设备破坏，少数支线管道破坏，部分区域停水	干硬土地上出现裂缝，饱和砂层绝大多数喷砂冒水；大多数独立砖烟囱严重破坏	7.5≤I_I<8.5	2.79 (1.95～4.01)	2.58×10⁻¹ (1.77×10⁻¹～3.78 ×10⁻¹)
	A2	少数毁坏，多数严重破坏和中等破坏	0.29～0.46							
	B	少数毁坏，多数严重破坏和中等破坏	0.25～0.50							
	C	少数严重破坏，多数中等破坏和轻微破坏	0.16～0.35							
	D	少数中等破坏，多数轻微破坏和基本完好	0.14～0.27							

续表

地震烈度	房屋震害			人的感觉	器物反应	生命线工程震害	其他震害现象	仪器测定的地震烈度 I_I	合成地震动的最大值	
	类型	震害程度	平均震害指数						加速度/(m/s²)	速度/(m/s)
IX(9)	A1	大多数毁坏和严重破坏	0.60~0.90	行动的人摔倒	室内物品大多数倾倒或移位	个别梁桥桥墩局部压溃或落梁，个别拱桥垮塌或濒于垮塌；多数变压器套管破坏，少数变压器移位，瓷柱型高压电气设备破坏；各类供水管道破坏，渗漏广泛发生，大范围停水	干硬土地上多处出现裂缝，可见基岩裂缝、错动，滑坡、塌方常见；独立砖烟囱多数倒塌	$8.5 \leq I_I < 9.5$	5.77 （4.02~8.30）	5.55×10^{-1} （3.79×10^{-1}~8.14×10^{-1}）
	A2	少数毁坏，多数严重破坏和中等破坏	0.44~0.62							
	B	少数毁坏，多数严重破坏和中等破坏	0.48~0.69							
	C	多数严重破坏，少数毁坏和中等破坏	0.33~0.54							
	D	少数毁坏，多数中等破坏和轻微破坏	0.25~0.48							
X(10)	A1	绝大多数毁坏	0.88~1.00	骑自行车的人会摔倒，处不稳状态的人会摔离原地，有抛起感		个别梁桥桥墩压溃或折断，少数拱桥垮塌或濒于垮塌；变压器移位、脱轨，套管断裂漏油，多数瓷柱型高压电气设备破坏，全区域停水	山崩和地震断裂出现，大多数独立砖烟囱从根部破坏或倒段	$9.5 \leq I_I < 10.5$	1.19×10^{1} （8.31×10^{0}~1.72×10^{1}）	1.19 （8.15×10^{-1}~1.75）
	A2	大多数毁坏	0.60~0.88							
	B	大多数毁坏	0.67~0.91							
	C	大多数严重破坏和毁坏	0.52~0.84							
	D	大多数严重破坏和毁坏	0.46~0.84							
XI(11)	A1		1.00	—	—	—	地震断裂延续很大，大量山崩滑坡	$10.5 \leq I_I < 11.5$	2.47×10^{1} （1.73×10^{1}~3.55×10^{1}）	2.57 （1.76~3.77）
	A2		0.86~1.00							
	B	绝大多数毁坏	0.90~1.00							
	C		0.84~1.00							
	D		0.84~1.00							
XII(12)	各类	几乎全部毁坏	1.00	—	—	—	地面剧烈变化，山河改观	$11.5 \leq I_I < 12.5$	$>3.55 \times 10^{1}$	>3.77

注：（1）"—"代表无内容。

（2）表中给出的合成地震动的最大值为所对应的仪器测定的地震烈度值，加速度和速度数值分别对应 GB/T 17742—2020 附录 A 中公式（A.5）的 PGA 和公式（A.6）的 PGV；括号内为变化范围。

（3）数量词的规定：数量词采用个别，少数，多数，大多数和绝大多数，其范围规定如下：①"个别"为 10% 以下；②"少数"为 10%~45%；③"多数"为 40%~70%；④"大多数"为 60%~90%；⑤"绝大多数"为 80% 以上。

参考文献

[1] 李隽蓬，谢强. 土木工程地质[M]. 成都：西南交通大学出版社，2001.

[2] 张耀庭，虞海珍，陈洪江. 工程地质学[M]. 武汉：华中科技大学出版社，2002.

[3] 孙家齐. 工程地质[M]. 2 版. 武汉：武汉理工大学出版社，2003.

[4] 张勤，陈志坚. 岩土工程地质学[M]. 郑州：黄河水利出版社，2000.

[5] 李治平. 工程地质学[M]. 北京：人民交通出版社，2002.

[6] 曲力群，李忠，苗喜德. 工程地质[M]. 北京：中国铁道出版社，2002.

[7] 齐丽云，徐秀华. 工程地质[M]. 北京：人民交通出版社，2005.

[8] 韩毅，徐秀华. 铁路工程地质[M]. 北京：人民交通出版社，1988.

[9] 李斌，徐秀华. 公路工程地质[M]. 北京：人民交通出版社，1980.

[10] 史如平，徐秀华. 土木工程地质[M]. 北京：人民交通出版社，1994.

[11] 徐九华，谢玉玲，李建平. 地质学[M]. 北京：冶金工业出版社，2008.

[12] 杨伦，刘少峰，王家生. 普通地质学简明教程[M]. 武汉：中国地质大学出版社，1998.

[13] 宋青春，张振春. 地质学基础[M]. 北京：高等教育出版社，1996.

[14] 交通部第一铁路设计院. 铁路工程地质手册[M]. 北京：人民交通出版社，1975.

[15] 陈世悦. 矿物岩石学[M]. 东营：石油大学出版社，2002.

[16] 潘兆橹. 结晶学及矿物学（上册）[M]. 3 版. 北京：地质出版社，1993.

[17] 潘兆橹. 结晶学及矿物学（下册）[M]. 3 版. 北京：地质出版社，1994.

[18] 路凤香，桑隆康. 岩石学[M]. 北京：地质出版社，2001.

[19] 中国水电顾问集团成都勘测设计研究院，水电水利规划设计总院，中国电力企业联合会.
     工程岩体试验方法标准：GB/T 50266—2013[S]. 北京：中国计划出版社，2013.

[20] 华东水利学院，成都科学技术大学. 岩石力学[M]. 北京：水利电力出版社，1986.

[21] 肖树芳，杨淑碧. 岩体力学[M]. 北京：地质出版社，1987.

[22] 刘佑荣，唐辉明. 岩体力学[M]. 武汉：中国地质大学出版社，1999.

[23] 徐志英. 岩石力学[M]. 3 版. 北京：水利电力出版社，1993.

[24] 《工程地质手册》编写委员会. 工程地质手册[M]. 北京：中国建筑工业出版社，2006.

[25] 中国建筑科学研究院. 建筑地基基础设计规范：GB 50007—2011[S]. 北京：中国建筑工业出版社，2011.

[26] 戚筱俊. 工程地质及水文地质[M]. 北京：水利电力出版社，1985.

[27] 李智毅，杨裕云. 工程地质学概论[M]. 武汉：中国地质大学出版社，1994.

[28] 张咸恭，李智毅，郑达辉，等. 专门工程地质学[M]. 北京：地质出版社，1988.

[29] 张咸恭，王思敬，张倬元. 中国工程地质学[M]. 北京：科学出版社，2000.

[30] 中国地质学会工程地质专业委员会. 中国工程地质五十年[M]. 北京：地震出版社，2000.

[31] 王思敬，黄鼎成. 中国工程地质世纪成就[M]. 北京：地质出版社，2004.

[32] 夏邦栋. 普通地质学[M]. 北京：地质出版社，1995.

[33] А. Ф. 亚库绍娃，В. Е. 哈茵，В. И. 斯拉温. 普通地质学[M]. 何国琦，译. 北京：北京大学出版社，1995.

[34] Mark J. Crawford M S. Physical Geology[M]. Cliff's Notes，USA，1998.

[35] 孔德坊. 工程岩土学[M]. 北京：地质出版社，1992.

[36] 左建. 工程地质及水文地质[M]. 北京：中国水利水电出版社，2004.

[37] 李智毅. 工程地质学基础[M]. 武汉：中国地质大学出版社，1990.

[38] 李叔达. 动力地质学原理[M]. 北京：地质出版社，1983.

[39] 建设综合勘察研究设计院. 岩土工程勘察规范：GB 50021—2001[M]. 北京：中国建筑工业出版社，2001.

[40] 乔平定，李增钧. 黄土地区工程地质[M]. 北京：水利电力出版社，1990.

[41] 郑健龙，杨和平. 膨胀土处治理论、技术与实践[M]. 北京：人民交通出版社，2005.

[42] 武憼民，汪双杰，章金钊. 多年冻土地区公路工程[M]. 北京：人民交通出版社，2005.

[43] 陕西省建筑科学研究院有限公司，陕西建工第三建设集团有限公司. 湿陷性黄土地区建筑标准：GB 50025—2018[S]. 北京：中国建筑工业出版社，2018.

[44] 陈洪江. 土木工程地质[M]. 北京：中国建筑工业出版社，2005.

[45] 时伟. 工程地质学[M]. 北京：科学出版社，2007.

[46] 窦明健. 公路工程地质[M]. 北京：人民交通出版社，2006.

[47] 李智毅，唐辉明. 岩土工程勘察[M]. 武汉：中国地质大学出版社，2000.

[48] 刘春原. 工程地质学[M]. 北京：中国建材工业出版社，2000.

[49] 孔宪立. 工程地质学[M]. 北京：中国建材工业出版社，1997.

[50] 李斌. 公路工程地质学[M]. 2版. 北京：人民交通出版社，1993.

[51] 李中林，李子生. 土木工程工程地质学[M]. 广州：华南理工大学出版社，1999.

[52] 胡广韬，杨文远. 工程地质学[M]. 北京：地质出版社，1997.

[53] 李德武. 隧道[M]. 北京：中国铁道出版社，2004.

[54] 岩土工程手册编委会. 岩土工程手册[M]. 北京：中国建筑工业出版社，1994.

[55] 国家科委全国重大自然灾害综合研究组. 中国重大自然灾害及减灾对策[M]. 北京：科学出版社，1994.

[56] 晏同珍，杨顺安，方云. 滑坡学[M]. 武汉：中国地质大学出版社，2000.

[57] 郑颖人，陈祖煜，王恭先，等. 边坡与滑坡工程治理[M]. 北京：人民交通出版社，2007.

[58] 贠小苏. 国家重大工程建设地质灾害危险性评估理论和实践[M]. 北京：地质出版社，2008.

[59] 王恭先，徐峻龄，刘光代，等. 滑坡学与滑坡防治技术[M]. 北京：中国铁道出版社，2004.

[60] 中国科学院·水利部成都山地灾害与环境研究所. 中国泥石流[M]. 北京：商务印书馆，2000.

[61] 吴积善，田连权，康志成，等. 泥石流及其综合治理[M]. 北京：科学出版社，1993.

[62] 黄宗理，张民弼. 地球科学大辞典（应用学科卷）[M]. 北京：地质出版社，2005.

[63] 中国科学院地质研究所岩溶研究组. 中国岩溶研究[M]. 北京：科学出版社，1979.

[64] 中国建筑科学研究院. 工程抗震术语标准：JGJ/T 97—2011 [S].北京：中国建筑工业出版社，2011.

[65] 陈颙等. 地震危险性分析和震害预测[M]. 北京：地震出版社，1999.

[66] 胡聿贤. 地震工程学[M]. 2 版. 北京：地震出版社，2006.

[67] 沈聚敏，周锡元，高小旺，等. 抗震工程学[M]. 北京：中国建筑工业出版社，2000.

[68] 徐世芳，李博. 地震学辞典[M]. 北京：地震出版社，2000.

[69] 中国建筑科学研究院. 建筑抗震设计规范：GB 50011—2010[S]. 北京：中国建筑工业出版社，2010.

[70] 殷跃平. 汶川八级地震地质灾害研究[J]. 工程地质学报，2008，16（4）：1-13.

[71] 周云，宗兰，张文芳，等. 土木工程抗震设计[M]. 北京：科学出版社，2005.

[72] 杨坤光，袁晏明. 地质学基础[M]. 武汉：中国地质大学出版社，2009.

[73] 唐辉明. 工程地质学基础[J]. 北京：化学工业出版社，2008.

[74] 邵艳，汪明武. 工程地质[M]. 武汉：武汉大学出版社，2013.

[75] 中国建筑科学研究院. 建筑工程抗震设防分类标准：GB 50223—2008[S]. 北京：中国建筑工业出版社，2008.

[76] 中国地震局工程力学研究所，福建省地震局，中国地震局地球物理研究所，等. 中国地震烈度表：GB/T 17742—2020[S]. 北京：中国标准出版社，2020.

[77] 中国国土资源经济研究院，成都理工大学，山东大学. 地质灾害分类分级标准：T/CAGHP 001—2018[S]. 武汉：中国地质大学出版社，2018.

[78] 梁高，张晓蕾，凌雪，等. 2009—2019 年我国地质灾害时空特征分析[J]. 防灾减灾学报，2021，37（03）：58-64.